优质肉用山羊生产技术

张英杰　主编

中国农业大学出版社
·北京·

图书在版编目(CIP)数据

优质肉用山羊生产技术/张英杰主编.—北京:中国农业大学出版社,2014.6

ISBN 978-7-5655-0939-1

Ⅰ.①优…　Ⅱ.①张…　Ⅲ.①肉用羊-山羊-饲养管理　Ⅳ.①S827

中国版本图书馆 CIP 数据核字(2014)第 075453 号

书　　名　优质肉用山羊生产技术

作　　者　张英杰　主编

策划编辑	赵　中	**责任编辑**	田树君
封面设计	郑　川	**责任校对**	陈　莹　王晓凤
出版发行	中国农业大学出版社		
社　　址	北京市海淀区圆明园西路 2 号	**邮政编码**	100193
电　　话	发行部 010-62818525,8625		读者服务部 010-62732336
	编辑部 010-62732617,2618		出　版　部 010-62733440
网　　址	http://www.cau.edu.cn/caup	**e-mail**	cbsszs@cau.edu.cn
经　　销	新华书店		
印　　刷	北京鑫丰华彩印有限公司		
版　　次	2014 年 6 月第 1 版　　2014 年 6 月第 1 次印刷		
规　　格	850×1 168　　32 开本　　9.625 印张　　240 千字		
定　　价	21.00 元		

图书如有质量问题本社发行部负责调换

编写人员

主　　编　张英杰

副 主 编　彭津津

参编人员　郭云霞　李雪梅　杨佳栋　锡建中

前　　言

我国山羊的饲养历史悠久，早在夏商时代就有养羊文字记载。养殖山羊投资少，见效快，而且能充分利用草山草坡和农副产品资源；山羊生产还具有繁殖率高、适应性强、易管理等特点，在我国广大农牧区和山区得以广泛饲养。

本书是针对目前山羊养殖的技术需求而编写的，内容包括：山羊养殖意义及国内外山羊的养殖概况，适合我国养殖的山羊品种，繁育技术，营养需要与日粮配合，饲养管理与育肥技术，羊场建设及设施以及常见疾病防治等。本书突出实用性，力求简便易行，文字通俗易懂，可供广大养羊专业户和基层畜牧兽医人员阅读使用，亦可供农业院校相关专业师生阅读参考。

编　者

2013 年 11 月

目　录

第一章 概 述

第一节 山羊养殖的意义

我国幅员辽阔，各地区地形地势复杂、气候类型多样，但我国各个省市均有山羊的饲养，表现出山羊良好的遗传多样性，以及顽强的适应性。可以说山羊生产为当地畜牧业经济发展，为农民增收发挥了重要作用。

一、为轻工业提供原料

山羊生产的羊绒、羊奶、毛皮、板皮等产品，是重要的工业原料。羊绒保暖除湿，柔软美观，是毛纺工业不可缺少和代替的原料，可以纺织成各种衣料、针织衣物。我国羊绒产量占世界总量的60%～70%，几乎世界贸易量80%以上的羊绒均在我国加工。羊肉、羊奶是食品工业加工腌腊食品、罐头食品及奶酪、奶粉、炼乳的原料；羊肠衣可以罐制香肠、腊肠，加工成琴弦、网球拍、医用缝合线；板皮是制革工业重要的原料，可以制作皮革服装、皮鞋、皮帽、箱包。

二、改善人民生活

绒、毛、肉、奶、皮既是重要的工业原料，也是人民生活的必需物资。随着生活水平的提高，人们对养羊业产品的要求也越来越多。羊绒衣物保暖力强，穿着舒适，美观大方，综合品质优于羊毛、棉、麻和化纤。山羊肉脂肪少，瘦肉多，蛋白质丰富，营养价值高，胆固醇含量低，风味独特，是少数民族、山区人民喜爱的食品，城镇居民喜吃羊肉的也越来越多，发展潜力很大。山羊板皮加工成的皮革衣物，轻薄柔软，结实耐穿，极受人们喜爱。羔皮和裘皮服装保暖力强，是冬季御寒和装饰用品。羊奶营养丰富，容易消化，是理想的蛋白质食品。

三、增加外贸出口物资

我国生产的山羊绒、毛皮、板皮、肠衣，是传统的出口物资，在对外贸易中占有一定的地位。我国的山羊绒细软洁白，手感滑爽，质地优良，深受各国商家欢迎，在国际市场上供不应求，价格很高，每年出口的山羊绒占世界贸易量的60%以上。我国生产的山羊板皮数量多，质量好，每年出口数千万张。著名的中卫山羊沙毛皮、青山羊猾子皮，品质独特，在国际市场颇受欢迎。山羊生产的肠衣，肠壁坚韧，品质稳定，价格高于猪肠衣和牛肠衣，也是重要的出口物资。近年来，随着我国工业技术的发展，养羊业产品的出口已不仅仅限于提供原料，深加工的产品如毛绒纺织品、成衣、皮革制品等也已远销国外，大大提高了养羊产品的价值，为国家赚回了大量外汇。

四、生产优质有机肥料

羊粪尿是一种优质有机肥料，含有丰富的氮、磷、钾等元素，具有增高地温、疏松土壤、改善土壤团粒结构、防止板结的作用，特别是改良盐碱地和重黏土有明显的效果。南方地区修建的楼式羊圈，羊粪尿从漏缝地板掉进地圈，既保持了圈舍通风干燥，粪尿又不致流失。冬季羊群转入地圈，羊粪与垫草任羊踩压，由于有机物的发酵产热，增高了羊舍温度，羊粪也得以腐熟。

五、贫困地区脱贫致富的重要途径

养羊业的发展，不仅为国家提供了工业原料和出口物资，而且也增加了市场商品的货源，活跃了农村经济。广大农牧民，尤其是在贫困地区和少数民族，经过发展养羊生产，增加了收入。山羊养殖地域往往是在山区，荒漠化、半荒漠化地区，当地自然气候恶劣，其他畜种很难适应，发展山羊养殖是当地农牧民重要的生活经济来源。

第二节　国外山羊养殖发展概况

一、世界山羊养殖发展概况

(一)山羊业的发展

世界饲养山羊的历史悠久。在古代，人们驯化培育山羊的目的仅仅是为了获取羊奶、羊肉和羊皮。16—19 世纪中叶，随着人类文化交流的加深，某些优良山羊品种开始流传到其他国家，人们开始对其所饲养的山羊的某些性状有目的地进行选择。至 19 世纪，在世界范围内基本形成了具有区域经济特征、体现民族特色的山羊生产体系，并由此推动了优良山羊产业的形成。随后，世界各地先后用萨能、吐根堡、努比、波尔、山地阿尔泰等优良品种改良本地山羊获得了良好的杂交效果，形成了德国更森、中国崂山、俄罗斯顿河、英国阿尔卑斯等许多改良新品种。20 世纪 60 年代，山羊饲养业开始向多极化发展。肉山羊业在大洋洲、美洲、欧洲和一些非洲国家得到迅猛发展；绒山羊在中国、印度、蒙古、乌兹别克等中亚国家崛起；奶山羊业也在全球范围内得到了广阔的推广效益。山羊养殖业在品种数量和生产性能上均取得了空前的发展。1987—2003 年，全世界山羊存栏数与山羊数占绵、山羊总数中的比例见表 1-1。

表 1-1 全世界绵、山羊存栏情况

年份	绵、山羊总存栏数/万只	山羊存栏数/万只	山羊数占绵、山羊总数的比例/%
1987	166 430.5	52 221.6	31.38
1995	174 187.6	66 929.8	38.42
2003	186 352.9	81 594.6	43.78
2011	201 771.3	92 414.6	45.80

注：资料来源 http：//faostat. fao. org。

（二）山羊的分布

山羊在地球上的分布很广，世界五大洲均有分布，但各洲的分布不平衡，其中 90％饲养于亚洲和非洲的一些发展中国家。联合国粮农组织的统计表明，以赤道为坐标，以特定的地区为单位，距赤道越远，山羊就越少。据联合国粮农组织的统计，2011 年世界各国山羊存栏总数为 92 475.8 万只，其中年存栏山羊 1 000 万只以上的国家有印度（15 700.0 万只）、中国（14 223.0 万只）、巴基斯坦（6 148.0 万只）、尼日利亚、孟加拉国、苏丹、肯尼亚、伊朗、埃塞俄比亚、印度尼西亚、马里、蒙古、坦桑尼亚联合共和国、尼日尔、布基纳法索、索马里等 16 个国家，合计存栏数占全球山羊存栏总数的 73％以上，为山羊集中产区。

（三）山羊分布区域的生态条件

1. 自然生态条件

山羊饲养区主要集中分布于世界各大洲的旱区，多以依赖干旱、半干旱、贫瘠、沙化、碱化和过牧退化的天然草地放牧为主，少数地区也有在良好的人工草地上围栏放牧并进行适当补饲的，如澳大利亚、新西兰等。天然草地以旱生、沙生、耐寒、抗盐碱、耐瘠薄等牧草与灌木为主，豆科牧草较少，牧草品质相对较差，且植被覆盖度小（3％～45％），产草量低。世界山羊分布区域的土壤以栗钙土为主,偏碱性,pH 为 7～8,区内其他土壤类型均较差。

2. 社会经济生态条件

由于自然和生物条件的制约,旱区粮食产量多低下,许多地区粮食仍难以自给自足,加之社会经济条件的影响,羊只数量增长缓慢,生产性能中等或偏低者居多,产品质量虽多有特色但产量不高,满足不了人们的社会需求。牧业总产值一般占农业总产值的 20%～30%,而如澳大利亚、美国、哈萨克斯坦、外高加索地区诸国及南非等国家却较高。

二、世界山羊品种资源优势及发展概况

世界山羊品种丰富多彩,总数约 200 种(不含品种群和类群羊等),按其经济用途可分为:肉用型(如著名的波尔山羊)、毛用型(如安哥拉山羊)、绒用型(如美国克什米尔、阿尔泰山地山羊、内蒙古白绒山羊等)、奶用型(如莎能山羊、努比亚山羊、吐根堡山羊等)、毛皮用型(如中卫沙毛山羊、济宁青山羊等)和兼用型等。

(一)世界肉山羊品种及发展概况

1. 肉山羊品种概况

目前,世界上能够用于羊肉生产的山羊品种众多,较为专一的品种有非洲的波尔山羊、索马里山羊、萨赫勒山羊(马里)、西非矮羊、马拉迪羊(尼日尔);亚洲的巴尔巴里(巴基斯坦)、查帕尔(巴基斯坦)、那智(巴基斯坦)、七股(印度)、加迪(印度)、昌凡基(印度)、赫贾齐(叙利亚)、南江黄羊(中国)、菲律宾山羊、孟加拉黑山羊、卡特藏(印度尼西亚);美洲的圣克利门蒂(美国)、昏厥羊(美国)、普杰(巴西)、SRD(巴西);欧洲的挪威山羊、瓦莱黑颈羊(瑞士)以及新西兰基库羊和澳大利亚山羊等。其中,波尔山羊是世界最著名的大体型肉用山羊品种,有“肉羊之父”的美称,在增重速度、产肉量和瘦肉品质等方面,有其他肉羊品种无法比拟的优势。

2. 肉山羊发展概况

20 世纪六七十年代以来，随着世界经济发展和消费水平的提高，羊肉及其副产品的加工需求增加，肉山羊生产在世界许多国家得到较快的发展。据联合国粮农组织 2011 年统计，全球绵山羊存栏 201 771.3 万只（其中绵羊 109 356.7 万只、山羊 92 414.6 万只），全世界年产羊肉总量为 1 340.7 万 t，其中山羊肉 523.0 万 t，占羊肉总量的 39.0%，与 1987 年相比，山羊肉的产量提高了约 293 万 t，山羊肉占羊肉总量的比分提高了 12%左右。目前，山羊肉生产区主要集中在亚非国家。全球羊肉产量较高的国家，欧洲有英国、法国、俄罗斯、罗马尼亚；美洲有美国、巴西、墨西哥；亚洲有中国、印度、巴基斯坦等；大洋洲有澳大利亚、新西兰两国。2009—2011 年，年产山羊肉量超过 20 万 t 的国家有中国、印度、尼日利亚、巴基斯坦 4 个国家，年生产山羊肉占全世界年山羊肉量的 57%以上。

3. 肉山羊发展前景分析

近年来，随着全球生态环境的退化及几次重大人畜共患病的发生，许多欧美国家的羊肉产量和羊肉自给率有所下降，但是世界范围内羊肉需求量却不断增加，导致国际市场对羊肉的需求量大增，价格不断上扬。在国际上，由于疯牛病和口蹄疫等牲畜疫病的影响，欧洲各地大批的牛被深埋或焚烧，羊肉则逐渐成为一种理想的替代品。羊肉中含蛋白质 12.6%～15.2%，含脂肪 6.6%～13.1%。羊肉蛋白质中，赖氨酸含量高于牛肉、猪肉和鸡肉。随着各国饮食习俗的相互渗透和影响，欧美诸国也开始喜食羊肉，羊肉的消费量和进口量呈直线上升趋势，预测今后较长时期内，肉羊业仍将以可观的经营效益和特好的商品市场持续发展下去。

(二)世界绒山羊品种及发展概况

1. 绒山羊品种概况

相对于肉山羊和奶山羊，全球绒山羊的专用优良品种较少，古老品种有山地阿尔泰、奥伦堡、顿河绒山羊、克什米尔、辽宁绒山羊、内蒙古白绒山羊、河西绒山羊等；人工培育的新品种有美国克什米尔、乌兹别克黑山羊、赛尔绒山羊、阿坝甘孜绒山羊、罕山绒山羊、乌珠穆沁绒山羊、柴达木绒山羊等；另外，还有一些产绒量较少的兼用品种，例如安那图黑山羊、加迪羊、七股山羊、沂蒙黑山羊等。上述绒山羊品种中山地阿尔泰和顿河绒山羊的产绒量最高，但两者均为黑绒山羊，经济效益不高。辽宁绒山羊、奥伦堡和内蒙古白绒山羊的绒毛洁白，细度和纯度均较理想，因而被认为是世界上最优质的高效性绒山羊品种。尤其是辽宁绒山羊在绒毛品质、产绒量等方面，在世界白绒山羊品种中居于首位，被誉为“中华国宝”。

2. 绒山羊业发展概况

近些年，由于山羊绒的重要经济价值和绒山羊的多种用途，引起越来越多的国家对绒山羊的关注和重视。据不完全统计，2002年世界绒山羊存栏数约达1亿只，羊绒产量达1.8万t左右，比1988年增长150%左右。羊绒产量最高的是中国，其产量占全球羊绒总量的2/3。除中国外，蒙古、伊朗、阿富汗、俄罗斯、乌兹别克、土耳其等国也生产部分山羊绒。20世纪70年代以来，澳大利亚、新西兰、苏格兰、美国也相继开始发展绒山羊养殖业。世界山羊绒的主要进口国有英国、美国、日本、意大利等国家，这些国家每年都要花大量外汇进口山羊绒。英国是世界上羊绒加工量最大的国家，每年进口山羊绒占世界贸易量的60%。

3. 绒山羊发展前景分析

尽管2002年羊绒产量是1985年的4倍，达到1.8万t左右，但仍不能满足国际市场对羊绒需求量。当前世界羊绒的产量不足世界羊毛总产量的0.4%，远远不能满足因人们生活水平的提高，对高档绒制品的需求，羊绒及其制品购销的有利形势。人们回归自然的消费需求和追求轻、柔、美、软、薄、贴体、透气、保湿等性能越来越高，所以绒山羊的永续利用是今后相当长时间内不会改变的趋势。意大利是当今高档男装生产风靡西方的国家，在绒纺工业上可以用 1 kg 净绒纺出 200 支的细纱，只是由于由中国买进的原料缺乏质量保证而寻求着解决办法。日本和英国已与蒙古人民共和国在绒山羊生产与加工领域早有合作。我国西部大开发战略的提出，加强了对绒山羊饲养限制的形势已引起国际社会绒纺工业的高度警觉。绒山羊的产品正处于供求旺盛态势，羊绒加工工艺正处在工艺改革时期，在诸多畜产品中，山羊绒已成为最受国际市场青睐的拳头产品。

(三)世界奶、毛用山羊品种及发展概况

1. 奶山羊品种及发展概况

在 50 多种世界著名的奶山羊品种中，瑞士优良品种就有像萨能、吐根堡、阿彭策尔和上哈斯力等，从整体情况看，这些瑞士品种无疑是当今奶山羊业中影响力最大的，尤其是萨能羊，它是世界上最优秀的奶山羊品种之一，世界各地都有分布。现有的奶山羊品种几乎半数以上都不同程度地含有萨能奶山羊的血缘。除了瑞士莎能、吐根堡和上哈斯力外，美国奶山羊协会认可的奶山羊品种还有美国小耳拉曼查、法国阿尔卑、非洲努比等。这些品种的产奶量虽然不及萨能奶山羊和吐根堡奶山羊，但含脂率高，因而受到饲养者的欢迎。德国更森与短毛褐羊、捷克短毛白奶山羊、俄罗斯白奶山羊、巴基斯坦比陶羊及我国的崂山、关中奶山羊等品种也可生产较理想的山羊奶，具备了优良奶用品种的基本特征。

另外，法国普瓦图、芬兰兰德瑞斯、德国图林根、意大利比奥那达、西班牙格兰纳达和北拉塔等均为经营规模和推广范围较小的奶山羊专用品种。由于它们存栏数量的限制以及所具备的发展潜力，使各国政府引起高度重视并采取相应的保护措施，基本实现了保种和稳步发展的进程。

奶山羊业作为穷人的小奶牛被提上日程，世界各国建立了不少中小型山羊奶加工厂，据FAO(2011)报道，全世界鲜羊奶产量为1 709.1万t。产山羊奶较多的国家有：印度476.0万t、孟加拉国249.6万t、苏丹107.2万t、巴基斯坦75.9万t、马里70.3万t、法国65.5万t、索马里50.1万t、西班牙46.7万t、希腊40.2万t、土耳其32.1万t、伊朗30.6万t、印度尼西亚28.1万t、尼日尔27.8万t、阿尔及利亚26.0万t、中国大陆26.0万t。全球奶山羊饲养头数最多的国家是中国，据统计，2001年全国共有奶山羊478万只左右。但中国奶山羊业的规模化程度低，存在奶源质量参差不齐、乳制品质量标准体系不健全、缺乏有效的监测体系等问题。美国是奶山羊业发达的国家，全国有奶山羊200万只，主要饲养在美国南部各州和加利福尼亚州。奶山羊的主要品种有萨能羊、阿尔卑斯羊、奴比羊、吐根堡羊和美国拉曼查羊，实现了鲜奶收购、加工以及奶山羊繁育、饲养、疾病防治体系配套的集约化生产。无论是发达国家，还是发展中国家，羊奶产量都是增长的，而发展中国家增长得更快，原因是当前大多数发展中国家人均乳制品消费情况不太理想，以我国为例，我国人均乳制品消费非常低，世界人均104 kg/年，发达国家达到320 kg/年，而我国只有7 kg/年，与世界平均水平相差十几倍；羊奶作为一种兼营养和保健的滋补品，已成为实施全球乳营养保健战略的最佳选择。羊奶含有多种矿物质和维生素，绝对含量比牛奶高1%，相对含量比牛奶高14%，钙、磷的含量是人奶的4～8倍。因此发展中国家增加了改良奶山羊品种的利用。在美国、欧洲和地中海国家，山羊奶和奶制品，尤其是干酪愈来愈受到人们的喜爱，已经为人们所广泛食用。

2. 毛用山羊及其他

原产于土耳其安卡拉地区的安哥拉山羊是世界上最著名的毛用山羊品种，主要生产山羊毛(平均年产量4.4 kg)，国际市场上称为马海毛。马海毛(毛长平均为30.5 cm,毛细度一般为18～40支)价值很高,其价格高出美利奴羊毛数倍,属高档毛纺原料,供做时装颇受青睐。安哥拉山羊最怕潮湿,在土耳其主要饲养在中央安纳托利亚高原,海拔800～1 200 m,气候干燥少雨,冬夏温差较大,年平均降水量300～400 mm。现已在美国、阿根廷、原苏联、中国等国饲养。另外,在国际上还有些特色品质的山羊,如我国青猾山羊与中卫山羊可盛产具有天然色彩和花形、皮板轻、美观的猾子皮(即羔羊生后1～2 d屠宰剥取的皮),以及花穗美观、色白如玉、轻暖、柔软的沙毛皮,所制翻毛外衣、皮领、皮帽在国际市场上深受欢迎。

三、发展特点与趋势

世界养羊业的特点,一是山羊生产重点向肉用羊和绒山羊两个方向发展;二是山羊饲养业的经营管理和集约化水平不断提高,草场改良和杂交繁育等新技术得到了广泛推广。

(一)山羊业的重点转移到羊肉生产上

近些年,世界若干国家已将养羊业重点转到羊肉生产上,如澳大利亚、新西兰、美国、加拿大、荷兰、德国等发达国家近几年相继引入南非的波尔山羊,与当地山羊杂交,实施肉羊生产,大力发展山羊肉生产。与此同时,许多国家羊肉由数量型增长转向质量型增长,生产瘦肉量高、脂肪含量少的优质羊肉(如羔羊肉)。羊羔生长发育快,饲养周期短,饲料报酬高,一般料重比,成年羊为(6～8)∶1,羔羊(3～4)∶1。羊羔肉高蛋白、低脂肪、低胆固醇,肉质细嫩多汁,美味可口,因而备受国际市场青睐。新西兰1971年生产肉羊55.8万t,羔羊肉占70%以上;法国占75%以上;英国占90%;美国占94%;澳大利亚以饲养细毛羊而著称于世,近年来也十分重视羊肉生产,在生产的58万t羊肉中,羔羊肉占70%以上。东欧一些国家虽然起步较晚,但发展速度也很快。

(二)羊绒生产向提高绒纤维细度和绒毛产量方向发展

经过50年的品种改良,在全球绒山羊古老品种的基础上又出现了10多个新品种,饲养绒山羊的地区和国家数量也得到了发展。但良种及改良种绒山羊的比例较低,从全球看不足50%,特别是优质绒山羊仅25%左右,绒山羊个体平均产量低而且差异较大。羊绒综合品质尚不理想,近年来羊绒有变粗的趋势。又由于绒山羊比绵羊更耐粗饲、粗放管理,所处的饲养环境较恶劣,并相对加剧了草原的退化、沙化,致使绒山羊的发展受到自然环境与生态的制约,可持续发展受到较大限制。因此,绒山羊养殖国家为了推动绒山羊业向高产、优质、高效方面发展,正在改变着以放牧为主、靠天养畜的习惯,建立产、供、销一体的生产模式;把今后发展重点由增加绒山羊的数量转移到提高个体产绒量和羊绒品质上,羊绒细度上也应向羊毛一样,向更细方向发展。如20世纪80年代英国收集了世界各地的绒用山羊在向白色绒方面选育,同时也在开发自然育黑、灰色山羊绒的织品;澳大利亚绒生产起步较晚,但由于绵羊业发达,技术力量雄厚,把绵羊系统技术移植到绒山羊研究上取得了显著效果,育种群1～3岁混性别羊的净绒产量由1983—1985年间的49.6 g、78.6 g和85.9 g,提高到1995年3个最好群的平均值分别达237.3 g、247.7 g和316.7 g。

(三)山羊杂交繁育迅猛发展

影响动物生产效率的5大因素(品种、营养、疫病、环境和加工)中,优良品种是提高动物生产水平的基础。有了良种才能在同样投入的条件下获得更高的产量和优质的产品。因此,动物新品种的选育,一直是各国动物科技工作者、经营者普遍关注的热点。20世纪80年代以来,人们在原有育成品种的基础上,又育成了一批不同生态类型地区高产山羊新品种。这些新品种的主要特点是经济早熟,生产性能好,繁殖力强,全年发情、配种与产羔,遗传性稳定,适应性强,如短毛褐羊、乌兹别克黑山羊、德国更森、柴达木绒山羊、关中奶山羊、南江黄羊等。其中,绒山羊育种工作中采取的主要途径有本品种选育和杂交改良。肉山羊改良以二元杂交为主,终端品种多用波尔山羊、琼那派雷、努比羊等。我国一些地方也可因地制宜地选用近年培育的南江黄羊。

(四)集约化经营水平不断提高

集约化生产是现代山羊业发展的基本方向。总趋势是由较粗放的放牧、半放牧半舍饲或半舍饲半放牧转型到集约化或半集约化的放牧肥育、混合肥育、舍饲肥育(含工厂化肥育等)生产。山羊生产的科技含量与水平在增进,多系列配套技术不断完善,在追求建立在高繁殖力、高生产力和高效益基础上的山羊集约化生产体系发展迅速,不同规模山羊产业化基地逐年增加,对种羊繁育和山羊商品化生产起到了重要推动作用。

(五)天然草场改良化,人工草场不断扩大

为了提高草地载畜量,降低山羊生产成本,改良天然草场,建设人工草地,并采用围栏分区轮牧技术,已成为山羊饲养业发达国家的普遍做法,使养羊业摆脱了靠天养羊的局面。

第三节 我国山羊发展概况

中国山羊养殖历史悠久,早在夏商时代就有养羊文字记载。1 000 多年前,我国南方主要以饲养山羊为主,后逐步形成规模。山羊生产具有繁殖率高、适应性强、易管理等特点,至今在我国广大的农区、牧区广泛饲养。近 20 年来,我国的山羊业发展,已跨入世界生产大国先列。目前中国山羊饲养量、山羊绒产量、羊肉产量、生山羊皮产量均位于世界前列。中国山羊业取得的成绩是世人有目共睹的。今后,山羊业的发展将继续为农业及畜牧业产业结构的调整,振兴农村经济,加快农牧民脱贫致富做出新贡献。

一、山羊业现状

(一)山羊分布广、饲养具有显著区域性

中国养山羊生产分布较广，在全国 31 个省、区、市都饲养山羊。根据联合国粮农组织的数据显示，2011 年我国山羊占羊存栏总量的 50.6%，绵羊占 49.4%左右，山羊略多于绵羊数量。从全国山羊的生态环境、品种资源的分布、饲料饲草资源以及市场销售等情况看，全国养羊大致分为南方和北方两个区域。一是南方肉用山羊产区。山羊主要分布在中南、西南和华东区。这些地区历史上农民素有养羊习惯，对山羊肉的生产销售市场较大，饲养方式为圈养。近几年来，随着市场经济的发展和人民生活水平的日益提高，南方养羊发展速度日益加快，养羊生产逐步迈入规模化、科学化和产业化。据国家统计局统计，2011 年饲养山羊 400 万只以上的，有山东、河南、江苏、安徽、四川、云南、湖南、湖北 8 个省，累计存栏羊约占全国山羊存栏总数的 53%，为肉用山羊生产的集中主产区。二是北方绒山羊产区，主要分布在中国的西部和东北及华北区。产区主要分布在内蒙古、新疆、西藏、青海、甘肃、宁夏等地，近年来山西、河北、陕西、辽宁、山东发展较快。目前这 11 个省区已成为我国山羊绒主要产区。

(二)发展快、出栏大幅提高

养羊生产周期短，繁殖快，效益较好，备受广大农牧民的青睐，发展态势良好。同时，各级地方政府对养羊生产发展十分重视，并给予很大的支持。制定优惠的发展政策，资金上积极扶持，努力开拓市场，为养羊业发展奠定了良好的外部环境和内部生产条件，加快了中国养羊业规模化、产业化进程。

据统计，山羊存栏超过 500 万只的有 8 个省、区，累计出栏羊占全国羊出栏总数的 78.3%。其中出栏量占全国羊出栏总数 5%

以上的有山东、河南、江苏、新疆、河北和内蒙古6个省、区。羊出栏量最高的山东省占全国羊出栏总数的25.4%。

羊绒产量9 000～10 000 t、羊绒产量在100 t以上的有内蒙古、新疆、陕西、辽宁、河北、陕西等11个省、区，累计羊绒产量约占全国羊绒总产量的97.9%。

奶山羊生产的优势区域逐步形成。我国奶山羊生产历史悠久，已经形成陕西、山东两大传统奶山羊主产区和辽宁、河北、广东、河南等省奶山羊快速发展的格局。

(三)品种资源丰富、种羊生产初具规模

中国山羊品种资源十分丰富，有繁殖率高、产绒细且产绒量高及羔皮、裘皮等专用生产的品种。据查，列入国家畜禽品种志的共有20个山羊品种，主要品种有辽宁绒山羊、内蒙古绒山羊、中卫山羊、济宁青山羊、太行山羊、成都麻羊等。

新中国成立以来，我国畜牧科技工作者，经长期的努力，先后培育选育了山羊品种10多个，如南江黄羊、关中奶山羊、柴达木绒山羊、陕北绒山羊等。

在养羊业快速发展的同时，中国种羊场的建设也取得了长足的发展，布局日趋完善，规范合理。据统计，中国现有规模种羊场211个，分布在24个省、区、市。其中：存栏种羊3 000只以上的场有34个，存栏1 000～3 000只有32个，存栏200～1 000只的有94个，其余存栏为200只以下，分别占种羊场总数的16%、15%、45%、24%。这些种养羊场的建立，为我国养羊业的发展、促进品种改良等做出了积极的贡献。

二、中国山羊生产存在问题

(一)自然草地退化加剧

因天然及人为因素，草原植被减少，退化草地依然进行。退化

的主要特征:一是荒漠化程度加剧;二是草地过牧导致植被盖度下降;三是草地开垦。草原生态压力制约了我国山羊业的发展。

(二)饲养方式落后、流通方式单一

目前,我国的养羊出产方式落后,散养、混养比例仍旧较大,养殖效率低,养殖成本高,规模养殖比重低,防疫观念不强,死亡率较高,饲养治理粗放,繁殖控制技术及补饲技术没有得到有效普及。同时,在商业流通中措施不全、方式单一,小出产与大市场没有有效地对接,政策体系体例和市场机制不健全,养殖合作组织发育缓慢,养殖户市场谈判地位低,千家万户出产对市场变化的反应滞后等题目都严峻地制约着山羊养殖的发展。

(三)龙头企业带动能力弱、市场竞争力有待增强

目前,全国与山羊养殖联系紧密的加工及供种企业有限,龙头企业技术气力薄弱、出产方式落后、销售渠道狭窄,不能按照养殖化的要求完成产加销一体化经营,出产的产品多属于粗加工产品,龙头企业抗市场风险能力低,带动作用及产品市场竞争能力弱。

(四)食物安全意识较为薄弱

目前,在出产中规模养殖场能够进行有效控制,而散养户的食物安全意识较为薄弱,养殖出的产品质量不易监控,饲养过程中犯禁药物、激素的使用情况得不到有效控制,这已严重制约了山羊养殖层次的提高。

(五)良种供给不适应现代化养殖发展

种羊场炒作问题存在,很多地方在无技术指导的情况下大搞项目,一哄而上,加上非客观的宣传报道,导致不应有的品种炒作、假冒伪劣、以次充好现象时有出现,如不加以控制和引导,将影响山羊业的健康发展。目前有一些羊场打着高价回收的幌子,二三十万元 1 只绒山羊公羊,1.7 万元 1 只母羊出售给养殖户,这种畸形种羊销售方式,必将毁掉产业。

(六)秸秆资源开发利用不够

据调查,目前我国秸秆利用率约为33%,其中经由技术处理后利用的约占2.6%;而受传统出产方式的影响,部门秸秆资源没有得到开发利用,每年有近300万t的秸秆被焚烧,经测算,相当于烧掉了约1万t尿素,近2万t过磷酸钙,近2万t硫酸钾;假如1/3的秸秆作为饲料,可增加300万只羊的载畜量,节约饲料粮60万吨。按现行市场价格折算,价值高达8亿元。

(七)山羊业与生态环境矛盾凸起

草地资源作为我国重要的国土资源,多年来一直是草地畜牧业的重要生产基地和发展少数民族地区经济的主要生产资料。一方面,草地为草食动物提供食料;另一方面,它在保持水土、维持土壤肥力、改善环境及维持地球表面生态平衡等方面均起到重大作用。为此,发展山羊养殖应以草定畜,不盲目扩大养殖数量,避免因过牧造成生态环境的进一步恶化。

(八)技术支撑体系脆弱

山羊产业的技术支撑体系仍旧薄弱,基层服务体系急待完善,基础措施建设和服务手段滞后,技术职员队伍老化,从业职员素质参差不齐,服务技能不能适应当前发展需要,严重影响了我国山羊养殖的健康发展。

三、中国山羊生产展望

中国幅员辽阔,拥有草地资源60亿亩(1亩=0.067 hm^2),占国土面积的40%,为农田的3倍,林地的3倍多,加之农业可利用的秸秆十分丰富,为中国发展山羊生产提供了良好的资源条件。山羊生产有着美好的广阔前景。

今后山羊生产的重点向肉用羊和绒用羊两个方向发展。在肉用羊生产中,首先要保护好我国地方优秀的品种资源,在此基础上有计划、分期分批地进行杂交改良，生产优质高产羊肉，保障市场供应。绒山羊的生产，要数量与质量兼顾，改变目前盲目追求高产绒量导致绒质下降的现象。同时必须建立有效的保护场和保护区，确保绒山羊资源不受到威胁，严禁开展乱杂乱改，保证我国山羊绒产量和质量的提高及健康发展。

第二章　山羊的品种

我国是世界上山羊品种资源最为丰富的国家。几千年来，劳动人民经过辛勤劳动和精心选择，培育出了许多品质优良而又各具特色的山羊品种。

山羊品种众多，按经济用途可以分为以下类别：奶用山羊、毛用山羊、绒用山羊、肉用山羊、毛皮山羊和普通地方山羊。奶用山羊的典型外貌特征是：具有乳用家畜的楔形体型，轮廓鲜明，细致紧凑型表现明显，产乳量高，乳品质好；肉用山羊典型外貌特征是：具有肉用家畜的长方形体型，体躯低垂，全身肌肉丰满，细致疏松型表现明显，早期生长发育快，产肉量多，肉质好；绒用山羊的外貌特征是：毛被中绒、毛混生，毛长绒细，被毛洁白有光泽，体大头小，颈粗厚，背平直，后躯发达，产绒量多，绒质量好；毛用山羊要求毛被为同质毛，纺织工艺价值高；毛皮山羊又可分为羔皮和裘皮两种用途，要求毛被花案美观、轻薄、不擀毡。而我国大部分山羊是普通山羊，以产肉为主，兼有板皮、绒等其他生产用途。

下面按品种来源介绍我国的主要山羊品种。

第一节　引进国外的山羊品种

一、波尔山羊

1. 原产地

波尔山羊是目前世界上公认的最理想的肉用山羊品种之一，其原产地在南非共和国。南非波尔山羊的名称来自荷兰语

"Boer",意思是"农民"。

2. 外形特征

理想型的波尔山羊,体躯为白色,头、耳和颈部为浅红色至深红色,但不超过肩部,并有完全的色素沉着,前额及鼻梁部有一条较宽的白色区域;除耳部以外,种用个体的头部两侧至少要有直径为 10 cm 的色块,两耳至少要有 75%的部位为红色,并要有相同比例的色素沉着。波尔山羊具有强健的头,眼睛清秀呈棕色,鼻梁隆起,头颈部及前肢比较发达,体躯长、宽、深,肋部发育良好并完全开展,胸部发达,背部结实宽厚,臀腿部丰满,四肢结实有力。

3. 品种特性

波尔山羊初生重一般为 3～4 kg,公羔比母羔重约 0.5 kg;断奶体重一般可达 20～25 kg;7 月龄时公羊体重为 40～50 kg,母羊为 35～45 kg;周岁时,公羊体重为 50～70 kg,母羊为 45～65 kg;成年体重公羊为 90～130 kg,母羊为 60～90 kg。

波尔山羊在 10 kg 活重时屠宰率为 40.3%;在 41 kg 时为 52.4%;成年公羊可达 56.2%。

波尔山羊母羔 6 月龄性成熟;公羔 3～4 月龄性成熟,5～6 月龄或体重 32 kg 时方可作种用。在良好的饲养条件下,母羊可以全年发情。发情周期为 18～21 d,发情持续期为 37.4 h,妊娠期平均为 148 d,产后休情期,在产羔季节为 37 d,在非产羔季节为 60 d,产后第 1 次发情,最早可在 20 d。波尔山羊每胎平均产 2 羔,其中 50%的母羊产双羔,10%～15%的产 3 羔,在性能测定中的产羔率为 193%,如果用多胎性进行选择并与良好的管理相结合,产羔率可达 225%。

波尔山羊从 1995 年开始引入我国 20 多个省(区),用波尔山羊与当地山羊开展了杂交改良试验工作取得了明显效果。

二、萨能山羊

1. 原产地

萨能山羊是世界上最著名的奶山羊品种，原产于瑞士伯尔尼州的萨能山谷，除十分炎热或酷寒的地区外，现已广泛分布到世界各地。

2. 外形特征

萨能山羊具有乳用畜特有的楔形体型，体格高大，各部位轮廓清晰，结构紧凑细致，头长面直，眼大灵活，耳薄长且向前方平伸。被毛色白，也有少数毛尖为土黄色，由粗短有髓的毛组成，公羊的肩、背、股和腹部着生有粗毛。皮肤薄、有弹性，呈粉红色。公、母羊大多有须而无角，颈粗短，有些个体颈部长有肉垂。胸部宽深，腰长平直，后躯发育好，尻部略显倾斜。母羊颈细长，腹大而不下垂，乳房发达，呈方圆形，基部宽广，向前延伸，向后突出，质地柔软，乳头大小适中。四肢结实，干燥少肉，姿势端正，蹄壁坚实呈蜡黄色。

3. 品种特性

成年公羊体高 80～90 cm，体长 95～114 cm，体重 75～95 kg；成年母羊体高 75～78 cm，体长 82 cm 左右，体重 50～65 kg。

萨能山羊头胎多产单羔，经产羊多为双羔或多羔，产羔率为 160%～220%。利用年限 6～8 年。泌乳期 10 个月左右，以产后 2～3 个月产奶量最高，305 d 的产奶量为 600～1 200 kg，乳脂率 3.2%～4.0%。

由于萨能山羊产奶量高，适应性广，许多国家都用它来改良当地山羊品种，并培育出了不少的奶山羊新品种。早在 1904 年前后，我国山东省青岛市就已经通过外国传教士将萨能山羊引入，对我国奶山羊产业的发展起了很大作用。作为父系品种，参与了关中奶山羊、崂山奶山羊等新品种的育成。

三、吐根堡山羊

1. 原产地

吐根堡山羊原产于瑞士东北部圣仑州的吐根堡盆地。因具有适应性强、产奶量高等特点，与萨能羊同享盛名，也是世界著名的奶山羊品种。

2. 外形特征

具有乳用羊特有的楔形体型。被毛褐色或深褐色，随年龄增长而变浅，幼羊色深，老龄色浅。颜面两侧各有一条灰白色的条纹，鼻端、耳缘、腹部、臀部、尾下及四肢下端均为灰白色。公、母羊均有须，部分无角，有的有肉垂。骨骼结实，四肢较长，蹄壁蜡黄色。公羊体长，颈细瘦，头粗大；母羊皮薄，骨细，颈长，乳房大而柔软，发育良好。

3. 品种特性

成年公羊体高 80～85 cm，体重 60～80 kg；成年母羊体高 70～75 cm，体重 45～55 kg。

吐根堡羊平均泌乳期 287 d，在英美等国 1 个泌乳期的产奶量为 600～1 200 kg。瑞士最高个体产奶记录为 1 511 kg，乳脂率为 3.5%～4.2%。饲养在我国成都的吐根堡奶山羊，300 d 产奶量，一胎为 687.79 kg，二胎为 842.68 kg，三胎为 751.28 kg。

吐根堡奶山羊全年发情，但多集中在秋季。母羊 1.5 岁配种，公羊 2 岁配种，平均妊娠期 151.2 d，产羔率平均为 173.4%。

四、努比亚奶山羊

1. 原产地

努比亚奶山羊原产于非洲东北部的埃及、苏丹及邻近的埃塞俄比亚、利比亚、阿尔及利亚等地。我国 1939 年曾引入饲养在四川成都等地，20 世纪 80 年代中后期，广西壮族自治区、四川省简阳县、湖北省房县又从英国和澳大利亚等国引入饲养。

2. 外形特征

努比亚奶山羊头短小，鼻梁隆起，耳大下垂，颈长，躯干较短，尻短而斜，四肢细长。公、母羊无须无角。毛色较杂，有暗红色、棕色、乳白色、灰白色、黑色及各种斑块杂色，以暗红色居多，被毛细短有光泽。

3. 品种特性

努比亚奶山羊成年公羊平均体重 80 kg，体高 82.5 cm，体长 85 cm；成年母羊上述指标相应为 55 kg、75 cm 和 78.5 cm。母羊乳房发育良好，多呈球形。泌乳期一般 5～6 个月，盛产期日产奶 2～3 kg，高者可达 4 kg 以上，产奶量一般 300～800 kg，乳脂率 4%～7%，奶的风味好。我国四川省饲养的努比亚奶山羊，平均一胎 261 d 产奶量 375.7 kg，二胎 257 d 产奶量 445.3 kg。

努比亚奶山羊繁殖力强，1 年可产 2 胎，每胎 2～3 羔。简阳县饲养的努比亚奶山羊，怀孕期 149 d，各胎平均产羔率 190%，其中一胎为 173%，二胎为 204%，三胎为 217%。

五、安哥拉山羊

1. 原产地

安哥拉山羊起源于土耳其安纳托利亚高原中部和东南部地区，是生产马海毛的古老毛用山羊品种。

2. 外形特征

安哥拉山羊全身被毛白色，羊毛有丝样光泽，手感滑爽柔软，由螺旋状或波浪状毛辫组成，毛辫长可垂至地面，头部和四肢着生短刺毛。公、母羊均有角，角白色扁平，长度短或中等，向后上方延伸并略有扭曲。耳中等长度，呈下垂或半下垂状态，颜面平直或略凹陷，面部和耳朵有深色斑点。胸狭窄，肋骨扁平，骨骼细，颈部细短，四肢较短而端正，蹄质结实。

3. 品种特性

安哥拉山羊公羊体格中等，根据赵有璋等资料介绍，安哥拉山羊体重周岁公羊 24.15 kg、周岁母羊 19.12 kg，成年公羊 50.83 kg，成年母羊 32.88 kg；剪毛量周岁公羊 1.62 kg、周岁母羊 1.63 kg，成年公羊 3.60 kg，成年母羊 3.09 kg；羊毛长度周岁公羊 17.72 cm、周岁母羊 16.42 cm，成年公羊 19.55 cm，成年母羊 18.22 cm；羊毛细度周岁公羊 30.88 μm、周岁母羊 32.77 μm，成年公羊 43.47 μm，成年母羊 34.06 μm。

安哥拉山羊被毛主要由无髓同型毛纤维组成，部分羊被毛中含有 3%～5%的有髓毛。羊毛含脂率 6%～9%，净毛率 65%～85%。

安哥拉山羊生长发育慢，性成熟晚，产羔率为 100%～110%。

我国 1984 年以来，从澳大利亚引进该品种，目前主要饲养在陕西、山西、内蒙古和甘肃等省、区，用作父系品种，参与了陕北马海毛山羊新品种群、甘肃毛用型山羊品种群的培育。

第二节　中国培育的主要山羊品种

一、南江黄羊

1. 育成简史

南江黄羊是于 20 世纪 60 年代开始，以奴比亚山羊、成都麻羊为父本，南江县本地山羊、金堂黑山羊为母本，采用复杂育成杂交和不断的选育培育而成的肉用山羊品种。1998 年，农业部批准为新品种。主要分布在四川省南江县及其毗邻地区。具有体格大、生长发育快、四季发情、繁殖率高、泌乳力好、抗病力强、耐粗放、适应能力强、产肉力高及板皮品质好等特性。

2. 外形特征

南江黄羊公、母羊大多数有角，头型较大，耳长大，部分羊耳微下垂，颈较粗，体格高大，背腰平直，后躯丰满，体躯近似圆桶形，四肢粗壮。被毛呈黄褐色，毛短而紧贴皮肤、富有光泽，面部多呈黑色，鼻梁两侧有一条浅黄色条纹；公羊从头顶部至尾根沿背脊有一条宽窄不等的黑色毛带；前胸、颈、肩和四肢上端着生黑而长的粗毛。

3. 品种特性

南江黄羊各发育阶段的体重，根据张红平等的研究资料，周岁公羊体重(37.61±4.04) kg，母羊为(30.53±3.27) kg；成年公羊体重(66.87±5.03) kg，成年母羊体重(45.64±4.48) kg。

南江黄羊肉质好，细嫩多汁，膻味轻，口感好；在放牧条件下，6月龄屠宰前体重(21.55±2.58) kg，胴体重(9.71±4.43) kg，净肉重(7.09±1.21) kg，屠宰率47.01%±1.21%；12月龄上述指标相应为(30.78±3.22) kg、(15.04±2.09) kg、(11.13±1.67) kg、49.00%±1.41%；成年羊相应为(50.45±8.38) kg、(28.18±5.00) kg、(21.91±4.46) kg和55.65%±3.70%。

南江黄羊母羊常年发情，8月龄时可配种，能年产2胎或两年3胎，双羔率可达70%以上，多羔率13%，群体产羔率205.42%。因含有努比羊的血液而具有较好的产乳力。板皮优良，保持了成都麻羊板皮的品质特性。

南江黄羊皮板致密，坚韧性好，富有弹性，抗张强度高，是皮革工业的优质原料。

二、关中奶山羊

1. 育成简史

主产于陕西的渭河平原(关中盆地)，包括富平、三原、泾阳、扶风、千阳、宝鸡、渭南、临潼、蓝田、蒲城等地。1972年开始，以萨能奶山羊为父本，当地山羊为母羊进行育成杂交，培育出产奶量高、遗传性能稳定、适应性好、抗病性强、耐粗放管理的乳用品种。

2. 外形特征

关中奶山羊体质结实，乳用型明显，具有头、颈、躯干、四肢长的“四长”特征。公羊头大颈粗，额宽，眼大耳长，鼻直嘴齐。胸部宽深，背腰平直，外形雄伟，腹大不下垂，尻部宽长，有适度的倾斜，腹部紧凑，睾丸发育良好。公、母羊四肢结实，肢势端正，蹄质结实，呈蜡黄色。毛短色白，皮肤粉红色，部分羊耳、鼻、唇及乳房有大小不等的黑斑。乳房大，多呈方圆形，质地柔软，乳头大小适中。

3. 品种特性

关中奶山羊成年公羊体高在 82 cm 以上，体重 78.6 kg。成年母羊体高 69 cm 以上，体重 44.7 kg 以上。

一般饲养条件下，关中奶山羊 300 d 的产奶量：一胎 651.8 kg，二胎 703.7 kg，三胎 735.5 kg，四胎以上为 690.95 kg。乳的比重为 1.03，总干物质 12.94%，乳脂率 4.21%，总蛋白质 3.52%，乳糖 4.26%，灰分 0.84%。

母羊初情期在 4～5 月龄，发情季节多集中于 9～11 月份。发情周期 20 d，发情持续期 28 h。初配年龄 8～10 月龄，怀孕期 150 d，产羔率平均为 184.3%，其中一胎 153.6%，二胎 185.8%，三胎 206.7%，四胎 210.4%，五胎 201.9%。

关中奶山羊在放牧加补饲的条件下，8～10 月龄羯羊屠宰率 46%。

三、崂山奶山羊

1. 育成简史

崂山奶山羊是自 1904 年开始用来自于德国、英国、原苏联等的奶山羊，主要是萨能羊与本地羊杂交，经长期选育而培育成功的乳用品种。主要分布在山东省的东部、胶东半岛和鲁中南等地区。

2. 外形特征

崂山奶山羊体质结实,结构紧凑而匀称。公、母羊大多数无角,头长眼大,额宽鼻直,耳薄较长,向前外方伸展。胸宽背直,肋骨开张良好。后躯发育良好,尻略下斜,四肢健壮。公羊头大,颈粗,腹部紧凑,睾丸发育良好。母羊外貌清秀,腹大而不下垂,乳房附着良好,基部宽广,上方下圆,乳房质地柔软,发育良好,皮薄有弹性,乳头大小适中。被毛白色,毛细短,皮肤粉红色,成年羊鼻、耳、乳房皮肤上有大小不等的黑斑。

3. 品种特性

崂山奶山羊生长发育快,初生重公羔为 3.43 kg,母羔为 3.05 kg;3 月龄公、母羊体重分别为 20.9 kg 和 16.63 kg。公羊 1 岁时体高 79.11 cm,体重 69.63 kg;成年公羊体高 85.8 cm,体重 95.7 kg。母羊 1 岁时体高 68 cm,体重 41.96 kg;成年母羊体高 72.3 cm,体重 54.92 kg。

崂山奶山羊各胎平均泌乳天数为 284.8 d,300 d 校正奶量为 626.9 kg。其中一胎为 492.3 kg,二胎为 675.6 kg,三胎为 761.9 kg。乳中干物质为 12.03%,其中乳蛋白质为 2.89%,乳脂率为 3.73%,乳糖为 4.35%,灰分为 0.88%。

崂山奶山羊性成熟早,3 月龄便有性欲。母羊 3~4 月龄开始发情,发情季节在 8 月下旬到翌年 1 月底,发情旺季集中在 9~10 月份,当年母羔在 8 月龄以上,体重达 30 kg 以上即可参加配种。初配年龄平均为 219 d,发情周期为 20 d,产羔多集中在 2~3 月份,妊娠期平均 150 d,产羔率一胎为 129.4%,二胎为 168.4%,三胎为 203.4%,四胎为 193.9%,五胎以上为 194.8%,平均为 170%~190%。

崂山奶山羊育肥公羔屠宰率为 50.44%。

成年羊平均每张鲜皮重 1.8 kg,厚度 0.22~0.24 mm,面积 0.63 m^2,符合国内板皮市场的特级标准。成品革柔软丰满有弹性，保型性能优良，延伸性能强，革面细致均匀而平整，料面清晰，光洁度好，色泽一致，无油腻感。

四、罕山白绒山羊

1. 育成简史

20 世纪 80 年代起，在内蒙古自治区的哲里木盟扎鲁特旗，通过导入辽宁绒山羊血液改良当地绒肉兼用的地方山羊，1994 年末育成了罕山白绒山羊新品种，1995 年经自治区人民政府验收命名。主要分布于内蒙古自治区大兴安岭南段罕山脚下赤峰市的巴林右旗、巴林左旗、阿鲁科尔沁旗和通辽市的扎鲁特旗、库伦旗、霍林郭勒市。总数达 90 万只，基础母羊达 40 万只。

2. 外形特征

罕山白绒山羊体格较大，体质结实，结构匀称、背腰平直，后躯稍高，体长略大于体高；面部清秀，眼大有神，两耳向两侧伸展或半垂，额前有一束长毛，有下颌须；四肢强健，蹄质坚实，善于登山远牧，姿势雄健，行动敏捷，蹄夹有长毛覆盖；公、母羊都有角，公羊呈扁螺旋形大角，向后、外、上方扭曲伸展，母羊角细长；全身绒毛纯白，分内外两层，外层为长粗毛，光泽良好，内层为细绒毛。

3. 品种特性

罕山白绒山羊生长发育较快，产绒量高，绒质好。抓绒后体重，成年公羊平均为 47.25 kg，成年母羊平均为 32.38 kg，育成公羊平均为 30.64 kg，育成母羊 24.23 kg；秋季体重成年公羊 60.92 kg，成年母羊 48.16 kg，育成公羊 45.53 kg，育成母羊 40.39 kg。成年公羊平均产绒量、绒长、绒细、绒强度和伸度分别为 708.40 g、5.54 cm、15.13 μm、4.80 g 和 45.60%，成年母羊相应为 487.00 g、4.73 cm、14.68 μm、4.43 g 和 42.24%。净绒率为 73.17%。

罕山白绒山羊性成熟较早，公羊一般在5～6月龄时有性行为，1.5岁开始配种，3岁时繁殖能力最强，以后逐年减退；母羊1.0～1.5岁进行配种，3～7岁繁殖能力最强，发情周期一般在17～21 d，妊娠期一般为146～150 d，产羔率103%～109%。

五、柴达木绒山羊

1. 育成简史

柴达木绒山羊是在自1958年以来进行改良的柴达木山羊的基础上，自1983年开始用引入的辽宁绒山羊公羊进行级进杂交到二代，并用理想型公、母羊进行横交固定，自群繁育后培育而成的绒肉兼用型绒山羊新品种。分布于青海省海西州的柴达木盆地。

2. 外形特征

柴达木绒山羊体质结实，结构匀称、紧凑，侧视体型呈长方形，后躯稍高，四肢端正有力，面部清秀，鼻梁微凹。公、母羊均有角，公羊角粗大，向两侧呈螺旋状伸展；母羊角细小，向上方呈扭曲伸展。被毛纯白，呈松散的毛股结构，外层有髓毛较长，光泽良好，具有少量浅波状弯曲或较短无弯曲。被毛类型有细长型和粗短型两种。

3. 品种特性

成年公羊体重为35.86 kg，母羊为27.16 kg。育成公羊体重16.23 kg，母羊16.24 kg。成年公、母羊产绒量分别为487 g和397 g，育成公、母羊分别为340 g和378 g。被毛自然长度10 cm以上；成年羊体侧部绒毛自然长度5 cm，细度13.61～14.49 μm，净绒率在60%以上。

柴达木绒山羊有良好的产肉性能，且肉质颜色鲜红，纤维细嫩，脂肪含量低，膻味轻，肉质良好。放牧补饲条件好时，成年母羊产羔率105%左右。

六、新疆白绒山羊(北疆型)

1. 育成简史

新疆白绒山羊新品种(北疆型)是以辽宁绒山羊、野山羊(北山羊)为父本,新疆山羊为母本,采用多元育成杂交,择优横交、近交等方法培育而成。自1978年开始,历时17年。新疆白绒山羊新品种(北疆型)按遗传类型及绒纤维直径分含野血类群和不含野血类群。新疆白绒山羊(北疆型)育种区分布在乌鲁木齐达板城地区柴窝堡乡、高崖子牧场等6个单位。

2. 外形特征

被毛白色(含野血类群角基、四肢、耳根允许有黄毛),体质结实,背腰平直,体躯深而长,四肢端正,蹄质结实,颌下有须,公、母羊均有角,并向后侧伸延(含野血类群部分母羊允许有直角),尾尖向上翘,绒纤维直径15～16 μm(含野血类群12～14 μm),净绒率60%以上,长度5.5 cm以上。

3. 品种特性

含野血类群周岁公羊体重26.35 kg,周岁母羊体重22.58 kg;成年公羊51.41 kg,成年母羊34.82 kg。不含野血类群周岁公羊体重25.06 kg,周岁母羊22.78 kg;成年公羊46.74 kg;成年母羊32.97 kg。

新疆白绒山羊新品种(北疆型)含野血类群周岁公羊产绒量345.07 g(最高810 g),成年公羊544 g(最高1 040 g);周岁母羊产绒量345.36 g,成年母羊350.74 g。不含野血类群周岁公羊产绒量349.02 g,成年公羊548.38 g;周岁母羊产绒量368.56 g,成年母羊368.68 g。含野血类群绒毛长度,周岁母羊6.34 cm,高于不含野血类群周岁母羊的5.25 cm外,周岁公羊5.88 cm,成年公羊7.49 cm,成年母羊6.21 cm,均低于不含野血类群周岁公羊的6.13 cm,成年公羊8.13 cm,成年母羊6.86 cm。

含野血类群绒纤维直径，周岁公羊 12.7 μm，周岁母羊 12.4 μm；成年公羊 13.6 μm，成年母羊 12.9 μm。不含野血类群周岁公羊绒纤维直径 13.8 μm，周岁母羊 13.1 μm；成年公羊 14.7 μm，成年母羊 13.7 μm。

含野血类群净绒率周岁公羊 67.66%，周岁母羊 66.80%；成年公羊 72.35%，成年母羊 70.86%。不含野血类群周岁公羊 69.30%，周岁母羊 76.14%；成年公羊 80.93%，成年母羊 67.63%。

七、陕北白绒山羊

1. 育成简史

陕北白绒山羊是根据市场需要和陕北自然经济条件，以辽宁绒山羊为父本，陕北黑山羊为母本，采用两品种简单育成杂交方式，经过 30 年的培育而形成的以产绒为主，绒肉兼用型绒山羊新品种。2003 年 2 月农业部批准为新品种，并收录全国新编羊品种志。

陕北白绒山羊主要分布在榆林、延安两市的榆阳、神木、府谷、横山、靖边、定边、绥德、米脂、佳县、子洲、甘泉、宝塔、延长、安塞、子长等县区。

2. 外形特征

陕北白绒山羊体格中等，结实紧凑。头轻小，额顶有长毛。颌下有髯，面部清秀，眼大有神；公、母羊均有角，角形以拧角、撇角为主，公羊角粗大，呈螺旋式向上、向两侧伸展；母羊角细小，从角基开始，向上、向后、向外伸展，角体较扁。颈宽厚，颈肩结合良好。胸深背直，四肢端正，蹄质坚韧。尾瘦而短，尾尖上翘。全身被毛白色，毛绒混生，清晰易辨，具有银白色丝样光泽。

3. 品种特性

陕北白绒山羊在一般饲养管理条件下，表现出较高的产绒性能。成年公羊平均产绒量 723.81 g，核心群平均为 1 254 g，最高个体记录 1 600 g；成年母羊平均产绒量 430.37 g，核心群平均为 590 g，最高个体记录 1 041 g。自然长度 5 cm 以上且细度 15 μm 以内的个体占到 81.2%，净绒率 61.87%。

陕北白绒山羊肉质细嫩多汁，肌肉丰满，骨骼比例低，出肉率高。舍饲条件下，1.5 岁羯羊宰前重达到 33 kg。

陕北白绒山羊在生后 4 月龄出现初情期，7～8 月龄达性成熟；母羊 1.5 周岁，公羊 2 周岁开始配种；产羔率达 105%。在舍饲条件下，可以推行频密产羔，母羊有效利用达到 1 年 2 胎或 2 年 3 胎。

第三节　我国的优良山羊品种

一、中卫山羊

1. 产地与分布

中卫山羊是裘皮品种，产区属于半荒漠地带，主要分布在宁夏的中卫县和甘肃的景泰、靖远县，以及与其毗邻的中宁、同心、海原、皋兰、会宁等地。

2. 外形特征

成年羊头清秀，面部平直，额部有丛毛一束。公、母羊均有角，向后上方并向外延伸呈半螺旋状。体躯短深近方形，结构匀称，结合良好，四肢端正，蹄质结实。被毛纯白，光泽悦目。

3. 品种特性

具有体质结实、耐寒、抗暑、抗病力强、耐粗饲等优良特性。体格中等，成年公羊体重 30～40 kg，母羊体重 25～35 kg。

被毛分内外两层，外层为粗毛，光泽悦目，长 25 cm 左右，细度平均 50～56 μm，具波浪状弯曲；内层为绒毛，纤细柔软，丝样光泽，长 6～7 cm，细度 12～14 μm。公羊产毛量 250～500 g，产绒量 100～150 g；母羊产毛量 200～400 g，产绒量 120 g 左右。

中卫沙毛皮是中卫山羊的代表性产品，即羔羊生后 1 月龄左右，毛长达到 7.5 cm 左右时宰杀剥取的毛皮，因用手捻摸毛股时有沙沙粗糙感觉，故又称为"沙毛裘皮"。其裘皮的被毛呈毛股结构，毛股上有 3～4 个波浪形弯曲，最多可有 6～7 个。毛股紧实，花色艳丽。裘皮皮板面积 1 360～3 392 cm^2。适时屠宰得到的裘皮，具有美观、轻便、结实、保暖和不擀毡等特点。

成熟较早，母羊 7 月龄左右即可配种繁殖，多为单羔，双羔率约 5%，产羔率 103%。屠宰率 40%～45%。

二、济宁青山羊

1. 产地与分布

青山羊是一个优良的羔皮用山羊品种。原产于山东省西南部的荷泽和济宁两地区的 20 多个县。

2. 外形特征

公、母羊均有角，角向上、向后上方生长。颈部较细长，背直，尻微斜，腹部较大，四肢短而结实。被毛由黑白二色毛混生而成青色，其角、蹄、唇也为青色，前膝为黑色，故有"四青一黑"的特征，因被毛中黑白二色毛的比例不同又可分为正青色（黑毛数量占 30%～60%）、粉青色（黑毛数量占在 30%以下）、铁青色（黑毛数量在 60%以上）3 种。

3. 品种特性

青山羊体格较小，公羊体高 55～60 cm，母羊 50 cm；公羊体重约 30 kg，母羊约 26 kg。成年公羊产毛量 300 g 左右，产绒量50～150 g；母羊产毛量约 200 g，产绒量 25～50 g。主要产品是猾子皮，羔羊出生后 3 d 内屠宰，其特点是毛细短，长约 2.2 cm；密紧适中，在皮板上构成美丽的花纹，花形有波浪、流水及片花，为国际市场上的有名商品。皮板面积 1 100～1 200 cm^2，是制造翻毛外衣、皮帽、皮领的优质原料。

青山羊生长快，成熟早，4 月龄即可配种，母羊常年发情，年产 2 胎或两年产 3 胎，一胎多羔，平均产羔率为 293.65%。屠宰率为 42.5%。

三、辽宁绒山羊

1. 产地与分布

辽宁绒山羊产区位于辽东半岛，主要分布在盖州、庄河、岫岩、凤城、宽甸、瓦房店、新宾、恒仁、辽阳等地。

辽宁绒山羊已推广到 17 个省、市、自治区，为改良各地绒山羊、提高产绒量、促进我国绒山羊业的迅速发展做出了积极贡献。青海省海西州引入辽宁绒山羊与当地山羊杂交，培育出柴达木绒山羊新品种。甘肃省引入辽宁绒山羊与陇东当地黑山羊杂交，培育出陇东白绒山羊品种群。陕北以辽宁绒山羊为父本，陕北黑山羊为母本，培育出陕北绒山羊品种。

2. 外形特征

辽宁绒山羊体格大，毛色纯白，公、母羊都有角，公羊角粗大并向两侧平直伸展，母羊角较小，向后上方生长，体质结实，结构匀称，头较大，颈宽厚，背平直，后躯发达，四肢健壮有力，被毛光泽好。

3. 品种特性

辽宁绒山羊体重，根据刘怀野引自辽宁省辽宁绒山羊原种场的资料，成年公羊(81.7±4.8) kg(n=20 只)，成年母羊(43.2±2.6) kg(n=586 只)；育成公羊体重(37.3±3.2) kg(n=62 只)，育成母羊(26.6±1.9) kg(n=315 只)。辽宁绒山羊的被毛由绒毛和粗毛混合组成，绒毛长度成年公羊 6.8 cm，周岁公羊 5.9 cm；成年母羊 6.3 cm，周岁母羊 5.7 cm；羊绒细度 3 岁公羊(16.67±

1.01) μm,3 岁母羊(15.4 1±0.80) μm;周岁公羊(13.20±1.02) μm,周岁母羊 3.70～1.07 μm;净绒率 76.37%。辽宁绒山羊产绒量,成年公羊(1 368±193.31) g(n=43 只),最高可达 1 860 g,成年母羊(641.94±145.32) g(n=757 只),最高 1 390 g(1999 年);育成公羊(590.77±121.11) g,最高 1 000 g,育成母羊(543.30±114.25) g,最高 1 280 g(1998 年)。

辽宁绒山羊产肉性能良好,成年公羊(n=16)宰前体重 49.84 kg,胴体重 24.33 kg,净肉重 11.54 kg,屠宰率 50.65%;成年母羊(n=18)相应为 41.50 kg、20.74 kg、14.07 kg 和 52.66%。

辽宁绒山羊公、母羊 7～8 月龄开始发情,周岁产羔,羔羊初生重 2.5 kg 左右,平均产羔率 120%～130%。

四、内蒙古白绒山羊

1. 育成简史、产地及分布

内蒙古“阿尔巴斯”、“二狼山”和“阿拉善”白绒山羊是经过长期自然和人工选择而形成的 3 个优秀类群,所产山羊绒在国内外享有盛誉。但 3 个类群在体格大小方面差异很大,体质类型亦不一致,生产性能参差不齐。通过联合育种进行本品种选育,1988 年由内蒙古自治区人民政府正式命名为“内蒙古白绒山羊”。主要分布在内蒙古阿拉善盟、伊克昭盟、巴彦淖尔盟等地,所产白山羊绒品质优良,在国际上享有很高声誉。

内蒙古白绒山羊已被引到其他适宜发展绒山羊的 10 多个省、区,适应性和杂交改良效果良好。

2. 外形特征

体格较大,体质结实,结构匀称。头中等大小,公、母羊均有角,公羊角大,母羊角小。鼻梁微凹,眼大有神,耳大向两侧半下垂。体形近似方形,后躯略高,背腰平直,尻略斜,四肢粗壮结实,善于登山远牧。尾短而小,向上翘立。

3. 品种特性

成年公羊体重 45～52 kg，成年母羊 30～45 kg。全身被毛白色，分内外两层，外层为光泽良好的粗长毛，长 12～20 cm，细度 83.8～88.8 μm；内层绒毛长 5.0～6.5 cm，细度 12.1～15.1 μm。按其被毛状态可划分为长细毛型和短粗毛型两种类型。前者外层被毛长而细，光亮如丝，产绒量低；后者外层被毛短粗，但产绒量高，成年公羊产绒量 400 g，成年母羊 350 g，净绒率 72.0%。粗毛产量成年公羊 350 g，成年母羊 300 g。

该品种羊繁殖率较低，多产单羔，羔羊发育快，成活率高。产羔率 100%～105%，屠宰率 40%～50%。内蒙古白绒山羊是一个适应性强、产肉多、绒毛增产潜力大的地方良种。

五、河西绒山羊

1. 产地与分布

河西绒山羊原产于甘肃省河西走廊的肃北蒙古族自治县和肃南裕固族自治县。产区为典型的大陆性气候，干旱少雨，属于荒漠和半荒漠地带。

2. 外形特征

该品种羊体质结实，结构紧凑。公、母羊均有直立弓形的扁角，四肢粗壮，被毛光亮，白色为主，也有黑、青、棕和花杂等色。

3. 品种特性

根据魏怀方的研究资料，河西绒山羊成年公羊体高(60.3±5.8) cm，体长(65.3±5.4) cm，体重(38.51±8.20) kg；成年母羊体高(58.1±4.0) cm，体长(62.4±4.9) cm，体重(26.03±5.01) kg。每年春季剪毛，产绒量成年公羊(323.5±78.8) g，成年母羊(279.9±79.5) g，粗毛产量成年公羊为(316.7±82.9) g，成年母羊(382.6±106.0) g，绒毛长度成年公羊(4.9±1.2) cm，成年母羊(4.3±0.3) cm；线毛细度成年公羊(15.6±0.9) μm，成年母羊

(15.7±0.8) μm；净绒率 47.8%～52.3%。

河西绒山羊 6 月龄左右性成熟，一般 1 年 1 胎，多产单羔。

母羊一般 7～9 岁淘汰供作肉用，秋季宰杀，屠宰率 43.6%～44.3%。

六、新疆山羊

1. 产地与分布

新疆山羊有南疆型和北疆型之分。主要分布在南疆的喀什、和田、塔里木河流域，北疆的阿勒泰、昌吉和哈密地区的荒漠草原及干旱贫瘠的山地牧场。

2. 外形特征

新疆山羊头中等大小，额平宽，耳小，半下垂，鼻梁平直或有下凹。公、母羊多有角，角形较直、向上方直立，角尖端微向后弯，角基间着生的长毛下垂于额，颚下有须，背平直，前躯、乳房发育较好，尾小而上卷。被毛以背线为界分向两侧，体躯长深，四肢端正，蹄质结实。被毛以白色为主，其次为黑、棕、青色。绒细、长、密，油汗适中，毛长而有光泽。

3. 品种特性

北疆山羊体格大，体重大于南疆山羊。以哈密地区的山羊为代表，成年公羊平均体重 58.4 kg，成年母羊 36.9 kg；南疆山羊以阿克苏地区为代表，成年公羊平均体重为 32.6 kg，成年母羊为 27.1 kg。

新疆山羊绒品质优良，细度在 12～16 μm，富有光泽。北疆成年公山羊年产绒为 232～310 g，成年母羊 178.7～196.8 g。南疆阿克苏地区成年公、母山羊产绒平均为 150 g。

成年公山羊年产毛 500 g 左右，母山羊 300～400 g。毛长可达 20 cm，柔软，富有光泽，净毛率一般在 75%以上。

初配年龄为 1.5 岁，放牧山羊的繁殖配种季节性强，山区在

10～11 月间配种，农区在 9～10 月间配种，妊娠期为 150 d 左右。繁殖率为 111.7%～116%。

哈密地区测定成年羯山羊 8 只，平均胴体重 13.4 kg，屠宰率 41.4%。喀什地区测定成年羯山羊 7 只，平均胴体重 12.8 kg，屠宰率 46.8%。

哈密地区测定山羊 44 只，115 d 的平均产乳量为 107.18 kg，平均个体日产乳 930 g，南疆山区山羊日产乳 600～1 000 g。库车县草湖地区山羊为 500～800 g。

七、西藏山羊

1. 产地与分布

西藏山羊主要分布在青藏高原的西藏、青海、四川阿坝、甘孜以及甘肃南部等地，西藏山羊是一个古老地方品种，具有毛、皮、肉、奶等用途，属于普通山羊品种。

2. 外形特征

西藏山羊公、母羊均有角，公羊角形有倒八字形和向外扭曲伸展两种类型。母羊角细，多向两侧扭曲。个体小，额宽、耳长，颈细长，背腰平直，体质结实，前胸发达，肋骨拱张良好，腹大不下垂。母羊乳房不发达，乳头小。被毛杂色以黑、青色为主，约占 56%，白色仅占 7.88%，体白、头肢花者占 18.7%。

3. 品种特性

西藏山羊是高原、高寒地区的一个古老品种，对高寒牧区的生态环境有较强的适应能力。公羊体重为 29 kg，母羊为 25 kg。西藏山羊每年可剪毛、抓绒各一次，成年公羊剪毛 418.3 g，抓绒 211.8 g，母羊剪毛 339.0 g，抓绒 183.8 g，绒毛细度 14 μm，绒毛伸直长度为 4.4～5.8 cm。板皮厚实，毛孔大不够细致。净绒率为 28%～37.2%。由于体格小，产肉量很低，成年羯羊宰前体重 25.5 kg，屠宰率 48.3%。母羊有 3 个月的泌乳期，日均产奶

0.2 kg,母羊性成熟晚,1.5 岁初配,1 年 1 胎,1 胎 1 羔,产羔率约 110.0%。

八、马头山羊

1. 产地与分布

马头山羊产区在湖北省的郧阳、恩施地区和湖南省常德、黔阳地区,以及湘西自治州各县,是我国著名的地方肉用山羊品种。

2. 外形特征

马头山羊头形似马,故称马头山羊,性情迟钝,群众俗称“懒羊”。

马头山羊体格大,头较长,大小适中,公、母羊均无角,有的有退化的角痕,两耳向前略下垂,颌下有髯,少数羊颈下有一对肉垂。公羊颈粗短,母羊颈细长,胸部发达,体躯呈长方形,后躯发育良好。被毛以白色为主,其次为黑色、麻色及杂色,毛短粗。

马头山羊公羊 4 月龄后额顶部长出长毛(雄性特征),并渐伸长,可遮至眼眶上缘,长久不脱,去势 1 个月后就全部脱光,不再复生。

3. 品种特性

具有早熟、繁殖力高、产肉性能和板皮品质好等特性。据品种资源调查统计,马头山羊初生重:单胎公羊(1.95±0.19) kg,母羊(1.92±0.35) kg;双胎公羊(1.70±0.25) kg,母羊(1.65±0.24) kg。在主产区粗放饲养条件下,公羔 3 月龄重可达 12.96 kg,母羊可达 12.82 kg;6 月龄阉羊体重 21.68 kg,屠宰率 48.99%;周岁阉羊体重可达 36.45 kg,屠宰率 55.90%,出肉率 43.79%。其肌肉发达,肌肉纤维细致,肉色鲜红,膻味较轻,肉质鲜嫩。早期肥育效果好,可生产肥羔肉。

板皮品质良好,张幅大,平均面积 8 190 cm^2。其板皮厚薄适中,拉力弹性好。另外,一张皮可烫退粗毛 0.3～0.5 kg,毛洁白、均匀,是制毛笔、毛刷的上等原料。在放牧和补饲条件下,7 月龄体羯羔重可达 23 kg,胴体重 10.5 kg,屠宰率 45.65%;成年羯羊屠宰率 60%左右。

马头山羊性成熟早,母羊常年发情,根据杨利国等对鄂西北马头山羊的研究:马头山羊公、母羔的初情日龄分别为(140.4±16.9) d 和(108.4±19.1) d;母羊发情持续期为(58.6±15.9) h,发情周期为(19.7±1.5) d;母羊妊娠期为(150.0±7.4) d,产羔数平均为(2.14±0.9)只,羔羊成活率平均为 90.8%。

九、成都麻羊

1. 产地与分布

成都麻羊产于成都平原及其四周的丘陵和低山地区,因被毛为棕黄而带有黑麻的感觉,故称麻羊;或因其被毛呈棕黄色,近似赤铜,故又称铜羊。成都麻羊是南方亚热带湿润山地陵丘山羊,为肉乳兼用型。目前引入河南、湖南等省。成都麻羊具有生长发育快、早熟、繁殖力高、适应性强、耐湿热、耐粗放饲养、遗传性能稳定等特性,尤以肉质细嫩、味道鲜美、无膻味及板皮面积大、质地优为显著特点。

2. 外形特征

全身被毛呈棕黄色,为短毛型。单根纤维颜色可分成三段,即毛尖为黑色,中段为棕黄色,下段为黑灰色。在体躯上有两条异色毛带,一条是从两角基部中点沿颈脊、背线至尾根有一条纯黑色毛带;另一条是沿两侧肩胛经前肢至蹄冠又有一条纯黑色毛带;两条黑色毛带在鬐甲部交叉,构成明显的十字形,另外,从角基部前缘,经内眼角沿鼻梁两侧,至口角各有一条纺锤形浅黄色毛带,形似画眉鸟的画眉。头中等大,两耳侧伸,额宽髯,且多为黑色,部分有肉垂。公羊前驱发达,体态雄壮,体型呈长方形;母羊后躯深广,背腰平直,尻部略斜,乳房呈球形,体型较清秀,略呈楔形。肩部亦具黑纹沿肩胛两侧下伸。四肢及腹部毛长。

3. 品种特性

成都麻羊体格较大，育成期生长迅速，较为早熟。丘陵型周岁公羊体重(26.8±5.58) kg，周岁母羊为(23.1±5.04) kg，成年公羊(43.0±14.9) kg，成年母羊为(32.6±5.52) kg；山地型上述指标相应为(18.3±5.31) kg、(16.8±3.63) kg、(37.1±7.40) kg和(24.6±4.30) kg。产肉性能较好，鲜肉色泽红润，脂肪含量低，肉质细嫩多汁，膻味轻。丘陵型周岁羯羊宰前活重(26.26±4.12) kg，胴体重(12.15±2.20) kg，内脏脂肪重(0.89±0.55) kg，净肉重(9.21±1.89) kg，屠宰率 46.27%，胴体净肉率 75.80%；成年羯羊上述指标相应为(42.82±14.57) kg、(20.54±8.24) kg、(2.73±2.55) kg、(16.25±7.19) kg、47.97%和 79.11%。山地型周岁羯羊屠宰率 45.00%，成年羯羊为 46.00%。

产奶性能好，泌乳期 5～8 个月，产奶量为 150～250 kg，乳脂率 5.0%～8.2%。

成熟较早，繁殖力强，4～8 月龄开始发情。母羊全年发情，1年可产 2 胎，每胎产羔 2～3 只，产羔率 210%。

成都麻羊以其板皮细密、拉力强、质地柔软，弹性好，耐磨损，是四川路板皮中最好的品种，为优质皮革原料，革皮可制作高级皮衣、皮包、皮箱、皮鞋，还可用作航空汽油滤油革等。

十、板角山羊

1. 产地与分布

板角山羊原产于四川省东部地区的万源，重庆东部地区的城口、巫溪等县，属大巴山南麓；以及重庆东南的武隆县，在大娄山脉以北。

2. 外形特征

板角山羊公、母羊均有角，因有一对长而扁平的角而得名。成年母羊平均角长 17 cm，角基平均宽 4.48 cm、厚 2.45 cm，宽、厚之比为 1.83∶1，尤以公羊角宽大、扁平，最长可达 38.0 cm，宽 11.5 cm，显得分外雄壮。板角山羊被毛白色占绝大多数，黑色、杂色个体很少。头部中等大，鼻梁平直，额微凸，公、母羊均有胡须；体躯呈圆桶形，背腰较平，尻部略斜；肋骨开张，四肢粗壮，骨骼坚实。成年公羊被毛粗长，母羊被毛较短。

3. 品种特性

板角山羊的板皮品质良好，富有弹性，质地致密，面积宽大。据万源、城口和武隆三县测定，周岁羊板皮面积 3 840～4 160 cm^2，成年羊板皮面积达 5 090～7 390 cm^2。皮张厚薄较均匀，剥制形状完整。

板角山羊的体格大小因产地不同而有差异。以万源、城口和武隆县的体格较大，成年公羊平均体高 58.4 cm，母羊为 52.3 cm。巫溪县板角羊体格较小，成年公羊平均体高 46.42 cm，母羊为 47.3 cm。万源、武隆和城口县的公、母羔平均初生体重分别为(1.7±0.66) kg 和(1.6±0.08) kg，2 月龄体重为(9.7±0.30) kg 和(8.0±0.18) kg，周岁体重为(24.64±0.46) kg 和(21.0±0.28) kg，成年体重为(40.6±1.04) kg 和(30.3±0.30) kg。巫溪县的公、母羔平均初生体重分别为(1.8±0.07) kg 和(1.7±0.05) kg，2 月龄体重为(5.9±0.50) kg 和(4.5±0.32) kg，周岁体重为(17.0±0.98) kg 和(17.4±0.55) kg，成年体重为(20.8±1.09) kg 和(24.2±0.34) kg。万源、武隆和城口县的公、母羔 2 月龄内平均日增重分别为 133.3 g 和 106.0 g，2～12 月龄日增重分别为 49.7 g 和 43.3 g，周岁公、母羊体重分别相当于成年公、母羊体重的 60.8%和 69.2%。巫溪县的公、母羔 2 月龄内平均日增重分别为 67.2 g 和 79.2 g。2～12 月龄日增重分别为 37.2 g 和 36.5 g，周岁公、母羊体重分别相当于成年公、母羊体重的 81.8%

和72.1%。因此,巫溪的板角羊体型小,成熟较早,其他三县的体型大,成熟较晚。

板角山羊屠宰率高,净肉多,成年羯羊宰前活重38.90 kg,胴体重20.18 kg,内脏脂肪重1.48 kg,净肉重16.34 kg,屠宰率达55.62%,胴体净肉率为80.97%;周岁羯羊上述指标相应为28.77 kg、14.73 kg、0.97 kg、11.85 kg、54.57%和80.45%。

板角山羊公、母羊6~7月龄达性成熟,一般2年产3胎,产羔率184%,适于在山区饲养。

十一、陕南白山羊

1. 产地与分布

产于陕西南部汉江两岸的安康、紫阳、旬阳等10余县。

2. 外形特征

陕南白山羊公、母羊多无角,鼻梁平直,颈短而宽厚,胸部发达,肋骨开张良好,背腰平直,四肢粗壮,尾短上翘。被毛90%以上为白色,其余为黑、褐有色个体,按被毛状况可分短毛型和长毛型两类。

3. 品种特性

陕南白山羊成年公羊体重(33.0±10.1) kg,成年母羊(27.3±6.0) kg。

陕南白山羊肉用性能好,膻味轻,肉质细嫩。1.5岁羊宰前活重(35.27±4.45) kg,胴体重(17.84±3.16) kg,屠宰率50.58%±3.29%;2.5岁羊上述指标相应为(43.09±4.35) kg、(22.52±3.29) kg和52.26%±3.08%。

陕南白山羊母羊性成熟早,常年发情,产羔率259%。

陕南白山羊板皮致密,拉力强,面积大,弹性好,是良好的制革原料。

十二、贵州白山羊

1. 产地与分布

原产于贵州省东北部乌江中下游的沿河、思南，以及铜仁、遵义等20余个地县。

2. 外形特征

贵州白山羊头宽额平，公、母羊均有角，公羊额上有卷毛，少数母羊颈下有一对肉垂。胸部宽深、背腰平直、后躯比前躯高，四肢坚实，体型近似长方形。白色被毛个体占64%～80%，麻色占8%～10%，黑色占5%～10%，杂色占5%～8%。

3. 品种特性

贵州白山羊成年公羊体重为(36.43±7.13) kg，成年母羊为(28.31±3.34) kg肉垂。肉用性能好，肉质细嫩，肌肉间有脂肪分布，膻味轻。周岁羯羊屠宰前活重(25.50±4.60) kg，胴体重(10.69±2.10) kg，内脏脂肪重(0.71±0.20) kg，屠宰率44.71%±2.25%；3岁羯羊上述指标相应为(37.00±3.25) kg、(17.76±3.06) kg、(2.84±0.01) kg和56.02%±3.90%。

板皮品质好，质地致密，细致，拉力强，板幅大。

性成熟早，公羔2月龄、母羔4月龄就有性行为表现，母羊常年发情，产羔率170.88%。

十三、雷州山羊

1. 产地与分布

雷州山羊是我国广东省以产肉、板皮而著名的地方山羊品种，原产于雷州半岛一带，因此而得名。现分布在雷州半岛和海南省。

2. 外形特征

雷州山羊毛色多为黑色，角蹄则为褐黑色，也有少数为麻色及褐色。麻色山羊除被毛黄色外，背浅、尾及四肢前端多为黑色或黑黄色，也有在面部有黑白纵条纹相间，或腹部及四肢后部呈白色的。雷州山羊面直，额稍凸，公、母养均有角，公羊角粗大，角尖向后方弯曲，并向两侧开张，耳中等大，向两边竖立开张，颌下有髯。公羊颈粗，母羊颈细长，颈前与头部相连处角狭，颈后与胸部相连处逐渐增大。背腰平直，乳房发育良好，多呈球形。

3. 品种特性

雷州山羊体重，成年公羊平均为 54.1 kg，母羊平均为 47.7 kg，羯羊平均为 50.8 kg。雷州山羊屠宰率为 50%～60%，肉味鲜美，纤维细嫩，脂肪分布均匀，膻味小。雷州山羊板皮，具有皮质致密、轻便、弹性好、皮张大的特点，熟制后可染成各种颜色。性成熟早，4 月龄即可性成熟，11～12 月龄即可初配，产羔率为 150%～200%。根据体型将雷州山羊分为高脚种和矮脚种两个类型。矮脚种多产双羔；高脚种多产单羔。具有繁殖力强、适应性强、耐粗饲、耐湿热等特点。

十四、太行山羊

1. 产地与分布

太行山羊产于太行山东西两侧的晋、冀、豫三省接壤地区。山西境内分布在晋东南、晋中两地区东部各县，河北境内分布于保定、石家庄、邢台、邯郸地区京广线两侧各县，河南境内分布于林州、安阳、淇县、博爱、沁阳及修武等县、市的山区。产区有羊 250 余万只，以山西、河北两省分布数量较大。

2. 外形特征

头大小适中，耳小向前伸。公、母羊颌下有髯，大部分有角，少数无角或有角基。角型有两种：一种角直立扭转向上，少数在上 1/3 处交叉；另一种角向后两侧分开，呈倒八字形。颈短粗，胸深宽，背腰平直，后躯比前躯高。四肢强健，蹄质坚实。尾短上翘，被毛以黑色为主，少数为褐、青、灰、白色。被毛由长粗毛和绒毛组成。具有体质健壮，对山区终年放牧适应性强的特性。

3. 品种特性

成年公羊体重 36.7 kg，母羊 32.8 kg；育成公羊体重 23 kg，母羊 22 kg。产毛绒量：成年公羊产毛为 0.40 kg，产绒为 0.28 kg；母羊相应为 0.35 kg 和 0.16 kg。

太行山羊产绒量较低，且绒毛较短，产绒量成年公羊约为 300 g，母羊 150 g。公羊粗毛为 11.2 cm，绒长为 3.1 cm，伸直长度为 4.1 cm；母羊相应为 9.5 cm、2.86 cm 和 3.36 cm，绒细度为 14 μm。

2.5 岁羯羊，宰前体重 39.9 kg，胴体重 21.1 kg，屠宰率 52.8%，净肉率 41.4%。肉质细嫩，脂肪分布均匀。

公、母羊一般在 6～7 月龄性成熟，1.5 岁配种。产羔率 120% 左右，但分布在河北省的较高，达 143%。

十五、黄淮山羊

1. 产地与分布

黄淮山羊为中原地区的优良山羊品种。产于黄淮平原的广大地区。主要分布在河南周口地区的沈丘、淮阳、项城、郸城和驻马店、许昌、信阳、商丘、开封等地；安徽的宿县、滁县、六安以及合肥等市郊；江苏的徐州、淮阴两地区沿黄河故道各县。

2. 外形特征

黄淮山羊结构匀称，骨骼较细。鼻梁平直，面部微凹。分有角和无角两个类型，有角者，公羊角粗大，母羊角细小，向上后伸展呈镰刀状；无角者，仅有 0.5～1.5 cm 的角基。颈中等长。胸较深，肋骨拱张良好，背腰平直，体躯呈筒形。种公羊体格高大，四肢强壮。母羊乳房发育良好、呈半圆形。毛被白色，毛短有丝光，绒毛很少。

3. 品种特性

黄淮山羊初生重，公羔平均为 2.6 kg，母羔平均为 2.5 kg。2

月龄公羔平均为 7.6 kg,2 月龄母羔平均为 6.7 kg。9 月龄公羊平均为 22.0 kg,相当于成年母羊体重的 62.3%。成年公羊体重平均为 33.9 kg,成年母羊平均为 25.7 kg。

产区习惯于春季生的羔羊冬季屠宰,一般在 7～10 月龄屠宰。肉质鲜嫩,膻味小。个别也有到成年时屠宰的。7～10 月龄的羯羊宰前重平均为 16.0 kg,胴体重平均为 7.5 kg,屠宰率平均为 47.13%。成年羯羊宰前重平均为 26.32 kg,屠宰率平均为 45.90%;成年母羊屠宰率平均为 51.93%。

黄淮山羊皮板一般取自晚秋、初冬宰杀的 7～10 月龄羊的皮,面积为 1 889～3 555 cm^2,皮重 0.25～1.0 kg。皮板呈蜡黄色,细致柔软,油润光亮,弹性好,是优良的制革原料。

黄淮山羊性成熟早,初配年龄一般为 4～5 月龄。发情周期为 18～20 d,发情持续期为 24～48 h。妊娠期为 145～150 d。母羊产羔后 20～40 d 发情。能 1 年产 2 胎或 2 年产 3 胎。产羔率平均为 238.66%,其中单羔占 15.41%,双羔占 43.75%,3 羔以上占 40.84%。

十六、宜昌白山羊

1. 产地与分布

产于湖北省的长阳、巴东、五峰、恩施、郧阳、荆州、襄阳、孝感等县。

2. 外形特征

宜昌白山羊头大小适中,公、母均有角,耳中等大,颌下有髯,少数羊颈下有肉垂。母羊颈细长,公羊颈较短粗雄壮。背腰平直,腹部紧凑,后躯丰满,十字部高。四肢刚健有力,蹄壳坚实。母羊有效奶头 2 个,乳房良好。公羊睾丸大小匀称。被毛白色,公羊毛长,母羊毛短,有的母羊背部和四肢上端有少量长毛。

3. 品种特性

体重平均周岁公羊为 23 kg，母羊为 20 kg；成年公羊为 35.7 kg，母羊为 27 kg。

宜昌白山羊肉质细嫩，味鲜美。周岁羊屠宰前体重平均为 23.9 kg，胴体重平均 9.95 kg，屠宰率平均 41.63%。2～3 岁羊屠宰前体重平均 37.31 kg，胴体重平均 17.72 kg，屠宰率平均 47.49%。

宜昌白山羊性成熟早，公、母羊 4～5 月龄性成熟，6～8 月龄可配种。部分母羊可 1 年产 2 胎或 2 年产 3 胎，1 胎的产羔率为 172.7%。

宜昌白山羊皮板呈杏黄色，厚薄均匀、致密，弹性好，拉力强，油性足，具有坚韧、柔软等特点，为鞣制皮革的好原料。

十七、建昌黑山羊

1. 产地与分布

建昌黑山羊主要产于云贵高原与青藏高原之间的横断山脉延伸地带，主要分布在四川省的凉山彝族自治州的会理和会东海拔 2 500 m 以下地区。

2. 外形特征

体格中等，结构匀称，公、母羊大多有角，有髯，被毛大多为黑色，光泽好，少数为白色、黄色和杂色。毛被内层长有绒毛。

3. 品种特性

建昌黑山羊成年公羊平均体高、体长、胸围和体重分别为：(57.69±4.48) cm、(60.58±4.61) cm、(73.62±5.23) cm、(31.05±6.00) kg，成年母羊分别为：(56.01±3.59) cm、(58.93±3.97) cm、(70.67±5.01) cm、(28.91±5.54) kg。成年公羊平均体重 31.1 kg，母羊 28.9 kg；2 月龄断奶公羔 7.1 kg，母羔

7.14 kg;周岁公羊体重相当于成年时的71.6%,周岁母羊相当于成年时的76.4%。

建昌黑山羊肌纤维细,硬度小,肉质细嫩,味道鲜美,膻味极小,胆固醇含量低。

建昌黑山羊皮板张幅大,面积为5 000～6 400 cm^2。厚薄均匀,富于弹性。

建昌黑山羊具有生长发育快、产肉性能和皮板品质好的特点。周岁羯羊宰前体重22.1 kg。6月龄、12月龄、成年羊屠宰率:母羊分别达到40.87%、47.81%、49.17%;成年公羊分别达到38.87%、49.03%、52.76%;阉羊分别达到41.68%、48.51%、45.10%。6月龄、12月龄、成年羊净肉率:母羊分别为30.53%、35.88%、37.26%;公羊分别达到29.61%、36.06%、39.98%;6月龄、12月龄阉羊分别达到31.36%、36.91%。

建昌黑山羊4～5月龄性成熟,7～8月龄初配,母羊1年产1胎,产羔率平均116.0%。

十八、福清山羊

1. 产地与分布

福清山羊原产于福建东南部沿海冲积平原地区,以福州地区的福清、平潭两县为主要产区,另外永太、罗源、长乐、连江等地也较多。福清山羊是在亚热带沿海地区特定生态条件下形成的产肉性能较好的山羊品种,主产品是羊肉。

2. 外形特征

福清山羊体格中等,头清秀,略呈三角形,眼睛明亮有神,公、母羊均有角,耳薄小,胸宽,背平直,体躯丰满。四肢短细,蹄黑。毛色为灰色或黑褐色,有光泽,颜面和鼻梁上有一个略带三角形的黑毛区,从颈脊开始向背延伸有一带状黑毛区,俗称“乌龙”。四肢及膝关节以下为黑毛,蹄为黑色。

3. 品种特性

具有肉质好，膻味小，繁殖性能好，抗高温、高湿等特性。体格大小中等。成年公羊平均体重 28.0 kg，母羊 26.0 kg，羔羊生长快，10 月龄羔羊相当于成年的 72.9%，8 月龄羯羊达 23.0 kg，羯羊为 1.5 岁达 40.5 kg。肉质细嫩。屠宰率（不剥皮）：公羊为 56%，母羊为 47.6%。性成熟早，5 月龄体重在 15.0 kg 以上可初配，可 1 年产 2 胎，产羔率平均 179.6%。

十九、隆林山羊

1. 产地与分布

隆林山羊主要产于广西壮族自治区隆林县，中心产区在该县的德峨、蛇场、克长等地。与隆林县毗邻的田林县和西林县也有一定数量分布。

2. 外形特征

隆林山羊体质结实，身长体大，结构匀称，体躯近似长方形。公、母羊头大小适中，均有角和髯，少数母羊颈下部有肉垂。肋骨开张良好，体躯近似长方形，四肢粗壮。毛色较杂，其中白色占 38.3%，黑白花色占 27.9%，褐色占 19.1%，黑色占 14.7%。

3. 品种特性

隆林山羊生长发育较快。周岁公羊为（35.98±16.94）kg，周岁母羊为（34.23±3.03）kg；成年公羊为（54.81±21.89）kg，成年母羊为（41.55±9.13）kg，成年阉羊为（74.21±12.35）kg。

隆林山羊肌肉丰满，胴体脂肪分布均匀，肉质嫩而味美，肌纤维细致，极少膻味。据谭丕绅的研究资料（1989），成年公羊屠宰前活重平均 40.69 kg，胴体重平均 20.70 kg，内脏脂肪重 0.48 kg，屠宰率 52.05%；成年羯羊上述指标相应为 60.45 kg、31.05 kg、3.19 kg 和 57.83%；8 月龄公羊相应为 23.18 kg、11.00 kg、0.28 kg 和 48.64%。

隆林山羊性成熟早，母羊可全年发情，一般2年产3胎，每胎多产双羔，1胎产羔率平均为195.18%。

二十、长江三角洲白山羊

1. 产地与分布

长江三角洲白山羊原产于我国东海之滨的长江三角洲，主要分布在江苏省的南通、苏州、扬州、镇江等地；浙江省的嘉兴、杭州、宁波、绍兴地区和上海市郊区县。长江三角洲白山羊是我国产“笔料毛”山羊品种。

2. 外形特征

体格中等偏小。头呈三角形，面微凹。公、母羊均有角。前躯较窄，后躯丰满，背腰平直。

3. 品种特性

长江三角洲白山羊周岁公羊体重(16.36±4.15) kg，周岁母羊体重(14.91±2.66) kg；成年公羊体重(28.58±4.18) kg，成年母羊体重(18.43±3.91) kg。

全身被毛短直，羊毛洁白，挺直有峰，具光泽，弹性好，是制造毛笔的优良原料。

该品种繁殖能力强，性成熟早，可2年产3胎，年产羔率到228.5%。

产区喜欢吃山羊肉，而且以连皮吃者居多，该品种羊肉肥嫩，味鲜美，膻味轻，海门提汤羊肉，驰名沪宁一带。屠宰率1岁羊为48.7%(带皮胴体)，2岁羊为51.7%。

二十一、榕江小香羊

1. 产地与分布

榕江小香羊，又名“塔石小香羊”、“榕江香羊”、“黔东小香羊”。因产于贵州省榕江县塔石瑶族水族乡而得名。榕江小香羊为肉皮兼用型优良地方品种。

2. 外形特征

榕江小香羊个体小，体型紧凑，结构匀称。头上宽下窄，略长，大小适中。公羊额较宽平，颈肩结合良好，眼大有神。角多呈倒八字形，长短适中而粗壮，少数有螺形卷。母羊头清秀，角倒八字形、较长而细。胸部宽深，肋开张，腹大，背平直，肌肉丰满，四肢短而坚实，乳房发育良好。毛色以白色为主，其次为麻色、黑色和褐色。

3. 品种特性

根据赵熙贵等的研究资料，榕江小香羊羔羊初生重平均1.56 kg；周岁体重：公羊15.69 kg，母羊16.48 kg；成年羊体重：公羊28.45 kg，母羊26.6 kg。产肉性能好，肉质细嫩，膻味轻。成年羊屠宰率公羊48%，母羊46%；净肉率公羊39%，母羊38%。

榕江小香羊性成熟早，公羊2月龄即有爬跨行为，3月龄达到性成熟，4～5月龄开始配种，怀孕期145～150 d，发情周期16～18 d，发情持续期2～3 d。初次发情体重7 kg左右，年产2胎，初产羊多为单羔，经产双羔率70%以上，年产2胎。公羊利用年限4～5年，母羊5～6年。

二十二、戴云山羊

1. 产地与分布

戴云山羊为福建省的地方品种之一。其主产区在德化县。分布于戴云山脉的大田、尤溪、安溪、永春、惠安等县。

戴云山羊长期生长在中、高海拔山区，能抗高湿、耐高温，粗放饲养，雨中仍可放牧，在山高坡陡、草质低劣的情况下仍可正常生上长，体型虽小，但肉质鲜美，皮薄细嫩，膻味轻微，是福建省优良的地方山羊品种之一，目前德化县年存栏仅2万多只。

2. 外形特征

戴云山羊属中、小体型肉用山羊。毛色以全黑为主，极少数亦有褐色。体躯结实，四肢健壮，性情温顺，头部狭长，呈三角形状，两耳直立，中等大小，背腰平直，体躯前低后高，臀部倾斜，尾短小向上翘，有髯有角，两角分别向后两侧弯曲，公羊角粗大、母羊角较细长，亦有少数羊无角，无角羊体型相对较大、生长较快。周岁以上公羊、母羊均有髯。公羊两侧睾丸适中对称，母羊乳房发达。

3. 品种特性

戴云山羊成年公羊体重 28.63 kg，体高 49.2 cm，体长 55.7 cm；成年母羊体重 24.3 kg，体高 48.0 cm，体长 55.8 cm。周岁和成年羊的屠宰率在 50%以上。

戴云山羊公羊性成熟较早，4 月龄就开始有性行为。母羊一般 6 月龄才第一次发情。发情周期平均 18～21 d。发情持续期 2～3 d，一般在 7～8 月龄时初配，妊娠期 145～155 d，平均 150 d 左右。一般 2 年产 3 胎，亦有 1 年产 2 胎。一年四季均可配种产羔。但以春秋两季为多。母羊可利用 7～9 年。平均每胎产羔 2.31 头，产单羔的占 11.2%，产双羔的占 52%，产三羔的占 31.2%，产四羔的占 5.6%。

二十三、乌珠穆沁白山羊

1. 产地与分布

乌珠穆沁白山羊也称乌珠穆沁白绒山羊，主要分布在内蒙古自治区锡林郭勒盟的东乌珠穆沁旗、西乌珠穆沁旗以及邻近地区锡林浩特市和阿巴嘎旗境内。

2. 外形特征

乌珠穆沁白山羊体格大，体质结实，结构匀称，胸宽而深，背腰平直，后躯稍高。面部清秀，鼻梁平直，眼大有神，耳向两侧伸展或半垂，有前额毛和下颌须。公、母羊大部分有角，公羊角粗长呈扁形向上向后外侧伸展，母羊角细小。四肢端正，蹄质结实，尾短小，向上翘立。被毛纯白，分长毛和短毛2种类型，长毛型被毛分内外两层，外层为粗毛，内层为绒毛；短毛型体躯主要部位粗毛与绒毛几乎等长。

3. 品种特性

乌珠穆沁白山羊春季抓绒后，成年公、母羊平均体重分别为47.60 kg和34.50 kg；秋季体重可达64.89 kg和53.48 kg。产绒量、绒长、绒细、绒强度和伸度：成年公羊分别为410.9 g、4.1 cm、15.85 μm、7.57 g、43.3%；成年母羊为392.0 g、4.0 cm、15.91 μm、5.67 g、46.2%。成年公羊净绒率为62.20%，母羊净绒率为61.87%。成年羯羊屠宰率55%以上。母羊产羔率112.5%。

二十四、昭通山羊

1. 产地与分布

昭通山羊亦称云岭黑山羊，原产于云南省昭通地区的巧家、黎良、鲁甸、大关、昭通、镇雄等县，年饲养在40万只以上。

2. 外形特征

公、母羊大多数有角，头长短适中，鼻梁直，有须髯，大多数颈下有肉垂，鬐甲略高，体型结构匀称，四肢健壮。被毛黑色者占26.25%，黑白花者占30.24%，褐色者占20.33%，其他还有黄花色、青色等。其中褐色、黄花色山羊多数从枕部至尾根有深色背线。部分山羊被毛有长毛，其长毛分全身长毛和体躯长毛2类。

3. 品种特性

昭通山羊体重：成年公羊为32.8 kg，成年母羊为35.3 kg；周岁公羊为24 kg，周岁母羊为21 kg。

昭通山羊肉用性能良好，6月龄羯羊胴体重11.68 kg，净肉重8.75 kg，内脏脂肪重0.46 kg，屠宰率48.2%，净肉率74.90%；1岁羯羊上述指标相应为16.91 kg、11.77 kg、1.52 kg、50.46%和

69.6%；2～2.5 岁羯羊上述指标相应为 24.22 kg、17.40 kg、17.40 kg、2.48 kg、51.44%和 71.84%。

昭通山羊 5～6 月龄性成熟，7～9 月龄初配，多数秋配春产，也有春配秋产的，产羔率 170%。

二十五、鲁山“牛腿”山羊

1. 产地与分布

鲁山“牛腿”山羊是在河南省鲁山县西部山区发现的体格较大的肉皮兼用山羊，其中心产区为鲁山县的四棵树乡，目前约有 3 万余只。

2. 外形特征

鲁山“牛腿”山羊为长毛型白山羊，体型大，体质结实，骨骼粗壮，侧视呈长方形，正视近圆桶形，具有典型的肉用羊特点，头短额宽，90%的羊有角，角以倒八旋为主，颈短而粗，背腰宽平，腹部紧凑，蹄质结实，蹄征多为琥珀色或蜡黄色。全身肌肉丰满，尤其臀部和后腿肌肉发达，故以“牛腿”著称。

3. 品种特性

生长发育快，周岁公羊体重 23.0 kg，周岁母羊 20.9 kg；成年公羊体重 41.2 kg，成年母羊 30.5 kg。鲁山“牛腿”山羊肉用性能良好，周岁羯羊宰前重 20.84 kg，胴体重 9.59 kg，净肉重 7.72 kg，内脏脂肪重 0.52 kg，屠宰率 46.02%，净肉率 76.36%；成年羯羊上述指标相应为 50.22 kg、25.09 kg、21.69 kg、2.35 kg、54.64% 和 79.05%。羊绒产量公羊 50.16 g，母羊 36.25 g。板皮面积大而厚实，平均重 1.65 kg。

“牛腿”山羊性成熟早，母羊常年发情，初配年龄为 5～7 月龄，一般母羊 1 年产 2 胎或 2 年产 3 胎，产羔率为 111%，羊群年繁殖率为 204%。

二十六、承德无角山羊

1. 产地与分布

承德无角山羊分布于河北省承德及周围地区。由于无角山羊性情温顺，易于管理，损害树木较轻，深受群众喜爱。承德无角山羊是肉、皮、绒兼用型山羊品种。

2. 外形特征

承德无角山羊公母羊均无角，头大、额宽、颈粗、胸阔、耳宽大略向前伸，眼大珠黄略外突，额头上有旋毛，颌下有髯，毛长绒密。背毛以全黑色居多，约占 70%（称黑无角）。其次为全白色（称白无角），另有少数青黑色。体质结实、骨骼粗壮、腿肌充实、蹄质结实，肢势端正、腰背平直、体躯深广，侧视体呈长方形，尾短小上翘。

3. 品种特性

承德无角山羊体重，6 月龄公羊为(24.30±10.80) kg，6 月龄母羊为(21.50±3.40) kg；周岁公羊体重(30.30±6.28) kg，周岁母羊为(25.10±11.73) kg；成年公羊为(54.50±12.30) kg，成年母羊为(41.50±12.40) kg。

产绒量黑色成年公羊为 215～245 g，成年母羊为 100～140 g；白色成年公羊为 153 g，成年母羊为 76.4 g。产毛量黑色成年公羊为 518(340～610)g，成年母羊为 251(230～285)g；白色成年公羊为 284(150～500)g，白色成年母羊为 222.5(50～550)g。

承德山羊黑色成年公羊宰前活重 38.9 kg，胴体重 17.07 kg，净肉重 13.54 kg，屠宰率 43.9%；白色成年公羊宰前活重 43.64 kg，胴体重 18.78 kg，净肉重 12.99 kg，屠宰率 43.03%。

承德山羊 5 月龄左右性成熟，公羊初配年龄为 1.5 岁，母羊为 1 岁，一般 1 年产 1 胎，产羔率 110%。

二十七、沂蒙黑山羊

1. 产地与分布

沂蒙黑山羊是山东东南部沂蒙山区的一个地方品种，属肉、绒、皮兼用型品种，该羊原产于沂水、蒙阴、费县以及临朐、莱芜和淄南部，全省存栏约 300 万只，中心产区在蒙阴、费县和临朐。

2. 外形特征

沂蒙黑山羊身躯高大、结构匀称，头短额宽，眼大有神，颌下有髯，多数有角，颈肩结合良好，背腰平直，胸深，肋较圆，四肢端正有力，尾短上翘、被毛有黑色、青灰色、棕红色，全身黑色的占 50%以上。

3. 品种特性

成年沂蒙黑山羊公羊体高 60.95 cm 左右，体长 67.0 cm，体重 31.36 kg；母羊分别为 54.13 cm、61.78 cm、26.63 kg。公羔平均初生重 1.87 kg，母羔为 1.71 kg。

沂蒙黑山羊适宜屠宰年龄为 6～10 月龄，屠宰率平均 46%～51.2%，羊肉细嫩，色红均匀，膻味小，食用时味香而不腻口。

沂蒙黑山羊的绒毛生长一般从 7 月底开始，8～11 月生长迅速，翌年 2 月生长停止，到谷雨开始脱落。当地农民群众一般在 4 月 20 日前后抓绒。成年公羊产绒量 225.53 g，母羊 117.37 g，羯羊 200.00 g。产肉性能：周年公羊活重 22.5 kg，屠宰率 43.33%，净肉率为 33.11%；成年公羊屠宰率 48.29%，净肉率为 38.50%；成年母羊分别为 46.40%、36.80%。皮用性能：黑山羊的羔皮色泽鲜亮，具有美丽的波浪式花纹。可制毛皮服装、皮领、玩具等。大羊皮皮板厚实，富有弹性，是制作轻革的高级原料皮。

沂蒙黑山羊性成熟早，母羊一般于 4～5 月龄性成熟，公羊6～7 月龄性成熟。初配年龄母羊一般为 10 月龄，公羊为周岁。母羊一年四季发情，1 年 1～2 胎或 2 年 3 胎。繁殖率 120%以上。

二十八、浏阳黑山羊

1. 产地与分布

浏阳黑山羊原名湘东黑山羊。主要分布在湖南省浏阳县，及其毗邻的醴陵、株洲、长沙、平江等地，是经长期驯化选育出来的地方良种羊之一，古为当地祭孔用“三仙”之一（“三仙”即黑山羊、黑公狗、黑公鸡）。

2. 外形特征

浏阳黑山羊被毛黑色，油光发亮，无杂毛。头小而清秀，眼大有神，耳斜立，额面微突起，鼻梁稍拱。公、母羊均有角，角稍扁，呈灰黑色。公羊角向后两侧伸展，呈镰刀状；母羊角短小，向上左右斜伸，呈倒八字形。颈稍细长，颈肩结合良好，胸部狭窄，后躯较前躯发达，体躯呈楔状。公羊背腰平直，母羊腰部稍微凹陷。四肢短直，矫健，蹄壳结实，尾短而上翘，母羊乳房发育良好。

3. 品种特性

浏阳黑山羊成年公羊体重（29.44±2.68）kg，成年母羊（29.02±4.36）kg；周岁公羊（20.86±2.94）kg，周岁母羊（19.95±2.86）kg。浏阳黑山羊产区群众喜欢在“起伏”时宰羊，宰杀的羊绝大部分为羔羊，称为“伏羊”，群众把羊肉当作补品，羊头尤其是这样。据易修柏的资料（1988），春季对7只中等膘情、不加任何肥育措施的成年母羊屠宰测定，宰前活重为（25.75±3.13）kg，胴体重（9.57±1.64）kg，脂肪重1.01 kg，净肉重（7.28±1.52）kg，屠宰率41.09%±7.00%，胴体净肉率为76.67%。

浏阳黑山羊性成熟早，公羔50日龄即有追赶爬跨其他羊只的性行为，母羔3.5月龄左右开始发情，初配年龄为4～5月龄。据对201次产羔统计，产羔率为193%，第一胎双羔率为52.6%，随着胎次增加，多羔率则显著增加。

板皮质量亦好，浏阳生产的夹克羊皮服，深得消费者喜爱。

二十九、龙陵山羊

1. 产地与分布

龙陵山羊又称龙陵黄山羊，分布于云南省保山地区龙陵县的勐冒、平达、象达、天宇、朝阳等乡及其周边地区，属肉皮兼用地方品种。

2. 外形特征

龙陵山羊头部、四肢为黑色，从枕部有黑色背线沿至尾部，其余全身各部位皆为红褐色或黄褐色。公羊有向上向后扭曲1～2个弯的角，母羊无角，鼻直，额短宽，背腰平直，胸宽深，腹大但不下垂，尻稍斜，四肢结实有力，姿势端正，蹄质坚实。

3. 品种特性

龙陵山羊体格大，生长发育快、易肥、屠宰率高，耐热耐湿力强，板皮面积大且质地坚实致密等。周岁公羊体重(36.67±3.87) kg，周岁母羊(32.93±5.54) kg；成年公羊(49.09±6.90) kg，成年母羊为(42.49±6.65) kg。

龙陵山羊肉质细嫩，膻味轻，肉用性能好。膘分中等的母羊屠宰率42%～45%，经短期育肥的羯羊为50%～55%。

龙陵山羊6月龄性成熟，8～10月龄初配，多实行秋配春产，1年产1胎，妊娠期152 d，产羔率为122%。

三十、都安山羊

1. 产地与分布

都安山羊属小型肉用品种，产于广西都安瑶族自县，分布在全县22个乡镇的大石山区，是中国南方喀斯特山区的一个肉用山羊品种。

2. 外形特征

都安山羊体格较小，结构紧凑，四肢短小而健壮。公、母羊均有角和髯，毛色有黑、灰、麻、黄、白等，其中纯白占 42.51%、纯黑占 18.18%、麻色占 25.62%，体矮胸宽腹围大，后躯发达。

3. 品种特性

都安山羊成年公羊体重(27.70±4.00) kg，成年母羊(26.00±4.47) kg；周岁公羊(16.13±1.17) kg，周岁母羊(16.15±3.70) kg。

都安山羊 5～7 月龄性成熟，8 月龄可初配，常年发情，多数羊 1 年产 1 胎，饲养管理条件好的可 2 年产 3 胎，妊娠期 151 d，产羔率为 129%。

都安山羊板皮板质均匀，薄而轻韧，弹性好，纤维细致，是高级制革原料和出口的畅销物资。

都安山羊肉用性能良好，屠宰率 44%～49%。肉质嫩滑爽口，肉汤清甜。

三十一、子午岭黑山羊

1. 产地与分布

子午岭黑山羊在陕西称陕北黑山羊，在甘肃称陇东黑山羊。分布于陕西省榆林、延安两市的 26 个市、县和渭河高原北部的 14 个县，以及甘肃省庆阳市等地。

2. 外形特征

体格中等偏小，体躯呈长方形。全身被以粗毛，外层为发毛，内层为细均稠密的绒毛与两型毛。以盛产黑猾皮和紫绒而著称，羔皮花案种类多，被毛以黑色为主。头较短窄，额突出，公、母均有角，75%为八字角。颌下多髯，颈较长，胸较宽，背腰平直。四肢健壮有力，尾瘦短且多上翘。

3. 品种特性

子午岭黑山羊成年公羊体重(24.1±5.2) kg，成年母羊(24.9±3.9) kg。成年公羊平均产绒量(190±12.35) g，成年母羊(185

±18.25) g,羯羊(215±18.45) g。绒纤维伸直长度(4.77±0.28) cm,细度(14.04±0.65) μm。

在全年放牧条件下,抓膘能力强,肉质好,羯羊屠宰率47.6%,净肉率42.5%。

母羊6月龄左右性成熟,8月龄配种,1羔6~8胎。大多数母羊在2~4月产羔,产羔率100%~121%。

该品种羊具有登山爬坡和放牧采食力强、适应当地生态环境、抗病力和抓膘能力强等特点。

三十二、吕梁黑山羊

1. 产地与分布

吕梁黑山羊主要分布在山西省晋西黄土高原的吕梁山一带。其主产区为吕梁地区,但临汾地区的永和、汾西、石楼县、大宁、乡宁、蒲县、吉县7个县和忻县地区的岢岚、静乐、神池、五寨、宁武5个县也有分布。

2. 外形特征

吕梁黑山羊头部清秀,额稍宽,眼大有神,耳薄灵活。公、母羊均有角,体质结实,体格中等,体躯结构匀称,整个体躯呈长方形,后躯高于前躯。四肢端正,强健有力。被毛以黑色为主,占60%,青色羊只占28%,其次为棕色、白色和画眉色。

3. 品种特性

吕梁黑山羊成年公羊体重35.0~36.3 kg,成年母羊28.3~35.6 kg;周岁公羊14.3~16.1 kg,周岁母羊14.1~14.6 kg。成年公羊剪毛量为0.43 kg,产绒量94 g;成年母羊剪毛量为0.23 kg,产绒量77 g。绒毛细度14 μm,绒毛长2.78 cm。成年羯羊和当年羯羊的屠宰率分别为52.6%和45.8%。繁殖季节性较明显,集中在秋末和冬初。产羔率94%~105%。

三十三、赣西山羊

1. 产地与分布

赣西山羊主要分布于江西省西部。据统计有羊 15 万只。

2. 外形特征

赣西山羊体型偏小，额平而宽，公、母羊均有角，公羊角比母羊角粗壮。被毛多数为白色，有一部分为麻色。

3. 品种特性

赣西山羊成年公羊体重为 33 kg，母羊为 29 kg；周岁公羊体重为 19 kg，母羊为 18～19 kg。

公羊 4～5 月龄性成熟，一般 7～8 月龄初配，母羊 6 月龄初配。多数母羊 1 年产 2 胎，每胎产 2 羔，多的可达 3～4 羔。年产羔率可达 164%，成活率为 70%～76%。

赣西山羊以放牧为主，10～12 月龄羊的屠宰率为 45%～49%。

三十四、鲁北白山羊

1. 产地与分布

鲁北白山羊主要分布在山东北部的滨州、德州、聊城、东营等地市平原农区，为皮肉兼用型地方品种。

2. 外形特征

鲁北白山羊全身被毛白色，颌下有须，有角羊占 59%，无角羊占 41%。有肉垂的羊占 80%。公、母羊前躯发达，背腰平直。母羊前躯宽，后躯发育好。

3. 品种特性

鲁北白山羊周岁公羊体重（33.88±0.47）kg，周岁母羊为（22.52±0.22）kg；成年公羊体重为（41.07±0.39）kg，母羊为（30.68±0.23）kg。

多胎高繁是鲁北白山羊品种特征。母羊 4～5 月龄开始初配，公羊4～5月龄性成熟，6～7月龄初配。母羊常年发情，经产母羊产羔率为231.86%。

鲁北白山羊产肉性能较好，未经肥育的12月龄公羊胴体重(9.50±1.57) kg，屠宰率为40.14%±0.77%。羊肉膻味轻，细嫩多汁。

鲁北白山羊板皮细致柔软，拉力强，弹力高，折叠无角线。

三十五、伏牛白山羊

1. 产地与分布

伏牛白山羊是板皮优良的皮肉兼用山羊，分布于河南省西部、西南部的伏牛山区，主产区在嵩县、汝阳、栾川、洛宁等县。

2. 外形特征

伏牛白山羊被毛纯白、肤色粉红。被毛有长毛和短毛两种类型：长毛羊多产于深山区，短毛羊多产于浅山、丘陵和平原地带。近年来，长毛羊在生产中逐渐被群众淘汰，主要为短毛羊。伏牛白山羊底绒少，当地群众无抓绒习惯。

伏牛白山羊体质结实，结构匀称，体格中等，体躯较长。头部清秀，上宽下窄，呈三角形，分有角和无角两种。有顺风角、剑峰角、螺旋角3种类型，角多灰白色；鼻梁稍隆，耳朵小而直立，眼睛大而有神。颈部长度适中，母羊颈略窄，公羊颈粗壮。胸较深，肋骨开张，背腰平直。体躯各部位结合良好，中躯略长，腹部充实，尻部稍斜。乳房结实，乳头短小，个别有副乳头。四肢健壮而端正，蹄质坚实，蹄壳腊黄或灰黄。尾短呈锥形。骨骼结实，肌肉发达。

3. 品种特性

伏牛白山羊成年公羊体重为33.4 kg，母羊为26 kg。宰前空腹体重公羊为35.25 kg，母羊为32.13 kg；胴体重公羊为16.95 kg，母羊为14.25 kg；净肉重，公羊为14.52 kg，母羊为

12.03 kg;屠宰率公羊为51.27%,母羊为47.58%;净肉率公羊为41.07%,母羊为37.16%。

伏牛白山羊性成熟较早,一般为3~4月龄,一般在8~10月龄配种,利用年限5~7年,最长可达9年;发情多集中在春、秋两季,其他季节也有发情;发情周期为16~20 d,以18~19 d为多,发情期持续1~2 d,青年母羊发情持续时间较短;怀孕期为142~155 d,平均150 d。平均产羔率为202.5%。

板皮质粗毛孔大小不均,拉力大而柔韧性差,是制革的原料。

三十六、古蔺马羊

1. 产地与分布

古蔺马羊主产区在四川省南部边缘、与云贵高原接壤的古蔺县。

2. 外形特征

古蔺马羊被毛有两种颜色,一种为麻灰色,另一种为褐黄色。公、母羊大多数无角,形似马头。头中等大,额微突,鼻梁平直,两耳向侧前方伸直,面部两侧各有一条白色毛带,俗称狸面。公、母羊均有胡须,颈下有肉冉者约占20%;胸部深宽,前胸发育良好,背腰平直,腹大而不下垂,尻部略斜,四肢较高,骨骼粗壮,姿势端正,体型近似砖块形。

3. 品种特性

古蔺马羊体重周岁公羊为25.3 kg,周岁母羊为27.0 kg;成年公羊为39.8 kg,成羊母羊为为36.6 kg。古蔺马羊具有性成熟早、繁殖力高、板皮面积大、品质优良的特点。

古蔺马羊抓膘能力强,肉用性能好,膻味轻,是群众喜爱的冬令食品。周岁羯羊胴体重12.9 kg,净肉重9.98 kg,屠宰率44.6%;成年羯羊在一般放牧饲养条件下,胴体重26.0 kg,净肉重 22.2 kg，屠宰率 57.4％。

古蔺马羊性成熟早，母羊一年四季发情，经产母羊产羔率平均为 221.0％。

三十七、川东白山羊

1. 产地与分布

川东白山羊主要分布在四川东部的南充、达县和重庆市的大部分贫困山区。

2. 外形特征

川东白山羊按外貌特征和体格大小，分为两个类型：以合川区为主产区的大型白山羊，以奉节、巫山、云阳县为主产区的小型白山羊。大型白山羊被毛纯白粗短，无绒毛。公、母羊均有角，公羊有较长的额毛，头、颈、肩及后腿均被长毛覆盖。公羊颈短粗，母羊颈细长，背腰长而平直，胸部发达，肋骨拱张良好，四肢长而健壮。小型白山羊被毛白色者居多，纯白者占 70.9％，黑色或黑花者占 26.5％。公、母羊绝大多数有角，头大小适中，颈短，胸腹深广，背腰宽平，四肢较短而结实。

3. 品种特性

大型成年公羊体重为 33.41 kg，母羊为 30.80 kg；小型成年公羊体重为 19.20 kg，母羊为 20.90 kg。

川东白山羊板皮皮层紧密，光洁度好，柔韧有拉力，厚实油润，皮张面积大。巫山成年母羊板皮（干皮）面积 5 000 cm^2，成年羯羊为 6 600 cm^2，合川周岁母羊为 5 360 cm^2。

川东白山羊肉用性能中等，大型羊的屠宰率为 48％～50％；小型羊为 44.91％～46.22％。

川东白山羊小型个体属早熟类型。公羊在丘陵地区一般在 3～4 月龄就出现交配的迹象，到 6～7 月龄就能正常交配，并能产生成熟的精子。母羊一年四季均可发情配种，但以 9～11 月配种居多。不同胎次产单羔、双羔、三羔的百分率分别为：第 1 胎为 52.5%、46.6%、0.9%，第 2 胎为 31.3%、67.5%、1.2%，第 3 胎为 26.5%、67.5%、6.0%，第 4 胎为 21.4%、68.6%、10.0%。平均产羔率为 166%。大型白山羊繁殖力较小型白山羊高，产羔率为 202%。

三十八、圭山山羊

1. 产地与分布

圭山山羊产区以云南省路南县为中心，自陆良、师宗边界沿普拉河谷伸长至弥勒县中部绵延两百多里的圭山山脉一带。该品种属乳肉兼用地方山羊品种。

2. 外形特征

圭山山羊头小，额宽，耳大，鼻直，眼大有神，颈扁浅，耆甲高而稍宽。胸宽、深而稍长，背腰平直，腹大充实，尻部稍斜，四肢结实，蹄坚实呈黑色，体躯丰满，近于长方形。公、母羊皆有须、有角。梳子角占 7.8%，排角占 86.52%，前向螺旋角占 5.67%。圭山山羊全身黑色毛者占 70.21%，头、颈、肩部、腹部棕色毛者占 21.28%，全身棕色占 7.09%，青毛只有 1.42%。被毛粗短富有光泽，皮肤薄而富有弹性。母羊乳房圆大紧凑，发育中等。公羊睾丸大，左右对称。公羊颈肩和背部都长有较长的毛，雄性特征显著。

3. 品种特性

成年公羊体重为(43.63±11.41) kg，成年母羊为(43.52±7.49) kg；周岁公羊体重为(28.28±6.90) kg，周岁母羊为(28.42±3.55) kg。

泌乳期为 5～6 个月(长达 7 个月)，除哺乳羔羊外，一个泌乳期可挤奶 45～90 kg，乳脂率为 5.0％。产区人民群众，特别是撒尼族人素有养山羊挤奶制作奶饼的悠久历史。羊奶可制成奶饼，奶饼一般呈正方形，色淡黄，切成条用鸡蛋清混搅煎后，香味扑鼻，为上等佳肴，每年有大批远销外地。

圭山山羊屠宰率为 40.6％～44.3％，产羔率为 155.9％。

第三章　山羊的繁育技术

第一节　繁殖现象和规律

为了提高山羊的繁殖效率，适应发展养羊业的需要，养羊的场、户必须了解山羊的基本繁殖现象和规律。现介绍如下。

一、初情期、性成熟和初次配种年龄

（一）初情期

母羊的初情期是指母羊生殖系统机能已基本具备、首次出现发情和排卵的时期，是性成熟的初始阶段，是具有繁殖能力的开始。由于初情期母羊的发情症状不明显，常不被发现，故又称隐性发情。公羊的初情期是指其生殖系统机能基本具备、第一次能够释放出精子的时间，多数品种出现在4～8月龄，母羊初情期往往早于公羊。初情期以后，生殖器官的大小和重量迅速增长，性机能也随之发育。山羊的初情期早迟是由不同品种、气候、营养因素引起的。一般表现为个体小的品种初情期早于个体大的品种，南方母羊的初情期较北方的早，热带羊较寒带或温带的早。早春产的母羔即可在当年秋季发情，而夏、秋产的母羔一般需到第2年秋季才发情，其差别较大。羊的初情期与羊的体重关系密切，并直接与生殖激素的合成和释放有关。营养良好的母羊体重增长很快，生殖器官生长发育正常，生殖激素的合成与释放不会受阻，因此其初情期表现较早，营养不足则使初情期延迟。

(二)性成熟

性成熟期是指公、母羔羊的生长发育随着年龄和体重的增加，其生殖器官基本发育完全，具有了正常繁衍后代的能力。就是说，若此时的公、母羊进行交配，能够受精、妊娠、产生后代。性成熟的年龄一般为公羊 6～10 月龄，母羊 5～8 月龄。农区可常年进行繁殖的羊品种比高寒地区 1 年繁殖 1 次的羊品种性成熟年龄要早。一般羊达到性成熟时的体重为成年体重的 40%～60%。

(三)初次配种年龄

虽然性成熟的羊已经具备了繁殖后代的能力，但此时羊身体的生长发育尚未充分，若过早配种繁殖，不利于羊的生长发育，对以后的繁殖也会有不良影响。因此，公、母羔在断奶后，一定要分群管理，以避免偷配。初配年龄就是指羊的身体发育基本完成、能够进行正常的配种繁殖的年龄。决定初配年龄时，最好参考其体重，要求初配时的体重为成年羊的 70%以上。如果体重过小，即使达到初配年龄也不宜配种。配种过早对母羊本身及胎儿的生长发育都有影响。早熟品种一般为 8～10 月龄，晚熟品种为 12～15 月龄。农区饲养的早熟品种，母羊可在 8～10 月龄配种，种羊场在 10～12 月龄配种，公羊在 12～15 月龄配种。

二、发情、发情持续期、发情周期

(一)发情

发情为母羊在性成熟以后，所表现出的一种具有周期性变化的生理现象。母羊发情时有以下一些表现特征：

1. 性欲

性欲是母羊愿意接受公羊交配的一种行为。母羊发情时，一般不抗拒公羊接近或爬跨，或者主动接近公羊并接受公羊的爬跨交配。在发情初期，性欲表现不甚明显，以后逐渐显著。排卵以后，性欲逐渐减弱，到性欲结束后，母羊则抗拒公羊接近和爬跨。

2. 性兴奋

母羊发情时，表现兴奋不安。

3. 生殖道发生一系列变化

外阴部充血肿大，柔软而松弛，阴道黏膜充血发红，上皮细胞增生，前庭腺分泌增多，子宫颈开放，子宫蠕动增多，输卵管的蠕动、分泌和上皮黏毛的波动也增强。

4. 卵泡发育和排卵

卵巢上有卵泡发育成熟，发育成熟后卵泡破裂，卵子排出。

母羊在某一时期出现上述四方面的特征，通常都称为发情。

(二)发情持续期

母羊从开始表现上述特征到这些特征消失为止，这一时期叫发情持续期。山羊发情持续期平均为 39～40 h。母羊的发情持续期与品种、个体、年龄和配种季节等有密切的关系，如中国马头山羊为 2～3 d，波尔山羊为 1～2 d，青山羊为(49.56±11.83) h。排卵时间：一般母羊排卵时间为发情中后期，或发情结束时前后。卵子排出后保持受精能力时间为 15～24 h。

(三)发情周期

羊在发情期内，若未经配种，或虽经配种但未受孕时，经过一定时期会再次出现发情现象。由上次发情开始到下次发情开始的期间，称为发情周期。山羊发情周期平均为 21 d。发情周期同样受品种、个体和饲养管理条件等因素的影响，如辽宁绒山羊为 21 d，成都麻羊为 20 d，太行山羊 21 d，雷州山羊为 18 d，波尔山羊为 14～22 d。

三、怀孕

山羊从开始怀孕到分娩，这一时期称为怀孕期或妊娠期。怀孕期的长短，因品种、多胎性、营养状况等的不同而略有差异。早熟品种多半是在饲料比较丰富的条件下育成的，怀孕期较短，平均为 145 d 左右；晚熟品种多在放牧条件下育成的，怀孕期较长，平均为 150 d 左右。若干山羊品种平均怀孕期如下：辽宁绒山羊为(148.5±4.32) d，马头山羊为(149.68±5.35) d，建昌黑山羊为(149.13±2.69) d，波尔山羊为(148.2±2.6) d。

四、羊的繁殖季节

山羊的繁殖季节(亦称配种季节)是通过长期的自然选择逐渐演化而形成的，主要决定因素是分娩时的环境条件要有利于初生羔羊的存活。山羊的繁殖季节因品种、地区而有差异，一般是在夏、秋、冬 3 个季节母羊有发情表现。母羊发情时，卵巢机能活跃，滤泡发育逐渐成熟，并接受公羊交配。平时，卵巢处于静止状态，滤泡不发育，也不接受公羊的交配。母羊发情之所以有一定的季节性，是因为在不同的季节中，光照、气温、饲草饲料等条件发生变化，由于这些外界因素的变化，特别是母羊的发情要求由长变短的光照条件，所以发情主要在秋、冬两季。在饲养管理条件良好的年份，母羊发情开始早，而且发情整齐旺盛。公羊在任何季节都能配种，但在气温高的季节，性欲减弱或者完全消失，精液品质下降，精子数目减少，活力降低，畸形精子增多。在气候温暖、海拔较低、牧草饲料良好的地区，饲养的绵、山羊品种一般一年四季都发情，配种时间不受限制。

第二节　配种技术

一、配种时期的确定

在自然界，动物往往会选择最有利于幼子成活和母体健康的时期进行繁殖。羊的配种时期的选择也要遵循该原则来决定。在年产羔一次的情况下，产羔时间可分两种，即冬羔和春羔。一般

7～9月配种，12月至翌年1～2月产羔叫冬季产羔；在10～12月配种，第2年3～5月产羔叫产春羔。羊场和农牧民饲养户产冬羔还是产春羔，不能强求一律相同，要根据所在地区的气候和生产技术条件来决定。

为了进一步分析羊最适宜的配种时间，就应当把产冬羔和产春羔的优缺点作一比较。产冬羔的主要优点是：①母羊在怀孕期，由于营养条件比较好，所以羔羊初生重大；②由于羔羊在断奶以后就可以吃上青草，因而生长发育快，第一年的越冬度春能力强；③由于产羔季节气候比较寒冷，因而肠炎和羔羊痢疾病的发病率比春羔低，故羔羊成活率比较高。缺点是在冬季产羔必须贮备足够的饲草饲料和准备保温良好的羊舍，同时，劳力的配备也要比产春羔的多，如果不具备上述条件，产冬羔则会给养羊业生产带来损失。产春羔的主要优点是：①由于气候已经开始转暖，因而对羊舍的要求不严格；②由于在哺乳前期已能吃上青草，能分泌较多的奶汁哺乳羔羊。缺点是母羊在整个怀孕期处在饲草饲料不足的冬季，由于母羊营养不良，因而胎儿的个体发育不好，初生重比较小，体质弱。因此产春羔必须要加强妊娠母羊的补饲，才能保障羔羊的健壮。

二、羊的配种方法

羊的配种方法有两种，即自然交配和人工授精。

(一)自然交配

自然交配是养羊业中最原始的配种方法，这种配种方法是在山羊的繁殖季节，将公、母羊混群放牧，任其自由交配。用这种方法配种时，节省人工，不需要任何设备，如果公、母羊比例适当(一般1∶30左右)，受胎率也相当高。但是，用这种方法配种也有许多缺点：①由于公、母羊混群放牧，公羊在羊群中追逐母羊交配，故影响羊群的采食抓膘，而且公羊的精力消耗也很大；②无法了解后代的血缘关系；③不能进行有效的选种选配；④另外，由于不知道母羊配种的确切时间，因而无法推测母羊的预产期，同时由于母羊产羔时期拉长，所产羔羊年龄大小不一，从而给管理上造成困难。

由于自由交配省时省力、技术要求不高，尤其对技术、设备、劳动力等条件不足的地区仍然是普遍采用的配种方式。在实际操作中，可以利用家畜性行为特点，在繁殖季节，将几只体质健壮、精力充沛和精液品质良好的种公羊同时投入繁殖母羊群中，公、母比例为1∶(80～100)，让公、母羊自由交配，但是每天必须将公羊从母羊群中分隔出来休息半天，并且进行补饲，保证其配种需要的营养。实践证明，这种方法效果十分理想。

在不需进行人工授精时，为了克服自然交配的缺点，可采用人工辅助交配法。即公、母羊分群放牧，到配种季节每天对母羊进行试情，然后把挑选出来的发情母羊与指定的公羊进行交配。采用这种方法配种，可以准确登记公、母羊的耳号及配种日期，从而能够预测分娩期，节省公羊精力，提高受配母羊头数，同时也比较有利于羊的选配工作进行。

(二)人工授精

羊的人工授精是指通过人为的方法，将公羊的精液输入母羊的生殖器内，使卵子受精以繁殖后代。它是近代畜牧科学技术的重大成就之一，是当前我国养羊业中常用的技术措施，与自然交配相比有以下优点。

(1)扩大优良公羊的利用率。在自然交配时，公羊射一次精只能配一只母羊，如果采用人工授精的方法，由于输精量少和精液可以稀释，公羊的一次射精量，一般可供几只或几十只母羊的授精之用。因此，应用人工授精方法，不但可以增加公羊配母羊的数量，而且还可以充分发挥优良公羊的作用，迅速提高羊群质量。

(2)可以提高母羊的受胎率。采用人工授精的方法，由于将精液完全输送到母羊的子宫颈或子宫颈口，增加了精子与卵子结合的机会，同时也解决了母羊因阴道疾病或因子宫颈位置不正所引起的不育；再者，由于精液品质经过检查，避免了因精品质的不良所造成的空怀。因此，采用人工授精可以提高受胎率。

(3)采用人工授精方法，可以节省购买和饲养大量种公羊的费用。例如，有适龄母羊 1 000 只，如果采用自然交配方法，至少需要购买种公羊 25～30 只，而如果采用人工授精方法，在我国目前的条件下，只需购买 3～4 只就行了，这样就节省了大量的购买种公羊及种公羊的饲养管理费用。

(4)可以减少疾病的传染。在自然交配过程中，由于羊体和生殖器官的相互接触，就有可能把某些传染性疾病和生殖器官疾病传播开来。采用人工授精方法，公、母羊不直接接触，器械经过严格消毒，这样传染病传播机会就可以大大减少了。

(5)由于现代科学技术的发展，公羊的精液可以长期保存和实行远距离运输，这样，对于进一步发挥优秀公羊的作用，迅速改造低产养羊业的面貌将有着重要的作用。

第三节　人工授精技术

一、人工授精前的准备工作

(一)种公羊的准备

1. 种公羊的选择

种公羊的好坏关系到整个羊群后代的好坏。一只好的种公羊应体格健壮，精干，雄性特征明显，性欲旺盛，精液品质优良。公羊不能养得太肥，也不能太瘦，这些因素都将影响其配种能力。

山羊种公羊的选择主要依据个体表型和系谱两个方面来进行。

(1)个体表型　肉用方向主要指早熟型、饲料报酬、胴体品质等方面;绒用山羊主要包括产绒量、羊绒纤维直径、净绒率、抓绒后体重等重要生产性能。

(2)系谱　考察所选种羊父母代或同胞、半同胞及其后裔的生产性能,选出生产性能良好的公羊留作种羊。

此外,公羊的体质、身体活力、抗病能力、病史、对发情母羊的反应能力等也是考察的重要方面,最后通过精液鉴定,确定配种种公羊。

留作种用的公羊除了应具备本品种的外貌特征外,从体质上还应具备体格高大、体质结实、精力充沛、食欲旺盛、有良好的雄性姿态、头颈结合良好、眼大有神、前胸宽、身腰长、肌肉发达、四肢端正、两侧睾丸发育匀称。选留一头种公羊,要经过多次鉴定(如初生、断奶、周岁及初配前等)才能最后确定。首先是初生重在同群羔羊中较高。其次是与同类型羊相比,母系羊体格较好。另外,断乳时羔羊发育正常,周岁时鉴定体格良好,在同类型羊中生产性能突出,符合这几项条件的即可作为后备种公羊。配种前对选留的后备初配公羊进行复选,再次对体格、毛色、羊绒品质、抓绒量等进行测定,对达不到标准的进行淘汰。同群使用的种公羊角形、体格要基本接近或相当,不然的话,在竞争中一部分公羊抢占配种机会,过度交配,影响抓膘和维持体质,而另一部分公羊得不到交配机会。此外,需要注意的是每年配种前都应对种公羊进行布鲁氏菌病检测,检测阳性者应进行淘汰。

2. 配种前对公羊精液的检查

配种开始前 1.0～1.5 个月,对参加配种的公羊,应指定有关技术人员对其精液品质进行检查,目的有二:一是掌握公羊精液品质情况,如发现问题,可及早采取措施,以确保配种工作的顺利进行;二是排出公羊生殖器中长期积存下来的衰老、死亡和解体的精子,促进种公羊的性机能活动,产生新精子。因此,在配种开始以前,每只种公羊至少要采排精液 15～20 次,开始时每天可采排精液1次，在后期每隔1 d采排精液1次，对每次采得的精液都应进行品质检查。

3. 种公羊的调教

有条件开展人工授精的地方，在做好选种、加强饲养的同时，要做好采精种公羊的调教与管理。公羊的初次调教从后备公羊第一次采精前1个月开始进行，指定专人饲养和管理，最好是采精人员调教训练或参与其中，调教人员着白大褂饲养，可消除采精时的陌生感，避免躲避。

配种种公羊的调教一般按照以下两个步骤进行：

(1)在采精圈地点与发情状况良好的母羊交配数次，以提高公羊对发情母羊的反应能力，增强其性欲。所选发情母羊的体况、身高等应与公羊协调，母羊外阴部不被尾部遮挡，以免造成公羊爬跨困难。

(2)与发情台羊爬跨采精两三次后将公羊牵至别处，换上假母羊采精数次直至公羊对假母羊爬跨采精习惯为止。假母羊用草裹木架，缝上羊皮制作而成，在假母羊尾部涂上发情母羊阴道分泌物以刺激公羊性欲。

有些初次参加配种的公羊，采精时可能遇到困难，此时可采取以下3种方法：①观察诱导法，即在其他公羊配种或采精时，让被调教公羊站在一旁观看，然后诱导它爬跨。②按摩睾丸法，即在调教期每日定时按摩睾丸10～15 min，经几天后则会提高公羊性欲。③药物刺激法，即对性欲差的公羊，隔日每只注射丙睾丸素2 mL，连续注射3次后可使公羊爬跨。

对调教好的种公羊应单独组群补饲管理，避免公、母混养，否则羊群采食不安，影响公羊性欲。放牧时距母羊群尽量远些，并尽可能防止公羊相互斗架。

4. 种公羊的运动

保证种公羊每天的运动量是非常重要的，足量的运动对提高公羊性欲和精子活力都有好处。种公羊的运动应强制进行，且保持一定强度和时间，但不宜过猛，不要猛然从卧息状态进入快速运动状态，应先匀速行走后快走再快速奔跑。运动时间每天 2 h 左右，快速奔跑时间每次 20 min 左右。最好可给种公羊梳刷一次，以利清洁和促进血液循环。当夏季气温超过 32℃时，应在中午时间用凉毛巾敷睾丸并按摩，以提高性欲和防止热伤害。

(二)人工授精配种站的准备

1. 配种站站址选择

配种站应选择在母羊密度大、水草条件好、交通方便、无寄生虫和传染病、地势平坦、水源较好，避风向阳而排水良好的地方建立。

2. 配种用房的准备

主要工作用房有采精室兼配种室、精液检查室、精液处理输精室、待配母羊圈、已配母羊圈、种公羊圈、试情公羊圈、试情圈。有条件的羊场、乡、村或专业户，还应考虑修建工作人员住房及库房等建筑。采精室（8～12 m^2）、精液处理室（8～12 m^2）和输精室（20 m^2）要求光线充足，地面坚实（如粗水泥地、砖地或木板地），以便清洁和减少尘土飞扬，空气要新鲜，并且互相连接，以便利于工作，室温要求保持在 18～25℃。种公羊圈要求地面干燥、光线充足，有结实而简单的门栏，有补饲用的草架和饲槽。

(三)工作人员的准备

根据配种任务的轻重来确定工作员的数量，一般应有站长 1 名，输精员，记录员及其他工作人员 3 人以上。

(四)器械药品的准备

人工授精所需要的各种器械，如假阴道内胎、假阴道外壳、输精器、集精杯、金属开膣器等，以及常用的各种兽医药品和消毒药品，要按授精站的规模和承担的任务，事前做好充足的准备。检查主要器材是否已全部备齐，主要器材见表 3-1。

表 3-1 授配 1 000 只母羊任务的羊人工授精站所需器械、药品和用具

序号	名称	规格	单位	数量
1	显微镜	300～600 倍	架	1
2	蒸馏器	中型	套	1
3	天平	0.1～100 g	台	1
4	假阴道外壳		个	6～10
5	假阴道内胎		条	15～20
6	假阴道塞子(带气嘴)		个	8～10
7	玻璃(或不锈钢)输精器	1 mL	支	20～30
8	输精量调节器		个	4～6
9	集精杯		个	15～20
10	金属开膣器	大、小两种	个	各 2～3
11	温度计	100℃	支	4～6
12	温湿度计		个	3
13	载玻片		盒	1
14	盖玻片		盒	1～2
15	酒精灯		个	2
16	玻璃量杯	50 mL、100 mL	个	各 2～3
17	玻璃量筒	500 mL、1 000 mL	个	各 2
18	蒸馏水瓶	5 000 mL、10 000 mL	个	各 1～2
19	玻璃漏斗	8 cm、12 cm	个	各 2～3
20	漏斗架		个	1～2
21	广口玻塞瓶	125 mL、500 mL	个	各 4～6
22	细口玻塞瓶	500 mL、1 000 mL	个	各 1～2
23	玻璃三角烧瓶	500 mL	个	3
24	洗瓶	500 mL	个	4
25	烧杯	500 mL	个	4
26	玻璃皿	10～12 mL	套	4～6
27	带盖搪瓷杯	250 mL、500 mL	个	各 2～3

续表 3-1

序号	名　称	规　格	单位	数量
28	搪瓷盘	20 cm×30 cm	个	2
		40 cm×50 cm	个	2
29	钢精锅	27～29 cm(带蒸笼)	个	1
30	长柄镊子		把	2
31	剪刀	直头	把	2
32	吸管	1 mL	支	10～15
33	广口保温瓶	手提式	个	4
34	玻璃棒	0.2 cm、0.5 cm	根	各 20～30
35	酒精	95%,500 mL	瓶	8～10
36	氯化钠	化学纯,500 g	瓶	2～3
37	碳酸氢钠或碳酸钠		kg	2～3
38	白凡士林		kg	1
39	药勺	角质	个	3～4
40	试管刷	大、中、小	个	各 2～3
41	滤纸		盒	5
42	擦镜纸		张	200
43	煤酚皂	500 mL	瓶	2～3
44	手刷		个	2～3
45	纱布		块	1～2
46	药棉		个	2
47	试情布	30 cm×40 cm	块	30～50
48	搪瓷脸盆		个	4
49	高压消毒锅	中型	个	1
50	盛水桶		个	2～3
51	暖水瓶	8 磅	个	3
52	火炉或电炉	带烟筒,2 000 W	套,个	2,3
53	桌子		张	3
54	凳子		张	4

续表 3-1

序号	名　　称	规　　格	单位	数量
55	塑料桌布		m	3～4
56	器械箱		个	2
57	手电筒	带电池	个	4
58	羊耳标、耳标钳、记号笔	塑料和不锈钢	套	1套(带耳标 1 200 个)
59	工作服		套	每人 1 套
60	肥皂、洗衣粉		条、包	各 5～10
61	碘酒		mL	500
62	配种记录本		本	每群 1 本
63	公羊精液检查记录		本	3
64	采精架		个	1
65	输精架		个	2～3
66	临时打号用染料			若干
67	其他			

往往市售的医用酒精为 95%酒精，要配制 70%～75%酒精才能用于消毒。具体配制方法是用 95%酒精 75 mL，加入蒸馏水或滤过的开水 25 mL。用脱脂棉作直径 1.5～2 cm 大小圆球，用配制好的酒精浸渍，放于搪瓷杯或广口瓶中备用。

生理盐水：购置医用生理盐水。

（五）配种器械消毒

1. 洗涤液、消毒液、消毒器

3%苏打液、0.9%氯化钠液、蒸馏水、75%酒精、0.1%高锰酸钾液、2.0%来苏儿液、手提式高压蒸汽消毒器。

2. 器械消毒

①假阴道外壳、内胎依次用苏打液、温开水、氯化钠液冲洗，再用干净纱布擦净后，用酒精棉球消毒。

②开膣器、镊子、输精器和各种玻璃器械依次用苏打液、温开

水洗净，再用高压锅消毒半个小时，取出放在瓷盘内，用纱布盖好。输精时开膣器在0.9%氯化钠液浸湿后再用。开膣器和输精器每输一只母羊，用脱脂棉擦净，开膣器还要在高锰酸钾液内浸泡3 min，再依次用温开水、氯化钠液冲洗。输精器内的精液用完后，输精器内外依次用氯化钠液、酒精冲洗消毒，下次用前再用氯化钠液冲洗5遍。

③盖玻片、载玻片用温开水、氯化钠液冲洗后，用干净纱布包好，高压灭菌消毒备下次使用。

(六)采精前假阴道的准备

1. 假阴道的安装和消毒

首先检查所用的内胎有无损坏和沙眼，若完整无损时最好先放入开水中浸泡3～5 min。新内胎或长期未用的内胎，必须用热肥皂水刷洗干净，擦干，然后进行安装。

安装时先将内胎装入外壳，并使其光面朝内，而且要求两头等长，然后将内胎一端翻套在外壳上，依同法套好另一端，此时注意勿使内胎有扭转情况，并使松紧适度，然后在两端分别套上橡皮圈固定之。

消毒时用长柄镊子夹上65%酒精棉球消毒内胎，从内向外旋转，勿留空间，要求彻底，等酒精挥发后，用生理盐水棉球多次擦拭，冲洗。

集精杯(瓶)采用高压蒸汽消毒，也可用65%酒精棉球消毒，最后用生理盐水棉球多次擦之，然后安装在假阴道的一端。

2. 灌注温水

左手握住假阴道的中部，右手用量杯或吸水球将温水从灌水孔灌入，水温50～55℃，以采精时假阴道温度达40～42℃为目的。水量为外壳与内胎间容量的1/3～1/2，实践中常以竖立假阴道，水达灌水孔即可。最后装上带活塞的气嘴，并将活塞关好。

3. 涂抹滑剂

用消毒玻璃棒(或温度计)取少许凡士林,由外向内涂抹均匀一薄层,为其涂抹深度以假阴道长度的1/2为宜。

4. 检温、吹气加压

从气嘴吹气,用消毒的温度计插入假阴道内检查温度,以采精时达40~42℃为宜,若过低过高可用热水或冷水调节。当温度适宜时吹气加压,使涂凡士林一端的内胎壁遇合,口部呈三角形为宜。最后用纱布盖好入口,准备采精。

(七)精液稀释液的配制

1. 生理盐水稀释液

用经过灭菌消毒的0.9%氯化钠溶液作稀释液,此种稀释液简单易行,稀释后要上输精。但用此种稀释液时,稀释倍数不宜过高,保存时间不能太长。

2. 乳汁稀释液

取新鲜牛奶(或羊奶),用数层消毒的纱布过滤,用烧杯在电炉上煮沸,降温,除去奶皮。如此反复3次,冷却。或者过滤后的奶汁,经蒸汽灭菌10~20 min,冷却除去奶皮,每100 mL加青霉素10万IU,链霉素10万IU。

3. 葡萄糖-卵黄稀释液

于100 mL蒸馏水中加葡萄糖3 g,柠檬酸钠1.4 g,溶解后过滤,蒸汽灭菌,冷却至室温,加新鲜鸡蛋的卵黄20 mL,青霉素10万IU,链霉素10万IU,充分混匀。

4. 混合稀释液

葡萄糖0.97 g,柠檬酸钠1.6 g,磷酸氢钠1.5 g,氨苯磺胺0.3 g,溶于100 mL蒸馏水中,煮沸消毒,冷却至室温后,加入青霉素10万IU,链霉素10万IU,新鲜鸡蛋的卵黄20 mL,摇匀。

二、采精

(一)准备好台羊

采精用的台羊应是发情旺盛的健康母羊,并拴系在稳固的地方,以防公羊跌倒。经过训练调教的公羊一到采精现场,因条件反射便有性表现,但不要急于让其爬跨台畜,应适诱情,如绕台畜转几圈等方法,让公羊在采精前有充分的性准备,可改进采得精液的质量和数量。

(二)采精

采精前用干净毛巾或纱布把公羊包皮擦净。采精员位于台畜右侧,右手持假阴道与台畜平行,和公羊阴茎伸出的方向倾斜一致。在公羊爬跨台畜向前作"冲跃"动作时,采精员左手四指并拢握住包皮,将阴茎导入假阴道内,切不可抓握阴茎伸出的部分,否则会刺激阴茎立即缩回或进入假阴道前引起射精。公羊爬跨迅速,射精也快,采精员应注意配合公羊的动作。射精后立即将假阴道取出竖起,然后放气,取下集精杯,盖上盖子,送往精液处理室做精液品质检查。

在配种季节,公羊每天可采精 2～3 次,每周采精可达 25 次之多。但每周应注意休息 1～2 d。

三、精液品质检查

采出的精液要检查色泽、气味、射精量、精子活力和密度等。精液品质应符合以下标准,不具备其中一项者不得使用:新鲜精液色泽呈乳白色;略带腥味;射精量 1 mL 左右;直线前进运动的精子鲜精为 0.6 mL 以上;精子密度每毫升 15 亿以上。

1. 色泽和气味

正常的精液应为白色或淡黄色,无味或略带腥味。凡呈红褐色、绿色有臭味的精液不能用于输精,含有大块凝固物质的精液也不能使用。

2. 射精量

羊的射精量为0.5～2.0 mL,一般为1 mL。每毫升精液中精子的数量为20亿～30亿。

3. 活力

指精液中前进运动精子的百分数,是评定精液品质的重要指标。精子活力的测定是检查在37℃左右条件下精液中直线前进运动的精子百分率。检查是以灭菌玻璃棒蘸取1滴精液,滴在载玻片上加盖片,放大300～500倍观察。10%呈直线前进的活力为0.1,20%呈直线前进的为0.2,依此类推,1分为满分,80%以上精子呈直线运动(0.8)的可用于输精。

4. 密度

密度是指单位体积中的精子数,检查精子活力同时要检查密度。可以用血球计算器进行准确计数,但生产中常用三级评定:密集的精子充满显微镜整个视野,精子之间几乎无空隙或空隙小于一个精子的长度,看不出单个精子活动情况的为"密";精子间相互距离有1～2个精子的长度,能看清单个精子活动的为"中";视野中只有少量精子,且相互距离很大的为"稀"。密度在中等以上的才能用于输精。

5. 精子畸形率检查

抽样检查精子畸形率,取新鲜和解冻后的精液样品,放在载玻片上,按常规方法制成抹片,待抹片风干后,在显微镜下观察精子个数。每个样品观察精子数500个,计算畸形精子百分率。

四、精液的稀释和保存

羊精子在体外不能长久存活,低温保存24 h后精子活力与受精能力显著下降,为延长精液保存时间,应及时将采得的精液用良好的稀释液进行稀释。

(一)稀释液的作用

为精子存活提供新的养分和能量;提供缓冲剂,防止乳酸形成过程中pH变化的危害;维持精液正常的渗透压和电解平衡;抑制细菌生长;防止迅速冷却过程中,低温造成冷休克的伤害;稀释精液,可大大增加精液量,以便于扩大配种母羊数,非常有利于发挥优秀种公羊的作用。

(二)稀释精液的注意事项

(1)配制稀释液所用的一切量具及物品,事先均应彻底清洗、严格消毒。

(2)精液稀释液必须新鲜,为此应现用现配。如有条件可将灭菌的稀释液,置入冰箱内保存数日。但卵黄、抗生素、奶类等成分,应在临用时现加入。

(3)精液稀释应在采集后尽快进行,一般最好在0.5 h内稀释。不经稀释的精液不利于精子存活。特别是精液处理室温度较低时(20℃以下),精子受低温打击,易出现冷休克。为此,要求在采精时,当外界气温较低的情况下,应注意集精杯的温度,使采出的精液维持在30℃左右,同时将采精的精液迅速置入30℃环境中存放,以利精子不受低温影响。对采集的新鲜精液尽快进行精液品质检测,如精子活率及精子密度等指标,以便确定精液的稀释倍数。

(4)等温稀释。稀释前,必须调整稀释液的温度与精液温度一致。一般是将精液和稀释液处于同一温度(30℃左右)条件下,待预热后进行稀释。

(5)稀释方法是按确定的稀释倍数,将一定量的稀释液沿瓶壁或沿插入的灭菌玻璃棒,缓慢倾入精液瓶内,轻轻搅匀,勿剧烈震荡。若稀释倍数大,应先低倍后高倍,分几次进行稀释。以防精子环境突然改变,造成稀释打击。精液稀释均匀后,随即取出一滴稀释精液,镜检精子活率。若出现活率下降,说明稀释液或稀释处理不当。

(三)精液的保存和运输

保存精液的方法，按保存温度分为常温(室温)保存法、普通低温保存法和冷冻(超低温)保存法。为抑制精子的活动，降低代谢和能量消耗，一般都采用低温(0～5℃)保存和冷冻保存，低温保存时精子存活时间比常温条件下显著延长。

将稀释好的精液分装于 2～5 mL 的小试管内，精液面上 0.5～1.0 cm 的空隙。用封口膜或无毒塑料袋封口，用橡皮筋扎好。每管精液需标明公羊号、采精日期、精子活力和密度。可将装精液的小试管用脱脂棉或毛巾包上，外边套上塑料袋或假阴道内胎，放入装有水加冰块 (0～10℃)的广口保温瓶内，或放在冰箱保存，在低温下保存 2～3 d。

冷冻精液，是将稀释后的精液制作成固态的颗粒或细管精液，在－196℃的液氮罐中长期(数年)保存。

无论采用哪种方法保存精液，都要避免或减少精液与空气接触。保存温度要稳定。液态精液定期添加冰水、冰块等冷源。定时检查精子活力。

液态精液在运输过程中，无论用哪种包装或容器盛放，使用什么运输工具(自行车、摩托车、汽车)，应尽量防止温度发生变化和减少震动。到达目的地后，在使用前将精液取出，在室温下自然升温到 20℃左右，然后检查精子活力，活力不低于 0.6 时方可输精。

利用液氮罐保存的冷冻精液，要定期添加液氮、液氮面不得低于容器的 1/3，并要没过精液。若发现液氮罐表面挂霜或确有水珠时，说明液氮罐的绝热性能不好，应及时转移精液。

运输冷冻精液时，要轻拿轻放液氮罐，防止碰撞。罐外加外套或木箱保护。用车辆运输时应加防震垫，并固定在车上，以防止液氮罐倾倒。

五、母羊发情检查

1. 试情公羊

①试情公羊必须体质结实、身体健康、性欲旺盛。

②试情公羊可带试情布试情，也可采取输精管结扎或阴茎移位。

③试情公羊与母羊比例为 1∶50。

④试情公羊每周采精 1～2 次，以保持旺盛的性欲。

2. 试情场地

试情场地设有母羊圈、试情公羊圈和发情母羊圈。

3. 试情

试情分早、晚 2 次，晚上发情的母羊第 2 天配种。试情时间：早晨 6:30～8:30、下午 17:00～19:00。母羊发情鉴定以试情公羊爬跨母羊，母羊静止不动为准；初配母羊胆小，发情症状不明显，有些母羊不愿接受爬跨，如果试情公羊不停追逐也可视为发情。

六、输精

输精是在母羊发情期的适当时期，用输精器械将精液送进母羊生殖道的操作过程，它是人工授精最后一个技术环节，也是保证较高配怀率的关键。输精有以下工作和步骤需要认真准备和严格操作。

(1)准备好输精器、开膣器、0.9%生理盐水(稀释精液和冲洗输精器的生理盐水温度为 38℃，浸蘸开膣器的生理盐水室温即可)、脱脂棉或普通卫生纸和配种记录。

(2)输精器和开膣器用酒精棉球火焰消毒。

(3)发情母羊的阴部用脱脂棉或普通卫生纸擦拭干净。

(4)用开膣器打开发情母羊阴道，找到子宫颈口，输精器插入子宫颈口 0.5～1.0 cm，输精量 0.05～0.1 mL；应用冻精时，输精器插入子宫颈口 1.0～2.0 cm。初配母羊子宫颈口不好找，可采取阴道深部输精，输精量可大些。

(5)输精完毕，用脱脂棉或普通卫生纸把输精器和开膣器擦拭干净。换精液时，输精器要用 0.9%生理盐水冲洗 2～3 遍。

(6)发情母羊每天配种 2 次，早晨、下午各 1 次。早晨配种时间要早，下午配种时间要晚，2 次配种时间间隔不能太短。

七、提高受胎率的关键技术

要想提高人工授精受胎率，应重视下列几个方面的关键技术。

(一)公羊选择及精液品质鉴定

为了提高配怀率，对有生殖缺陷的公羊一经发现，应立即淘汰。凡是单睾、隐睾或睾丸形状不正常的均不能选择作为种公羊。还应避免一些公羊暂时性不育的情况，如公羊经过长途运输后会有暂时的不育，夏、秋季气温过高，公羊性欲会变弱，精液品质下降，也能造成暂时性不育。通过精液品质检查，根据精子活力、正常精子的百分率、精子密度等判定公羊能否参加配种。

(二)严格执行人工授精操作规程

人工授精从采精、精液处理到适时输精，都是一环扣一环的，任何一环掌握不好，均会影响受胎率。如由于消毒清洗工作不严格，不但影响配怀率，还可能引起生殖疾病等。所以配种员应严格遵守人工授精操作规程，提高操作质量，才能有效地提高受胎率。

(三)确定最适宜的输精时间、剂量和部位

绵羊的发情持续期平均为 30 h，排卵时间是在发情终止时，卵子维持受精能力的时间为 16～21 h。精子在母羊生殖道内可存活 30～40 h。所以在母羊发情开始后的 20～30 h 输精，是卵子与精子结合的最好时机。一般的输精剂量为 0.05～0.1 mL。含有效精子数 7 500 万个以上。输精部位在子宫颈口内0.5～

1.0 cm 处。

(四)母羊发情鉴定及适时输精

掌握母羊发情鉴定技术确定适时输精时间是很重要的。羊人工授精的最佳时间是发情后 18～24 h。因这时子宫颈口开张,容易做到子宫颈内输精。一般可根据阴道流出的黏液来判定发情的早晚。黏液呈透明黏稠状即是发情开始,颜色为白色即到发情中期,如已混浊,呈不透明的黏胶状,即是到了发情晚期,是输精的最佳时期。但一般母羊发情的开始时间很难判定。根据母羊发情晚期排卵的规律,可以采取早晚 2 次试情的方法选择发情母羊,早晨选出的母羊到下午输 1 次精,第 2 天早上再重复输 1 次精。晚上选出的母羊到第 2 天早上第 1 次输精,下午第 2 次重复输 1 次精,这样可以大大提高受胎率。

(五)利用腹腔镜子宫输精技术

羊冷冻精液子宫颈口输精法受胎率偏低。随着输精深度的增加,受胎率显著地提高,然而由于绵羊子宫颈管道皱褶多,形状各异,只能在部分母羊中进行子宫颈内输精。近几年澳大利亚等国借用腹腔镜进行绵羊冷冻精液子宫内输精,受胎率可达 70%以上。其方法是:将输精的母羊用保定架固定好,使母羊仰卧,剪去术部(乳房前 6～12 cm、腹中线两侧 3～4 cm)的被毛后用碘酒消毒。在乳房前 8～10 cm 处用套管针将腹腔镜伸入腹腔观察子宫角及排卵情况,在对侧相同部位再刺入一根套管针,把输精器插入腹腔,将精液直接注入两侧的子宫角内。输精完毕取出器械,母羊术部伤口消毒即可。

第四节　产羔与接羔

做好接羔和保羔是提高羔羊存活率的有效措施,要事先订出计划。

一、产羔前的准备

(一)产羔室和用具方面

1. 产羔室

在产羔前,应把产羔室打扫干净,墙壁和地面要用5%碱水或2%～3%来苏儿消毒,无论喷洒地面或涂抹墙壁,均要仔细和彻底。在产羔期间还应消毒2～3次。分娩用羊舍要有足够的面积,产羔期间应尽量保持干燥和恒温。羊舍潮湿容易出问题,舍温一般以10℃左右为适宜,但温度的恒定较之舍温高低更为重要,切记忽冷忽热。

2. 用具

料槽和草架等用具在产羔前都要进行检查和修理,并用碱水或石灰水消毒。

分娩栏是产羔时的必需用具。母羊产过羔后,关在栏内既可避免其他羊只干扰,又便于母羊认羔。因而产羔前应制备或修理分娩栏。一群羊需要多少,这要看是什么羊。一般土种羊认羔性强,可以不要;杂种羊在产羔比较集中的情况下,分娩栏数量可占产羔母羊数的5%～10%;纯种羊群需要的分娩栏数更多一些,一般按30%配备。

3. 其他方面

一切接羔用具和药品,如台秤、产羔登记簿,产科器械,来苏儿、碘酒、酒精、高锰酸钾、药棉、纱布、工作服等都应在产羔前准备好。

(二)人员方面

产羔时和产羔后一段时间内工作比较繁重,需要比平时较多的人力。如何调配,宜事先规划安排。羊群在产羔期间所需人力多少,因羊群类别或品种而异,一般高产品种产羔率高,需要人员相应要多,开始产羔时人可以少一些,产羔盛期增加,末期渐减。

(三)饲草、饲料方面

在产羔期间，羊群放牧时间相对减少，产羔母羊又增加了哺乳的负担，因此需要补饲。补饲量，应根据山羊品种、生产类型及生产性能高低等综合因素来考虑。可以按每日每头可补饲青干草1～1.5 kg，混合精料 0.4 kg。产羔期间补饲草料的贮备，可纳入羊群全年补饲计划。

牧区在夏、秋季节在距羊圈不远的地方，留出一些草场，尽量围起来不要放牧，专作产羔母羊的放牧草地，其面积以够产羔母羊一个半月放牧为宜。草地应避风、向阳、靠近水源。母羊在产后几天之内一般都不出牧，所以要有足够数量的优质干草、青贮饲料、多汁饲料对产羔母羊补饲。

二、接羔技术

产羔期间，应经常注意，白天羊群出牧前应仔细观察，把有临产症状的母羊留圈。发现临产母羊立即拉至分娩栏内，护理产羔。首先剪净临产母羊乳房周围和后肢内侧的羊毛，以免产后污染乳房。如果母羊眼睛周围毛过长，也应剪短，以便认羔。然后用温水洗净乳房，并挤出几滴初乳。再将母羊的尾根、外阴部、肛门洗净，用来苏儿水消毒。

(一)分娩症状

母羊临产时，骨盆韧带松弛，腹部下垂，尾根两侧下陷，乳房胀大，乳头下垂；阴门肿胀潮红，有时流出浓稠黏液，排尿次数增加，行动迟缓，食欲减退，起卧不安，不时回顾腹部或喜独卧墙角等处休息。当发现母羊卧地，四肢伸直，努责，肷窝下陷时，应立即送入分娩栏。

(二)产羔过程

母羊产羔时，一般不需助产，最好让它自行产出。但接羔人员应观察分娩过程是否正常，并对产道进行必要的保护。羊膜破裂后几分钟至 30 min 左右，羔羊便能顺利产出。一般先看到前肢的两个蹄，接着是嘴和鼻，到头露出后，即可顺利产出，可不予助产。如果是产双羔，两羔羊先后间隔 5～30 min，也有长达几小时的。在母羊产出第一个羔羊后，应抚摸母羊腹部，如果是双羔羊，可以摸到光滑的羔羊体。如果发生分娩困难，应一只手握住羔羊的头部，另一只手握住前肢，随母羊努责向后下方拉出羔羊。

羔羊娩出后，先把口腔、鼻腔及耳内黏液掏出擦净，以免因呼吸而吞咽羊水，引起窒息或异物性肺炎。羔羊身上的黏液，最好让母羊舔净，这样有助于母羊认羔。如果母羊恋羔性弱，可把胎儿身上黏液涂到母羊嘴上，引诱母羊舔干。如果母羊仍不舔或天气较冷时，应用干草迅速将羔羊全身擦干，以免羔羊受凉感冒。

羔羊出生后，一般都是自己扯断脐带，等其扯断后再用 5%碘酊消毒。在人工助产下娩出的羔羊，体质较弱，可由助产人员拿住脐带，用手把脐带中的血向羔羊脐部顺捋几下，在离羔羊腹部 3～4 cm 的适当部位扯断脐带，并进行消毒。

母羊分娩后 1 h 左右，胎盘会自然排出。应集中深埋，以免母羊吞食，养成恶习。如 4～5 h 后仍不排出，应进行处理。

(三)难产及假死羔羊的处理

1. 难产的一般处理

在分娩时，初产母羊因骨盆狭窄、阴道过小，胎儿个体较大；经产母羊由于腹部过度下垂，身体衰弱，子宫收缩无力或因胎位不正均会造成难产。

羊膜破水后 30 min 左右，母羊努责无力，羔羊仍未产出时，助产人员应即剪短、磨光指甲，消毒并洗净手臂，涂上润滑剂，根据不同情况采用不同方法处理。如遇胎位不正时，可将母羊后躯垫高，将胎儿露出部分送回，手入产道校正胎位，再随着母羊努责将胎儿拉出；如胎儿过大，可将羔羊两前肢拉出再送入，这样反复 3～4 次，然后一手拉前肢，一手扶头，随着母羊的努责，慢慢向着后下方拉出。拉时用力不宜过猛，免得拉伤。

2. 假死羔羊的处理

羔羊产出后，其生长发育正常，心脏仍有跳动，但不呼吸的情况叫假死。引起假死的原因主要是羔羊过早地进行呼吸而吸入羊水，或子宫内缺乏氧气，分娩时间过长，或受凉所致。羔羊出现假死情况时，欲使羔羊复苏，一般采用两种办法：一种是提起羔羊两后肢，使羔羊悬空并拍击其背、胸部；另一种是让羔羊平卧，用两手有节律地推压胸部两侧，短时假死的羔羊，经过处理后，一般即能复苏。

因受凉而造成假死的羔羊，应立即移入暖室进行温水浴，水温由 38℃开始，逐渐升到 45℃。浴时应注意将羔羊头部露出水面，严防呛水，同时结合腰部按摩，浸 20～30 min，待羔羊复苏后，立即擦干全身。

(四)产后母羊的护理

母羊在分娩过程中失去很多水分，并且新陈代谢机能下降，抵抗力减弱。如果护理不当，不仅影响身体健康，且使生产性能下降，因此要加强产后母羊的护理。产后母羊应注意保暖，防潮，避免贼风，预防感冒，并使母羊安静休息。产后 1 h 左右，应给母羊饮水，第一次不宜过多，一般为 1 L 左右，水温应高一些，切忌母羊喝冷水。为了避免引起乳房炎，补饲量较大或体况较好的羊，在产羔期可稍减精料，以后逐渐恢复。

(五)初生羔羊的护理

羔羊出生后，体质较弱，适应能力低，抵抗力差，容易发病。因此搞好初生羔羊护理，是保证其成活的关键。羔羊出生后，一般十多分钟即能起立，寻找母羊乳头。第一次哺乳应在接产人员护理下进行，使羔羊能尽快吃到初乳。因初乳含有丰富的营养物质和抗体，具有抗病和轻泻作用。

哺乳期羔羊发育很快，若奶不够吃，不但影响羔羊本身的发育，而且易于染病和死亡。对缺奶羔，应给它们找保姆羊。保姆羊一般是死掉羔子的或有余奶的母羊。人工哺乳容易引起羔羊拉稀，非不得已时不宜采用，如若采用时，除注意配乳的浓度外应严格消毒和定温、定量，一般多采用少量多次的办法。

羔羊胎粪呈黑褐色，黏稠状，一般生后 4～6 h 即可排出。如初生羔羊鸣叫、努责，可能是胎粪停滞，如 24 h 后仍不见胎粪排出，应采取灌肠等措施。胎粪特别黏稠，易堵塞肛门，造成排粪困难，应注意擦拭干净。另外，为了管理上的方便和避免哺乳上的混乱，可采用母子编号的办法，即在羔羊体侧写上母羊的编号，以便识别。

第五节　山羊繁殖新技术

目前养羊业正处于养殖方式的转型期，由传统的靠天养羊的粗放饲养方式向集约化、标准化养殖方式转变。要大力发展养羊业，增加羊群数量和提高羊群质量，繁殖技术是关键手段。在养羊生产中，运用繁殖规律，采用先进的繁殖新技术，使养羊生产能按人类要求有计划地进行，从而促进养羊业的快速发展。下面介绍目前在养羊业中应用较广泛的几种繁殖新技术。

一、同期发情

同期发情是对母羊发情进行周期化处理的一种方法。简单地说，就是利用某些激素制剂人为地控制、调整一群母羊发情周期的进程，使之在预定的时间内集中发情，以便有计划地合理组织配种，可以节省劳力、物力，有利于羊群抓膘，扩大优秀种羊利用率，使羔羊年龄整齐，便于管理及断奶育肥。现用的同期发情技术有两种方法：一种是用孕激素处理母羊，抑制卵泡的生长发育，经过一段时间后同时停药，引起同期发情；另一种是用前列腺素类药物加速黄体消退，缩短发情周期，促使母羊提早发情。

（一）常用同期发情药物

按其性质，大体可分 3 类：①抑制卵泡发育的药剂，属孕激素类物质，有孕酮、甲孕酮、炔诺酮、氯孕酮、氟孕酮、18 甲基炔诺酮、16 甲基孕酮；②消融黄体孕酮、抗孕酮的药剂，属前列腺素类药物；③促进卵泡发育的药剂。常用的孕马血清促性腺激素、人绒毛膜促性腺激素、促卵泡激素促黄体素、促排卵 3 号。

（二）同期发情处理方案

1. 孕酮类药物的方法

最常用的是阴道栓塞法。将浸上孕激素制剂的阴道栓，用长柄钳推至子宫颈外口处，放置 12～14 d 后取出。取出当天肌肉注射 PMSG 400～500 IU，2～3 d 后被处理的母羊多数表现发情，发情当天和次日各授精 1 次。

埋置阴道栓应当注意用具的消毒，否则会引起炎症，阴道栓要大小合适，放置适当。

2. 前列腺素类药物的方法

前列腺素类药物主要用于肌肉注射。前列腺素注射 1～2 mL，2～3 d 羊陆续发情，发情后配种；对于未发情的羊，可以距离第一次用药间隔 11 d 后再肌肉注射前列腺素 1～2 mL；为提高发情效率可以前列腺素与促性腺激素联合肌肉注射。

3. 应用三合激素

每毫升三合激素中台雄激素 25 mg、孕酮 12.5 mg、雌激素 1.5 mg。三合激素对母羊的催情效果显著，但第 1 次情期受胎率低（4%），第 2 次情期受胎率可达到 60%。

二、超数排卵

应用外源性促性腺激素诱发卵巢多个卵泡发育，并排出具有受精能力的卵子的方法，称为超数排卵，简称“超排”。超数排卵是进行胚胎移植时，对供体母畜必须进行的工作，其目的是为了得到多量的胚胎。诱使单胎家畜产双胎也是超数排卵的目的之一。

超数排卵处理的时机应该选择在母畜的发情末期，即发情将要出现的前几天，或者使用药物，先促使卵巢上的黄体消退，再用药物使卵泡发育。

(一)超数排卵使用的药物和剂量

1. 孕马血清促性腺激素

随着孕马血清促性腺激素的剂量增大，卵巢的反应亦会增强，发情时间提前。但是大剂量的激素其超排效果不稳定。注射剂量如果超过 800 IU，并不能增加母羊卵巢的排卵数。PMSG 的剂量和排卵数的关系见表 3-2。由于 PMSG 在体内半衰期较长，一般情况下母羊的使用剂量为 1 000～1 200 IU，做 1 次肌肉注射。使用 PMSG 作超数排卵效果良好，药效比较稳定，卵巢体积不会过度增大，处理后卵巢容易恢复正常，排卵率高，残留的成熟卵泡少。如配合使用抗 PMSG 可以控制发育的卵泡数不会过多，排卵时间较集中，一侧卵巢排出比较理想卵子 5～8 枚。

表 3-2　PMSG 的剂量和排卵数的关系

PMSG/IU	1 000	1 500	2 000	2 500	3 000	4 000	5 000	6 000	7 000
排卵数/枚	1.5	3.0	10.5	11.5	14.1	8.9	9.3	9.1	10.3

2. 促卵泡素

促卵泡素在家畜体内的半衰期较短，注射后在短时间内失去活性，因此使用时需作分次注射。在母羊试验中，将总计量为 10 mg 分配在 3～4 d，每天注射 2 次，卵巢上出现的黄体数和回收胚胎数要比 1 d 只做 1 次注射的超排效果好。

3. 前列腺素

前列腺素在超排处理中常作为配合药物使用，不仅能使黄体提早消退，而且能提高超排效果。在母羊发情周期第16天注射PMSG 1 000 IU，不需要配合使用PG，34头供体羊平均排卵数为8枚；而在黄体期注射同样剂量PMSG后48 h，配合注射PG，促使黄体提早消退，每头供体的平均排卵数可提高到13枚。但是PMSG不宜和PG同时注射，否则会导致排卵率降低。

4. 促排卵类药物

经超排处理的供体，卵巢上发育的卵泡数要多于自然发情的卵子数，仅依靠内源性促排卵激素不能达到超排目的。因此，在供体母羊出现发情时，需要静脉注射外源性hCG或GnRH、LH等，以增强排卵效果减少卵巢上残留的卵泡数。

5. 孕激素

对施行超排的母羊，如果用孕激素作预处理，可以提高母羊对促性腺激素的敏感性，增强超排效果。

(二)超数排卵的处理时期

超数排卵处理的时期应选择在发情周期的后期，即黄体消退时期。此时卵巢正处于由黄体期向卵泡开始发育过渡的时期。但在自然情况下，母羊的发情周期长度并非恒定不变，不但个体之间有差异，而且同一个体各次发情周期的时期也不一致，所以在发情周期的后期用药物作超排处理，不一定能和卵巢机能的转变阶段相吻合。用药物处理的时间如果是在黄体尚未临近消退的阶段，或者是在黄体已经消退、卵泡已明显发育并开始出现发情时，由于注射促性腺激素作超排处理的时间与卵巢机能发育的步调不相一致，效果往往不佳。

为了获得良好的超排效果，必须在注射促性腺激素的同时，使卵巢上的黄体在一定时间内退化。如果在发情周期的中期进行超排处理，需要在施用促性腺激素后48～72 h配合注射$PGF_{2\alpha}$促使黄体消退。近年来在发情周期的中期配合应用$PGF_{2\alpha}$进行超数排卵的方法已被广泛地采用。

在超数排卵处理后，对发情母羊应进行配种或人工授精（可适当增加配种次数），只要母羊具有正常的繁殖力，所用激素的性能稳定，剂量适宜，配种时间适时，超数排卵的卵大多能授精。超数排卵处理后，一般能排卵15枚左右，最高的可排卵50枚。

三、诱发发情

诱发发情是指利用人工的方法，通过某些刺激（如激素处理、环境气候改变、断奶和性刺激）诱发乏情的母羊发情，达到缩短繁殖周期，增加胎次的目的。在季节性或泌乳性乏情的情况下，由于垂体促性腺激素活动低下，FSH和LH分泌量不足以维持卵泡发育，卵巢机能处于静止状态。卵巢上既无卵泡发育，也无黄体存在，此时利用外源性激素、环境气候改变、断奶或性刺激，通过内分泌和神经作用，激发卵巢从相对静止状态转变为机能性活跃状态，从而促使卵泡的正常生长发育，使母羊恢复正常发情和排卵。

（一）诱发发情的方法

诱发发情最直接最快引起效应的方法是激素处理，通常主要用促性腺激素（如FSH、LH、PMSG、hCG）、孕激素、雌激素、前列腺素等。另外还有神经刺激。包括环境气候改变、断奶、异性刺激等，在神经刺激中，异性刺激所产生的效应最明显，在生产中采用的“公畜效应”表明了此方法的特殊作用。

（二）羊的诱发发情

大多数山羊品种一年一产，产后有一个很长的乏情期。如果在乏情期进行诱发发情处理，就可缩短产羔间隔期，使母羊2年产3羔。

用孕激素制剂（阴道栓、埋植、肌肉注射孕酮每日10～12 mg）处理14 d，在停药的当天肌肉注射PMSG 500～1 000 IU，30 h左右即开始发情。注射氯地酚10～15 mg亦具有促进母羊发情排卵的效果。

用牛的初乳 16～20 mL 注射给乏情母羊也可引起发情，这可能是由于初乳中含有某种生理活性物质作用的结果。

在母羊发情季节到来之前数周，将公羊放入母羊群中(公羊效应)，将刺激母羊乏情期很快结束。现在有许多试验说明，公羊的生物学刺激对母羊的生殖生理具有重大的作用，据观察，母羊与公羊接触后平均 41 h 会排卵。如果在配种季节快结束时，将结扎输精管的公羊放入母羊群中，可使母羊的性周期活动延迟停止。利用“公羊效应”几乎可以使绵羊、山羊品种的季节性发情提早 6 周。

羊的诱发发情还可通过创造人工气候环境来实现。在温带条件下，羊的发情季节是在日照时间开始缩短的季节才开始的。春、夏季是母羊非发情季节，在此期间，利用人工控制光照和温度，仿效秋季的光照时间和温度，也可引起母羊发情。

对于哺乳母羊提前断奶并结合激素处理的诱发发情可以得到较好的效果。也可用“公羊效应”来克服。产后 1 个月以上的泌乳母山羊在耳背皮下埋植 60 mg 18-甲基炔诺酮药管维持 9 d，在取管前 48 h，每千克体重肌肉注射 PMSG 15 IU，发情后以 GnRH 100 μg/只作静脉注射。泌乳母山羊在注射 PMSG 的同时再以 2 mg/只溴隐亭，间隔 12 h 作 2 次肌肉注射，诱发发情率达 90%以上。

四、分娩控制

尽管实行同期发情配种，已能使母羊的分娩时间相对集中和整齐。但是，前列腺素及其类似物(如氯前列烯醇)有激发子宫和输卵管收缩的特性，起催产的作用。这样，在妊娠达 140 d 后，给妊娠母羊肌肉注射前列腺素 15 mg，或注射氯前列烯醇 15 mg，40 h 内至少有 50%的母羊成功的分娩，从而可使同期受胎母羊的分娩更为集中。控制母羊在白天分娩，则有利于接产、护羔和降低羔羊在分娩时的死亡率。对于生产肥羔来说，更有利于实行集约化和工厂化的羔羊育肥和屠宰加工等。

五、诱怀双羔技术

对于产羔率较低的羊，可通过遗传选择、促性激素、生殖激素免疫、胚胎移植和营养调控等途径实现诱怀双羔。目前，国内外应用上述方法可使羊的双胎率提高10%～68%，这样可显著提高羊的繁殖力，增加后代数量，相对减少基础母羊饲养只数，节省饲养管理，降低生产成本，提高饲养效益。

六、胚胎移植

选择具有较高生产性能和遗传育种价值、年龄在2.5～5岁的优秀成年母羊做供体。受体羊选择无传染病和生殖疾病、体质健康、发情正常的土种羊或其他羊品种。对供体羊和受体羊同期发情处理，于发情日的第6～7.5天或第2～3天分别从子宫和输卵管采集胚胎。胚胎移植分为输卵管移植和子宫移植2种。由输卵管获得的胚胎，将输卵管伞部移植到输卵管中，经子宫获得的胚胎，移植到子宫角1/3处。

七、精液的使用方法

目前山羊冻精主要在辽宁绒山羊和波尔山羊上应用。由于冻精情期受胎率较低(40%～50%)，限制了推广应用。近年来通过对稀释液配方、制作方法不断改进，细管冻精解冻后活力提高到0.5以上，解冻后精子复苏率由原来的70%提高到80%以上，经产母羊的情期受胎率可以到70%左右。冻精生产主要包括以下环节。

(一)采精

按照人工授精配种的要求挑选和饲养种公羊，并且还要对种公羊的精液进行耐冻性试验。按常规方法采精,测定射精量、活力和密度,活力在0.6～0.7,密度高于2亿/mL,畸形精子百分率低于10%,耐冻性不低于群体平均水平的精液,均可用于制作冷冻精液。

(二)稀释

稀释过程为二次性稀释。二次稀释法将稀释液分为Ⅰ液、Ⅱ液,在第一次稀释后,经降温平衡再加入Ⅱ液,Ⅱ液为含有防冻剂成分的稀释液,第一次稀释时将精液稀释到规定密度的一半;再用Ⅱ液稀释到规定的密度,由于Ⅱ液是在低温状态下加入精液的,可以减少防冻剂对精子的毒害作用。

配方1:基础液:葡萄糖3 g,柠檬酸钠3 g,加双蒸馏水100 mL。

Ⅰ液:基础液80 mL,加鲜卵黄20 mL,青、链霉素各10万IU。

Ⅱ液:Ⅰ液22 mL,加甘油(或乙二醇)3 mL。

配方2:基础液:乳糖5.5 g,葡萄糖3 g,柠檬酸钠1.5 g,双蒸馏水100 mL。

Ⅰ液:基础液80 mL,加鲜卵黄20 mL,青霉素10万IU,链霉素10万IU。

Ⅱ液:Ⅰ液22 mL,加甘油(或乙二醇)3 mL。

一次稀释与二次稀释之前,都需要根据最终密度计算出稀释倍数,二次稀释则先用Ⅰ液稀释到最终稀释倍数的一半,然后用Ⅱ液作对倍稀释。在配制稀释液时,所用化学药品均为化分析纯试剂,双蒸馏水、卵黄必须新鲜,无机盐液应煮沸消毒再降温至37℃。稀释时一律等温稀释,将稀释液逐渐加入精液中。

(三)降温平衡

在低温操作柜中进行,平衡是将精液逐渐降温,最终保持在0～5℃,此时精子处于休眠或半休眠状态,代谢活动接近停止状态，并处于高渗环境中，稀释液将精子调整到适于冷冻的状态。平衡时间大致为：从常温下降至 0～5℃时限最低为 40 min，平均应在 1.5～2 h 以不影响精子活力为宜，添加Ⅱ液后，在 0～5℃条件下保持 1 h 以上，但最长不能超过 6 h，否则，则对冻后活力有影响。一次性稀释，是将精液在 2～2 h 降温至 0～5℃，并保持此温度 1 h。不管采用哪种办法稀释，在平衡过程中，温度不得回升，尤其在冷冻前，温度必须控制在 0～5℃。

(四)冷冻

先将冷冻仪的温度设置在(－95±5)℃的范围内，开启冷冻仪使其转动并达到此温区，再将摆放细管冻精的细管架放置于温度缓冲箱内，防止因移送冻精的过程中精液温度回升。再将温度缓冲箱放置于冷冻仪后，应迅速将精液取出，并迅速取出温度缓冲箱，防止缓冲箱温度下降放出热量使冷冻温度发生明显升高。冷冻 3～8 min 后，即可进行冻精镜检。

(五)细管冻精的包装与标识

精液在冻前灌装时，在冻精细管上通过连接电脑的打印机对精液打印标识，内容包括品种、羊号、制作日期等，每 25 支细管冻精装在 1 个拇指管中，每 8 个拇指管的冻精装于 1 个冻精袋中，在冻精袋的标签上要标明羊号、数量、活力等情况。如果每袋的细管冻精超过 8 个拇指管的数量，在转移至 10～15 L 液氮罐和其他小口液氮罐时，会被卡在罐口处，放入和提取困难。

(六)细管冻精的保存

保存冻精的容器为液氮罐，细管冻精必须浸没在液氮中进行保存，并要根据容器中液氮的消耗情况定期添加液氮。

(七)冻精的解冻和取用

(1)取一支较高的烧杯，倒入 40℃温水。

(2)将镊子预冷后在液氮罐瓶颈处从纱布袋中取出细管。要求取精速度要快，不得超过 5 s，因为－50～0℃为精子有害温区，其中−25～15℃为精子死亡带。

(3)纱布袋最好选用小包装(一包有 25 支细管),因为频繁取放会影响精子活力。为方便取出细管,可在纱布袋一侧剪一竖口。

(4)将细管放入温水中解冻。注意将棉塞端朝下,封口端朝上,温水应浸没细管,停 10 s 取出,时间不可过长或过短。

第六节　提高繁殖力的方法与途径

一、提高种羊的饲养水平

营养条件对山羊繁殖力的影响极大,丰富和平衡的营养,可以提高种公羊的性欲,提高精液品质,促进母羊发情和排卵数的增加。因此,加强对公、母羊的饲养,特别是在当前我国农村牧区的具体条件下,加强对母羊在配种前期及配种期的饲养,实行满膘配种,是提高山羊繁殖力的重要措施。王尚宽等(1988)在配种前 2.5～3 个月,给母羊选择优良牧地,延长放牧时间,加强放牧抓膘;配种前 30～40 d,每天每羊补喂 0.25 kg 精料(豆饼占 30%,玉米占 70%),使母羊在短期内膘肥体壮,经产母羊平均体重 55 kg,初产母羊 45 kg 以上,结果与没有短期优饲的一群母羊相比,产羔率提高 10.46%。

二、选留来自多胎的山羊作种用

根据研究,山羊的繁殖力是有遗传的,一般母羊在第一胎时生产双羔,这样的母羊在以后的胎次产双羔的重复力较高;许多研究者的试验还指出,选择具有较高生产双羔潜力的公羊比为了同样目的来选择母羊,在遗传上更为有效。

别外,引入具有多胎性山羊的基因,也可以有效地提高山羊的繁殖力。

三、增加适龄繁殖母羊比例

羊群结构是否合理，对羊的繁殖有很大的影响，因此，增加2～5岁适龄繁殖母羊在羊群中的比例，也是提高羊繁殖力的一项重要措施。在育种场，适龄繁殖母羊的比例可提高到60%～70%，在经济羊场则可考虑在40%～50%。

四、实行密集产羔

在气候和饲养管理条件较好的地区，可以实行羊的密集产羔，也就是使羊2年产3次或1年产2次羔。为了保证密集产羔的顺利进行，必须注意以下几点：首先，必须选择健康结实、营养良好的母羊，母羊的年龄以2～5岁为宜，且母羊泌乳量要高；其次，要加强对母羊及其羔羊的饲养管理，母羊在产前和产后必须有较好的补饲条件；第三，要从当地具体条件和有利于母羊的健康及羔羊的发育出发，恰当而有效地安排好羔羊早期断奶和母羊的配种时间。

五、运用繁殖新技术

科学试验和养羊业生产实践不断地证明，运用繁殖新技术，如羊人工授精技术，冷冻精液技术，同期发情技术，超数排卵和胚胎移植技术等，是有效提高绵、山羊繁殖力的重要措施之一。

六、利用药物制剂和免疫法

(一)注射孕马血清

孕马血清(PMSG)可以促进母羊滤泡的发育、成熟和排卵，注射孕马血清以后，能够明显地提高母羊的发情率和产羔率。注射孕马血清必须加强饲养管理，改善羊群营养状况，否则很难达到效果。

注射孕马血清的时间应在母羊发情开始的前3～4 d，因此，在配种前半月对母羊试情，将发情的母羊每天做不同标记，经过13～14 d在羊后腿内侧皮下进行注射，注射剂量一般根据羊的体重决定：体重在55 kg以上者注射15 mL；45～55 kg者注射10 mL；45 kg以下者注射8 mL。注射后1～2 d内羊开始发情，因此，在注射后第2天开始试情。

（二）利用双羔素（双羔苗）

澳大利亚研制并生产的“雄烯二酮-7α-羧乙基硫醚-人血清白蛋白”制剂，可提高产羔率平均在20.0%以上。

中国农业科学院兰州畜牧研究所王利智等研制成功的双羔苗，提高绵、山羊繁殖效率。其为睾丸酮-3-羧甲基肟-牛血清蛋白乳化制剂与重量比例为30%淫羊藿、20%益母草、20%当归、20%阳起石、10%黄芪的中草药与矿物质研磨的粉末配合使用。给羊注射睾丸酮-3-羧甲基肟-牛血清白蛋白的制剂后，母羊体内产生相应抗体能中和自身血液中的睾丸酮激素，使卵巢上的卵泡不断发育；服喂中草药，可使母羊生理状态发生了变化。在非繁殖季节，可以发情、排卵、受胎、产羔。使母羊能比正常状态下多排1枚卵，多产1只羔羊；让单胎羊产双羔，双胎羊产3羔；在繁殖季节，比正常繁殖羊高出30%～40%的效果。

第四章　山羊的饲养管理

第一节　山羊的生物学特性

了解山羊的生物学特性，根据这些特性和规律，科学地设计圈舍、搭配日粮，合理分群管理，进行科学地饲养，使养羊业健康、安全、高效、可持续地顺利发展。

一、山羊的生活习性

山羊生活习性是指山羊的生活特点。通过了解养羊生活习性，可以合理地管理羊群，提高羊的生产性能。

（一）活泼爱动喜登高

山羊是长期生活在山区经过自然选择形成的地方品种，生性好动，除卧息反刍外，大部分时间处于走走停停的逍遥运动中。羔羊的好动性表现得尤为突出，经常有前肢腾空、身体站立、跳跃嬉戏的动作，喜欢跳到墙头上甚至跑到屋顶上游动。山羊有很强的登高和跳跃能力，一般绵羊不能攀登的陡坡和悬崖，山羊可轻轻越过。因此，在崇山峻岭、悬崖峭壁的山区，往往绵羊不能放牧，但山羊采食却游刃有余。因此，根据山羊的这一习性，舍饲时，应设置宽敞的运动场，圈舍和运动场的墙要有足够的高度。

（二）喜好争斗

在一个群体中有个别羊似乎享有很多特权。例如公羊独享特权，住环境优良的地方，独自霸占一个食槽，走在羊群的前面等。这样的羊往往是体质强壮或角特长、特尖的羊，这种特权往往是通过激烈的争斗而获得的。公羊之间的争斗具有持久性；母羊之间的争斗具有突然性，多发生在补饲精料时。羊只具有明显的欺弱怕强特点，如果羊群中有一只弱羊，许多羊都会攻击它，甚至出现许多羊同时攻击一只弱羊的情况。为此，在羊群组群时，个体间要强弱适当，防止以强欺弱，影响采食。此外，每日放牧前仔细观察羊群，可及时发现异常羊只，便于及时处理。

（三）勇敢顽强易训练

山羊机警灵敏，大胆顽强，记忆力强，易于训练成特殊用途的羊。在放牧中个别山羊离群后，只要牧工给予适当的口令，山羊就会很快地跟群。牧工常在羊群中选择体大灵活的山羊去势后训练为头羊，能够按照牧工的指令，带领羊群前进、停止或向某一方向移动。羊群中有一好的头羊，在放牧中能使牧工更好地掌握羊群。我国驯兽者也利用这一特性，训练山羊成为娱乐工具。

当遇兽害时，山羊能主动大呼求救，并且有一定的抗御能力。山羊喜角斗，角斗形式有正向互相顶撞和跳起斜向相撞两种；绵羊则只有正向相撞一种。因此，有“精山羊，疲绵羊”之说。

（四）采食能力强、可利用饲料广泛

山羊嘴尖，唇薄齿利，觅食能力极强，能够利用大家畜和绵羊不能利用的植物，对各种牧草、灌木枝叶、作物秸秆、农副产品及食品加工的副产品均可采食，比绵羊利用饲料的范围更广泛。山羊喜吃短草、树叶和嫩枝，在不放牧的情况下，山羊比绵羊能更好地利用灌木丛林、短草草地以及荒漠草场。甚至在不适于饲养绵羊的地方，山羊也能很好地生长。

山羊和绵羊的采食特点有明显不同：山羊后肢能站立，有助于采食高处的灌木或乔木的嫩幼枝叶，而绵羊只能采食地面上或低处的杂草与枝叶；绵羊与山羊合群放牧时，山羊总是走在前面抢食，而绵羊则慢慢跟随后边低头啃食；山羊舌上苦味感受器发达，对各种苦味植物较乐意采食。

（五）喜欢干燥、厌恶潮湿

山羊适于在干燥凉爽的山区生活。在羊舍中山羊喜在较高的地方站立和休息。如久居泥泞潮湿之地，则羊只易患寄生虫病和腐蹄病，甚至毛质降低，脱毛加重。相比而言，山羊较绵羊耐湿，在南方的高湿高热地区，则较适于养山羊。

（六）喜合群、爱清洁

山羊具有较强的合群性，无论放牧还是舍饲，一个群体的成员总喜好在一起，其中年龄大、后代多、身强力壮的羊常担任头羊，带领全群统一行动，一群羊的各成员间都可以和睦相处。在正常情况下，大多数羊很少离群单独行动。个别羊只离群时往往鸣叫不安，积极寻找大群。当多个个体离群时，有时则不再去找大群，安静的采食、休息和反刍。羊喜好洁净，采食前先用鼻子嗅，凡是有异味、污染、沾有粪便或腐败的饲料，或已被践踏过的草都不爱吃。喜好饮清洁的饮水。在舍饲时，饲草要放在草架里，以减少草料的浪费，饮水要保持清洁，经常更换。放牧饲养时，要定期更换牧场，有条件时最好实现轮牧。

（七）适应强

山羊无论高山、平原、森林、沙漠、沿海或内陆都适合其生存。山羊对水的利用率高，能够忍受缺水和高温环境；山羊的觅食能力极强，能够利用大家畜和绵羊不能利用的植物，能够较好地适应沙漠地区的生活环境。

山羊的适应性主要包括耐粗、耐渴、耐热、耐寒、抗病、抗灾度荒等方面的表现。

1. 耐粗性

与绵羊相比，山羊更能耐粗，除能采食各种杂草外，还能啃食一定数量的草根树皮，比绵羊对粗纤维的消化率要高出3.7％。

2. 耐渴性

与绵羊比较，山羊更能耐渴，山羊每公斤体重代谢需水

188 mL，绵羊则需水 197 mL。

3. 耐热性

山羊较耐热，当夏季中午炎热时，绵羊常有停食、喘气和扎窝子等表现，而山羊对扎窝子却从不参加，照常东游西窜，气温 37.8℃时仍能继续采食。

4. 耐寒性

山羊没有厚密的被毛和较多的皮下脂肪，体热散发快，故其耐寒性低于绵羊。

5. 抗病力

山羊抗病能力强于绵羊，感染内寄生虫和腐蹄病的也较少。正是由于抗病力强，往往在发病初期不易被发觉，没有经验的牧工发现病羊时，多半病情已很严重。为做到早治，必须深入观察，才能及时发现。

6. 抗灾度荒能力

山羊因食量较小，食性较杂，抗灾度荒能力强于绵羊。

二、消化机能特点

(一)山羊消化器官的特点

山羊没有上门齿和犬齿，采食时用下门齿啃食短草和草根，或借助于上唇、舌和下门齿摄取食物。

山羊属反刍动物，具有 4 个胃室。第 1 个胃叫瘤胃，容积较大，可作为临时的“贮存库”；第 2 个胃叫网胃，为球形，内壁分隔成很多网格如蜂巢状，故又称蜂巢胃；第 3 个胃叫瓣胃，内壁有无数纵列的褶膜，对食物进行机械性压榨作用；第 4 个胃叫皱胃，类似单胃动物的胃，胃壁黏膜有腺体分布。前 3 个胃由于没有腺体组织，不能分泌酸和消化酶类，对饲料起发酵和机械性消化作用，称为前胃；第 4 个胃，具有分泌盐酸和胃蛋白酶的作用，可对食物进行化学性消化，又称真胃。据测定，成年的山羊 4 个胃总容积约为

16 L，各胃室容积占总容积比例明显不同。胃总容积相当于整个消化道容积的66%，其中瘤胃最大，皱胃次之，网胃较小，瓣胃最小。依次占复胃总容积的78.7%、11.0%、8.6%和1.7%。山羊与其他畜种消化道相对容积的比较见表4-1。

表4-1 山羊与其他畜种消化道相对容积的比较

畜种	各消化道部位的容积/%				肠长为体长的倍数
	胃	小肠	盲肠	结肠与直肠	
山羊	66	22	2	10	26
绵羊	67	21	2	10	27
牛	71	18	3	8	20
马	9	30	16	45	12

羊胃的大小和机能，随年龄的增长发生变化。初生羔羊的前3胃很小，结构还不完善，微生物区系尚未健全，不能消化粗纤维，只能靠母乳生活。此时母乳不接触前三胃的胃壁，靠食道沟的闭锁作用，直接进入真胃，由真胃凝乳酶进行消化。随着日龄的增长，消化系统特别是前三胃不断发育完善，一般羔羊生后10～14 d开始补饲一些容易消化的精料和优质牧草，以促进瘤胃发育；到一个半月时，瘤胃和网胃重占全胃的比例已达到成年程度。如不及时采食植物性饲料，则瘤胃发育缓慢。只有采食植物性饲料后，瘤胃的生长发育加速，并且逐步建立起完善的微生物区系。采食的植物性饲料为微生物的繁殖、生长创造了营养条件，反过来微生物区系又增强了对植物饲料的消化利用。因此，瘤胃的发育，植物性饲料的利用，以及瘤胃微生物的活动，三者是相辅相成的。

小肠是山羊消化和吸收的重要器官，长度为17～34 m（平均约26 m），细长而曲折，有利于饲料营养成分的吸收。肠黏膜中分布有大量的腺体，可以分泌蛋白酶、脂肪酶和淀粉酶等消化酶类。胃内容物进入小肠后，在各种酶的作用下进行消化，分解为一些简单的营养物质经绒毛膜吸收；尚未完全消化的食物残渣与大量水分一道，随小肠蠕动而被推进到大肠。

大肠长度为4～13 m(平均约7 m)，无分泌消化液的功能，其作用主要是吸收水分和形成粪便。小肠内未完全消化的食物残渣，可在大肠内微生物及食糜中酶的作用下继续消化和吸收。吸收水分后的残渣形成粪便，排出体外。

(二)羊的消化生理特点

1. 反刍

反刍是指草食动物在食物消化前把食团经瘤胃逆呕到口中，经再咀嚼和再咽下的活动。反刍包括逆呕、再咀嚼、再混合唾液和再吞咽4个过程。反刍可对饲料进一步磨碎，同时使瘤胃保持一个极端厌氧、恒温(39～40)℃、pH恒定(5.5～7.5)的环境，有利于瘤胃微生物生存、繁殖和进行消化活动。反刍是羊的重要消化生理特点，停止反刍是疾病的征兆。羔羊出生后约40 d开始出现反刍行为。在哺乳期间，羔羊吮吸的母乳不通过瘤胃，而经瘤胃食管沟直接进入皱胃。在哺乳早期补饲易消化的植物性饲料，可促进前胃的发育和提前出现反刍行为。羊反刍多发生在采食后。反刍时间的长短与采食饲料的质量密切相关，饲料中粗纤维含量愈高反刍时间愈长。正常情况下，反刍时间与放牧采食时间的比值为0.8∶1，与舍饲采食时间的比值为1.6∶1。

由于瘤胃内食进的饲料滞塞引起局部炎症，导致反刍停止的时间过长，常使反刍难以恢复。有些外界因素常能使反刍活动暂停，如疾病、突发性声响、饥饿、恐惧、外伤等因素均能影响反刍行为。母羊发情、妊娠最后阶段和产后舐羔时，反刍活动减弱或暂停。幼龄羔羊胆小，稍有干扰，反刍停止。为保证山羊有正常的反刍，必须提供有安静的环境。反刍姿势多为侧卧式，少数为站立，要求躯体轮廓保持垂直姿势躺卧，以保证瘤胃和网胃的功能。

2. 嗳气

在瘤胃微生物细菌的发酵作用下，产生大量的二氧化碳和甲烷，通过嗳气排出体外；如果不能正常排出，就会引发瘤胃鼓胀病，甚至死亡。正常情况下嗳气是由口腔排出的，少部分是由瘤胃吸收后从肺部排出。

3. 瘤胃微生物作用

瘤胃微生物与山羊是一种共生关系。由于瘤胃环境适合微生物的栖息和繁殖，因此瘤胃中存在有大量微生物，这些微生物主要是细菌和纤毛虫，还有少量的真菌，每毫升瘤胃内容物含有细菌 $10^{10}\sim10^{11}$ 个，原虫 $10^5\sim10^6$ 个。瘤胃微生物对羊的消化和营养具有重要意义。

（1）消化碳水化合物，尤其是消化纤维素　瘤胃是消化饲料碳水化合物，尤其是粗纤维的重要器官。其中瘤胃微生物起主要作用。山羊等反刍家畜之所以区别于单胃家畜，能够以含粗纤维较高、质量较低的饲草维持生命并进行生产，就是因为它们具有瘤胃微生物。山羊对饲料中碳水化合物的消化吸收主要在瘤胃中进行。在瘤胃的机械作用和微生物酶的综合作用下，碳水化合物（包括结构性和非结构性碳水化合物）被发酵分解，分解的终产物是低级挥发性脂肪酸（VFA），这些挥发性脂肪酸主要是由乙酸、丙酸和丁酸组成，也有少量的戊酸，同时释放能量，部分能量以三磷酸腺苷（ATP）的形式供微生物活动，大部分挥发性脂肪酸被瘤胃壁吸收，部分丙酸在瘤胃胃壁细胞中转化为葡萄糖连同其他脂肪酸一起进入血液循环，它们是反刍动物能量的主要来源。羊采食饲料中55%～95%的可溶性碳水化合物、70%～95%的粗纤维是在瘤胃中被消化的。

（2）利用植物性蛋白质和非蛋白氮（NPN）合成微生物蛋白质　饲料中的植物性蛋白质，通过瘤胃微生物分泌酶的作用，最后被分解为肽、氨基酸和氨；饲料中的非蛋白氮物质，如酰胺、尿素等，也被分解为氨。这些分解产物，在瘤胃内，在能源供应充足和具有一定数量的蛋白质条件下，瘤胃微生物可将其合成微生物蛋白质，其中主要成分是细菌蛋白质。微生物蛋白质含有各种必需氨基酸，且比例合适，组成较稳定，生物学价值高。它随食糜进入皱胃和小肠，作为蛋白质饲料被消化。因而，通过瘤胃微生物作用，提高了植物性蛋白质的营养价值。瘤胃内可合成10种必需氨基酸，这保证了山羊必需氨基酸的需要。

由于瘤胃微生物能分解利用非蛋白氮，将非蛋白氮转化为菌体蛋白被山羊利用，因此，在山羊日粮中可以添加非蛋白氮如尿素、铵盐等以代替部分蛋白质饲料，降低饲养成本，同时又提高日粮蛋白质水平，促进日粮营养平衡。

（3）对脂类有氢化作用　瘤胃微生物可将饲料中的脂肪酸分解为不饱和脂肪酸并将其氢化形成饱和脂肪酸。山羊的主要饲料是牧草，但牧草所含脂肪大部分是由不饱和脂肪酸构成的，而山羊体内脂肪大多由饱和脂肪酸构成，且相当数量是反式异构体和支链脂肪酸。由此可见，食入的脂肪酸必须经山羊消化道及体内的一系列反应才可合成羊体不饱和脂肪酸。现已证明，瘤胃是对不饱和脂肪酸氢化形成饱和脂肪酸，并将顺式结构的饲料脂肪酸转化为反式结构的羊体脂肪酸的主要部位。

（4）合成B族维生素和维生素K　瘤胃微生物可以合成B族维生素和维生素K。

早在20世纪20年代，人们已开始研究B族维生素在瘤胃中的合成，并随后在20世纪50年代提出反刍动物瘤胃中合成的B族维生素能满足其营养需要，或者即使日粮中不含B族维生素，但只要瘤胃功能发育正常，瘤胃微生物合成的B族维生素足以避免缺乏症的发生。影响瘤胃微生物合成B族维生素的主要因素是饲料中氮、碳水化合物和钴的含量。饲料中氮含量高则B族维生素的合成量也多，但氮的来源不同，B族维生素的合成情况亦不同。如以尿素为补充氮源，硫胺素和维生素 B_{12} 的合成量不变，但核黄素的合成量增加。碳水化合物中淀粉的比例增加，可提高 B 族维生素的合成量。给羊补饲钴，可增加维生素 B_{12} 的合成量。

瘤胃微生物可以合成维生素 K。研究表明，瘤胃微生物可合成甲萘醌-10、甲萘醌-11、甲萘醌-12 和甲萘醌-13，它们都是维生素 K 的同类物，合成后被吸收贮存在肝脏中。瘤胃对维生素 A 和 β-胡萝卜素有破坏作用，对维生素 C 有强烈的破坏作用，但破坏的机理尚不清楚。

（三）羊对饲料利用的特点

（1）瘤胃内的微生物可以分解纤维素，羊可利用粗饲料作为主要的能量来源。粗纤维还可以起到促进反刍、胃肠蠕动和填充作用。羊的日粮中必须有一定比例的粗纤维，否则瘤胃中会出现乳酸发酵抑制纤维、淀粉分解菌的活动，表现为食欲丧失、前胃迟缓、拉稀、生产性能下降，严重时可能造成死亡。因此，羊的日粮组成离不开粗饲料。

（2）瘤胃微生物可利用饲料中的非蛋白氮合成微生物蛋白质，可利用部分非蛋白氮（尿素、铵盐等）作为补充饲料代替部分植物性蛋白质。

（3）配制饲粮时一般不考虑瘤胃能合成的必需氨基酸、B 族维生素和维生素 K。

（4）瘤胃微生物发酵产生甲烷和氢，其所含的能量被浪费掉，微生物的生长繁殖也要消耗掉一部分能量。所以，羊的饲料转化效率一般低于单胃动物。

（5）瘤胃消化是为宿主动物提供营养物质的主要环节，充分满足瘤胃微生物最大生长繁殖的营养需要和维持瘤胃正常的环境，是发挥羊生产潜力的基本前提。为了满足高产山羊的需要，必须供给其富含蛋白质、能量的精饲料和富含胡萝卜素的鲜嫩多汁饲料。

(6)瘤胃微生物的发酵作用是将一些高品质的饲料，如高品质的蛋白质饲料、脂肪酸等，分解为挥发性脂肪酸和氨等，造成营养上的浪费。因此，一方面应利用大量廉价饲草饲料以保证瘤胃微生物最大生长繁殖的营养需要；另一方面，采用一些现代饲养技术将高品质的饲料保护起来，躲过瘤胃发酵而直接到真胃和小肠消化吸收，是提高饲草饲料利用率极为有效的方法。

第二节　羔羊的饲养技术

从出生到断奶，这个阶段的羊，称为羔羊。一般为 2～3 个月。羔羊饲养管理的目标是，减少发病率，提高整齐度，降低淘汰率，提高成活率和羔羊断奶重。

一、新生期羔羊的护理

新生期羔羊，是指出生 15 d 以内的羔羊。新生期羔羊的护理是提高羔羊成活率的关键时期，一定要做好以下几点：

(一)脐带消毒

新生羔羊出生后，无论是自然断脐带，还是人工断脐带，都必须将羔羊的断端，浸入碘酒中消毒。在干化脱落前，注意观察脐带变化，如有滴血，及时结扎消毒。脐带在出生后 1 周左右可干缩脱落。

(二)保温

山羊一般都是在冬季和春季产羔，因此，要注意新生羔羊的保温。冬季产房和新生羔羊的圈舍温度应保持在 10℃以上，并保持圈舍温度的相对稳定性，严防贼风侵袭。产房地面要铺垫清洁、柔软的干稻草或锯末，并保持地面干燥。

母羊分娩后，有舔食羔羊身体表面黏液的本性。新生羔羊出生后，要及时清除羔羊口、鼻黏液。要让母羊尽快舔干羔羊身上的黏液，如果母羊不舔羔羊，可在羔羊身上撒上麸皮，诱导母羊舔，然后用干净布擦净，防止感冒。

（三）早喂初乳

羔羊出生后，就有吮乳的本能要求。应在羔羊出生后 1 h 之内，必须吃到初乳，这一点非常关键。羔羊吃奶之前，用温水洗净母羊乳头及周围，挤去“奶塞”和前几滴奶。母羊产后 3～5 d 之内排出的乳汁称为初乳，初乳内含有丰富 17%～23% 的蛋白质、9%～16% 的脂肪等营养物质和抗体，能增强羔羊的免疫力，促进胎粪的排出，是不可替代的羔羊食品。

（四）做好缺奶羔羊的哺喂

对无奶、缺奶、多羔或孤羔，一方面要尽早找“奶妈”配奶，使母子确认，代哺羔羊。否则，要及时人工补喂代乳粉，保证羔羊吃奶，正常生长。另一方面，调节母羊日粮供应，增加产奶量，如补充多汁饲料和蛋白质饲料（饮用熟豆浆等）。要特别注意的是，随着育种技术的重视，目前生产中产双羔和多羔的母羊逐渐增多，而母羊产奶性能无法满足多羔的需求，这些羔羊从出生后第 1 天起除了吃母乳外，还要补喂人工乳，否则会影响的羔羊的生长发育，造成羔羊生长缓慢，体质较差，易生病。

（五）做好日常护理

日常护理是实现羔羊饲养管理目标的主要管理措施。这里把日常护理内容简要概括为“二勤”、“三防”、“三定”。

“二勤”即勤观察羔羊脐带、排便拉稀、精神状态、吃奶欲望、是否咩叫等以及母羊产羔排出的胎衣、羊水、恶露等；勤扫圈舍、饲槽饮水槽、粪便、羊毛。

“三防”即防止冻伤羔羊蹄、耳、嘴及冻感冒；防止由于母羊奶水不足使羔羊挨饿；防止羔羊受凉、吃多等引起拉稀、消化不良、感冒等病。

“三定”即定时配奶、定时补喂、定期消毒。“定时配奶、定时补喂”即吃奶和补喂人工乳要有规律，建立良好的条件反射，促进胃肠道消化机能的正常发育；羔羊抗病力差，因此，需要对环境定时清扫与消毒，及时清除污物保持舍内空气流通，保障羔羊机体健康。

二、哺乳期羔羊的饲养管理

（一）哺乳前期的饲养管理

羔羊从出生到 40 d 为哺乳前期阶段，这一阶段羔羊的主要营养物质来源于母乳和补饲草料。此阶段，羔羊消化器官生长发育的可塑性很大。挖掘潜力、精心培育是此阶段饲养管理的中心。在饲养技术上，量化补饲，添加容易消化吸收、营养丰富平衡的颗粒饲料，补饲柔软、优质的苜蓿、青干草，提供盐砖舔补，卫生饮水；在管理措施上，定时、定量、定点补喂，适时增料增草，防止吃多拉稀，按月称重，掌握日增重，保持稳步增重。同时做好程序化防疫。

羔羊出生 7 d 后可以进行诱饲，给以专用颗粒补饲料；15～20 d 开始采食饲料饲草。补饲在补饲栏中进行，让羔羊自由采食。1 月龄以后，羔羊采食量开始增加。精料颗粒料补饲量应达到每日每只羔羊 0.3 kg，胡萝卜饲喂量 0.2～0.3 kg，分 2～3 次饲喂，并补饲优质易消化的苜蓿等青干草。

（二）哺乳后期的饲养管理

哺乳后期是指羔羊出生后 40 d 到断奶这一阶段。产后 40 d 母羊的泌乳量逐步下降，而羔羊在这个阶段的增重却最大，饲草饲料开始成为羔羊增重的主要营养来源。瘤胃的发育及机能的逐渐完善，饲草料采食量增长很快。羔羊每日每只羊可补饲精料 0.3～0.5 kg，胡萝卜 0.3～0.4 kg，青干草自由采食。管理上，要根据羔羊的体格、强弱、大小及时与母羊一同调整、分圈。后期要使羔羊随母羊的饲养日程，一同上槽采食，为断奶后转入新的饲养日程做准备。

(三)羔羊的断奶

羔羊的断奶一般在2～3月龄。断奶的标准应该以羔羊采食能力、采食量和体质状况来决定,而不单纯以月龄来进行。采食能力强、体质好、体重大的羔羊可提早断奶;而采食能力差、采食量低和体质弱的羔羊,可推迟断奶。一般山羊羔羊体重达到12 kg即可断奶。

羔羊的断奶采用一次性断奶。具体做法是:先行减奶,即对哺乳母羊断奶前7～10 d减少精饲料,从而减少产奶,继而一次性将母、仔分开,不再合群。

为了减少羔羊断奶后的应激,一是采取"母走仔留",即断奶时赶走母羊,将羔羊仍然留在原来羊舍,使母仔之间"不见其身、不闻其音",弱化母子"之情";二是公、母分群,逐步适应新的群体环境、活动环境、饲养程序和饲喂手法的变化;三是刚断奶头几天,羔羊恋奶、恋母,咩咩直叫,食欲减退,要多加注意。

三、哺乳期羔羊的饲养管理及保健规程

(一)饲养管理规程

(1)出生后半小时内一定吃足初乳,吃好常乳。

(2)3日龄后打耳号,或挂吊牌。

(3)7日龄开始诱食全价羔羊颗粒料。

(4)7日龄后母羊和羔羊开始分饲,羔羊圈内设草料食槽、水槽,羔羊定时放入母羊圈吃奶。

(5)7～30日龄内白天4次/d定时哺乳,31～50日龄3次/d,投放草料,晚上母子同圈。

以上日龄日粮除哺乳外,以全价羔羊颗粒料为主,辅以优质饲草,随意采食。

(6)51～80日龄哺乳2次/d,其余时间母子完全隔离,每天3次定时、定量投放草料,每次定量饲喂结束后,饲槽内仍保留适

量草料。

(7)81～90 日龄哺乳 1 次/d,其余管理措施同 51～80 日龄。

整个羔羊期间,保持舍内、运动场清洁、干燥,饮水清洁充足,食槽内不留隔日草料。

(二)保健规程

(1)出生断脐后 24 h 内注破抗素。

(2)7 d 内注射肺炎疫苗,21 d 进行肺炎苗的二免。

(3)30 日龄和 45 日龄分别进行三联四防疫苗首免和二免。

(4)25 日龄用通灭驱虫。

(5)50 月龄注射口蹄疫疫苗。

(6)3 月龄注射羊痘疫苗。

(7)每日清扫羊舍 2 次,运动场 1 次,每 7 d 消毒 1 次,保持清洁干燥。

(8)随时观察羔羊食欲、粪便等情况。

(9)发现病羊隔离治疗,做好记录。

第三节 育成羊的饲养技术

育成羊是指羔羊从断奶后到第一次配种的公、母羊,一般 3 月龄断奶至 1～1.5 岁。育成羊特性是生长发育较快,营养物质需求量大,假如此期营养不良,就会显著地影响到生长发育,从而构成个头小、体重轻、四肢高、胸窄、躯干浅的体型。同时还会使体型变弱、被毛稠密且质量不良、性成熟和体成熟推延、不能按时配种,而且会影响终身的生产性能,甚至失去种用价值。因此,育成羊是羊群的将来,其培育质量如何是羊群面貌能否尽快转变的关键。

我国很多养殖场、户对育成羊的饲养注重不够,以为其不配种、不怀羔、不泌乳、没担负,在冬春时节不加补饲,因而多呈现程度不同的发育受阻。冬羔比春羔在育成时期之所以表现良好,就是因为冬羔出生早,利用青草期时间长,体内有较多的营养储备。

一、育成羊的选种

选择适宜的育成羊留作种用是羊群质量进步的根本和重要措施。生产中首先要对断奶羔羊进行选择,把品种特性优秀的、高产的、种用价值高的公羊和母羊选出来留作繁衍用,不符合要求的羔羊则转为商品羊出售或育肥。生产中常用的选种办法是依据育成羊自身的体形外貌、生产性能,并结合系谱检查和后裔测定进行选择。

二、育成羊的营养需要

山羊在育成阶段,对蛋白质的质与量要求仍然较高。比如哺乳期 2～3 个月的母羊,每日可消化粗蛋白 100 g 左右,断奶后直至 1.5 岁时仍保持这个水平。而公羊每日所需的可消化粗蛋白,则应从哺乳期的 130 g 左右,提高到育成期的 135～150 g。蛋白质中,对山羊生长影响最大的是赖氨酸。为此,应注意选择富含赖氨酸的草料来饲喂羔羊和育成羊。

在育成期,骨骼仍在强烈生长,对钙、磷的需要非常迫切。可将钙增至 5.5～6.6 g,磷 3.2～3.6 g,使其比例接近于 2∶1。如长期钙磷缺乏或比例失调,就会使食欲减退,生长迟缓,增重减慢,饲料利用率降低。

育成羊对维生素 A 和维生素 D 的需要仍很迫切。维生素 A 不足,则出现皮肤组织角质化、神经系统退化、性机能不良、易感染疾病等。维生素 D 不足,则生长不良,或出现佝偻病。

三、育成羊的培育

断乳以后,羔羊按性别、大小、强弱分群,增强补饲,按饲养规范采取不同的饲养计划,按月抽测体重,依据增重状况调整饲养计划。羔羊在断奶组群放牧后，仍需继续补喂精料，补饲量要依据牧草状况决定。

刚离乳整群后的育成羊，正处在早期发育阶段，这一时期是育成羊生长发育最旺盛时期，也正值夏季青草期。在青草期应充沛应用青绿饲料，由于其营养丰厚全面，有利于促进羊体消化器官的发育，能够促进山羊的生长。因而夏季青草期应以放牧为主，并结合少量补饲。放牧时要注意锻炼头羊，控制好羊群，不要养成好游走、挑好草的不良习惯。放牧间隔不可过远。在春季由舍饲向青草期过渡时，正值北方牧草返青时期，应控制育成羊跑青。放牧要采取先阴后阳（先吃枯草树叶后吃青草），控制游走，增加采草时间。

在枯草期，特别是第一个越冬期，育成羊还处于生长发育时期，而此时饲草枯萎、营养质量低劣，加之冬季时间长、气候冷、风大，耗费能量较多，需求摄取大量的营养物质才能抵御冰冷的侵袭，保证生长发育，所以必需增强补饲。在枯草期，除坚持放牧外，还要保证有足够的青干草和青贮料。精料的补饲量应视草场情况及补饲粗饲料状况而定，一般每天喂混合精料 0.2～0.5 kg。由于公羊一般生长发育快，需求营养多，所以公羊要比母羊多喂些精料，同时还应注意对育成羊补饲矿物质如钙、磷、盐及维生素 A、维生素 D。

关于舍饲饲养的育成羊，若有质量优秀的豆科干草，其日粮中精料的粗蛋白以 12%～13%为宜。若干草质量较差，可将粗蛋白质的含量增加到 16%。混合精料中能量以占整个日粮能量的 70%～75%为宜。

育成期羊的管理，直接影响到羊的提早繁殖，必须予以重视。如果绒山羊母羔羊 6 月龄体重能达到 30 kg，8 月龄就可以进行第一次配种。因此，要实现当年母羔 80%参加当年配种繁殖，育成期的饲养至关重要。

四、舍饲育成羊精料配方

1. 育成前期(3～8 月龄)

精料配方①:玉米 68%、花生饼 12%、豆饼 7%、麦麸 10%、磷酸氢钙 1%、添加剂 1%、食盐 1%。日粮组成:精料 0.4 kg、苜蓿 0.6 kg、玉米秸秆 0.2 kg。

精料配方②:玉米 50%、花生饼 20%、豆饼 15%、麦麸 12%、石粉 1%、添加剂 1%、食盐 1%。日粮组成:精料 0.4 kg、青贮 1.5 kg、干草或稻草 0.2 kg。

2. 育成后期(9～18 月龄)

精料配方①:玉米 45%、花生饼 25%、葵花饼 13%、麦麸 15%、磷酸氢钙 1%、食盐 1%。日粮组成:精料 0.5 kg、青贮 3 kg、干草 0.6 kg。

精料配方②:玉米 80%、花生饼 8%、麦麸 10%、添加剂 1%、食盐 1%。日粮组成:精料 0.4 kg、苜蓿 0.5 kg、玉米秸秆 1 kg。

第四节　母羊饲养技术

对于母羊,主要任务就是繁育后代,因而,要求常年保持良好的饲养管理条件,以完成配种、妊娠、哺乳和提高生产性能等任务。母羊的饲养管理,可分为空怀期、妊娠期和泌乳期 3 个阶段。

一、空怀期的饲养管理

主要任务是恢复体况。由于各地产羔季节安排的不同,母羊的空怀期长短各异,如在年产羔一次的情况下,母羊的空怀期一般为 5～7 个月。在这期间牧草繁茂,营养丰富,注重放牧,一般经过夏秋季放牧,母羊体重增长较快,体况良好。但对于草场条件较差的地区,要在配种前 1～1.5 个月进行短期优饲,选择牧草丰盛且营养丰富的草地放牧，延长放牧时间，使母羊尽可能多采食优质牧草，还要加强能量饲料的补饲，促进母羊膘情恢复，实现满膘配种，这样不仅可以促使母羊提早发情，还可以增加排卵数，提高繁殖率。在配种前一个半月，应加强繁殖母羊的饲养，尽快恢复体况，促进发情，提高受胎率和双羔率。对体况较差的母羊可通过补饲部分精料来调整体况。

二、妊娠期的饲养管理

母羊妊娠期一般分为前期（3 个月）和后期（2 个月）。

1. 妊娠前期

此期胎儿发育较慢，母羊所需营养并无显著增加，可以维持空怀时的饲料量。此期的任务是要继续保持配种时的良好的膘情，早期保胎。此间，牧草尚未枯黄，通过加强放牧能基本满足母羊的营养需要；随着牧草的枯黄，除放牧外，必须补饲，每只每日补饲优质干草 1.0～1.5 kg 或青贮饲料 1.0～2.0 kg。舍饲养殖日粮可由 50％青绿草或青干草、40％青贮或微贮、10％精料组成。加强管理，不能喂发霉变质、冰冻有霜的饲料，不饮冰碴儿水，不让羊受惊，以防发生早期隐性流产。

2. 妊娠后期

此期胎儿发育很快，胎儿初生重约 90％的体重是在母羊妊娠后期增加的，故此期母羊对营养物质的需要量明显增加。加之母羊自身也需贮备大量的养分，为产后泌乳做准备，因此，需供给充足的营养。若此期母羊营养不足，会造成羔羊初生体重轻、抵抗力弱。据研究报道，妊娠后期的母羊和胎儿一般增重 6～7 kg，能量代谢比空怀母羊提高 15％～20％。怀孕后期需补饲体积小、营养价值较高的优质干草和精料，一般情况下放牧后每日补饲干草 1～1.5 kg、青贮饲料 1.5 kg、精料 0.3～0.5 kg。精料可由 51％玉米、16％麸皮、17％豆粕、10％黑豆、1.5％酵母粉、2％骨粉、1％

食盐、0.5%小苏打、1%微量元素组成。在产前10 d左右多喂一些多汁料和精料，以促进乳腺分泌。年产2胎的母羊应全年补饲精料，日喂量按体重的0.8%喂给，产双羔和产3羔的母羊每只每日再增加0.2～0.3 kg精料，分早、晚补给。

在管理上，不喂发霉、腐败、受霜冻的饲草饲料，不让羊饮冰水、污水。要坚持运动，以防难产。但不可剧烈运动，以防流产。禁止打羊、吓羊，提防角斗，防止拥挤，不跨沟坎。保胎是此期管理的重点。放牧时要选择平坦开阔的牧场，出牧、归牧、饮水、补饲都要慢而稳，避免拥挤和急驱猛赶，防止母羊滑跌。不要给母羊服用大剂量的泻剂和子宫收缩药，以防母羊流产。增加母羊户外活动的时间，保持适量运动。发现母羊有临产征兆，立即将其转入产房。对已进入分娩栏的母羊，应精心护理，仔细观察，严防分娩时无人在场接产。

三、哺乳期的饲养管理

母羊哺乳期可分为哺乳前期和哺乳后期。过去传统哺乳期为4个月，哺乳前期和哺乳后期划分为前2个月和哺乳后2个月，但目前养羊生产中很少有4个月的哺乳期了，一般母羊哺乳期2～3个月。养殖条件好，羔羊补饲到位，生长发育好的羊场，羔羊1个多月就断奶了。因而可从母羊泌乳规律考虑，将哺乳期的前40 d称作哺乳前期，后41 d至断奶称为哺乳后期。母羊哺乳前期泌乳量逐渐上升，泌乳后期母羊泌乳力开始下降。

1.哺乳前期

母乳是羔羊主要的营养物质来源，尤其是出生后15～20 d，几乎是唯一的营养物质。应保证母羊全价饲养，以提高产乳量，否则，母羊泌乳力下降，影响羔羊发育。

2.哺乳后期

母羊泌乳力下降，但羔羊已逐步具有了采食植物性饲料的能力。此时，羔羊依靠母乳已不能满足其营养需要，需加强对羔羊补料。但哺乳后期母羊除放牧采食外，也不能忽略补饲。因为目前很多羊场繁殖不再局限于1年1产，大部分可以做到2年3产，个别可以1年2产。因而羔羊断奶后，马上面临配种问题，如果膘情较差，就会影响母羊断奶后的发情；膘情好，母羊断奶后很快发情，甚至哺乳期就发情了。

第五节　种公羊的饲养技术

在羊场，种公羊数量少，种用价值高。俗话说："公羊好，好一坡，母羊好，好一窝"，可见种公羊对羊群品质提高的重要性。

一、种公羊的基本要求

种公羊的任务是采集精液和母羊的配种，其一切工作的展开均应围绕提高精液品质这一主题。种公羊的基本要求是体质结实、不肥不瘦、精力充沛、性欲旺盛、精液品质好。对种公羊必须精心饲养管理，要求常年保持中上等膘情。健壮的体质、充沛的精力、旺盛的精液品质，可保证和提高种羊的利用率。

二、种公羊的日粮特点

对种公羊饲料的要求是营养价值高，有足量的蛋白质、维生素和矿物质，且易消化，适口性好。好抱草有苜蓿草、三叶草、青燕麦草等。多汁饲料有胡萝卜、甜菜或青贮玉米等。精料有玉米、高粱、豆饼、麦麸等。优质的禾本科和豆科混合的干草为种公羊的主要饲料，一年四季，应尽量喂给。夏季补以青割草，冬季补以适量青贮料。日粮营养不足之时，要补充混合精料。精料中不可多用玉米或大麦，且麸皮、豌豆、大豆或饼渣类补充蛋白质。配种任务繁重的优秀公羊可补动物性饲料。

三、种公羊的饲养管理

对种公羊的饲养管理分配种期和非配种期。为完成配种任务，非配种期就要加强饲养，加强运动，有条件时要进行放牧。在非配种期，除放牧外，冬季每日一般补给精料 0.5 kg、干草 2 kg、胡萝卜 0.5 kg、食盐 5～10 g、骨粉 5 g。夏季以放牧为主，适当补加精料，每日喂 3～4 次，饮水 1～2 次。

配种期饲养可分为配种预备期（配种前 1～1.5 个月）和配种期两个阶段。配种预备期应增加饲料量，按配种喂量的 60%～70%给予，逐渐增加到配种期的精料给量。配种期的公羊神经处于兴奋状态，经常心神不定，不安心采食，这个时期的管理要特别精心，要早起晚睡，少给勤添，多次饲喂。饲料品质要好，必要时可补给一些鸡蛋、牛奶，以补配种时期大量的营养消耗。配种期如蛋白质数量不足，品质不良，会影响公羊性能、精液品质和受胎率。

配种期每日饲料定额大致为：混合精料 0.7～1.0 kg，苜蓿干草或野干草 1 kg，胡萝卜 0.5～1.0 kg，食盐 10～15 g，骨粉 5～10 g。分 2～3 次给草料，饮水 3～4 次。每日放牧或运动时间约 6 h。配好的精料要均匀地撒在食槽内，要经常观察种公羊食欲好坏，以便及时调整饲料，判别种公羊的健康状况。种公羊要远离母羊，不然母羊一叫，公羊就会站在门口，爬在墙上，东张西望，影响采食。种公羊舍应选择通风、向阳、干燥的地方。每只公羊需面积约 3 m^2。高温、潮湿会对精液品质产生不良影响，这时期应在凉爽的高地放牧，在通风良好的阴凉处歇宿。

种公羊配种采精要适度，一般 1 只公羊即可承担 30～50 只母羊的配种任务。种公羊配种前 1～1.5 个月开始采精，同时检查精液品质。开始 1 周采精 1 次，以后增加到 1 周 2 次，到配种时每天可采 1～2 次，不要连续采精。对 1.5 岁的种公羊，1 d 内采精不宜超过 1～2 次，2.5 岁种公羊每天可采精 3～4 次。采精次数多的，其间要有休息，公羊在采精前不宜吃得过饱。

四、日程饲养管理规程

种公羊饲养管理日程，因地而异。下面介绍北方地区舍饲养殖的种公羊配种期的饲养管理日程：

6:00—7:00 驱赶运动，距离 3 000～4 000 m

7:00—8:00 喂料(混合精料占日粮的 1/2，鸡蛋 1～2 枚)

9:00—11:00 采精

11:00—14:00 自由采食青干草、饮水

14:00—15:00 圈内休息

15:00—17:00 采精

17:00—18:00 喂料(混合精料占日粮的 1/2，鸡蛋 1～2 枚)

18:00—20:00 自由采食青干草、饮水

20:00 以后圈内休息

第六节　山羊的日常管理技术

一、编号

山羊个体编号既便于识别羊只和测定羊的生产性能指标，做好育种档案记载，顺利开展选种选配，又便于规模羊场的群体管理。是养羊业中一项基础工作，也是开展羊育种中不可缺少的技术工作。编号方法有插耳标法、剪耳法、墨刺法和烙角法 4 种。

(一)耳标法

耳标法是养殖场最通用的个体标识方法。耳标目前多用塑料制成，有圆形、长方形两种。长方形耳标在多灌木的地区容易挂掉，圆形则比较牢固。戴耳标时，在羊耳中部用碘酒消毒后，用打孔钳穿孔，再将事先用钢字打上号码的耳标穿过圆孔，固定在羊

耳上。

为规范羊群编号管理工作，所有种羊场羊只均要佩戴耳标，一般羊场耳标佩戴工作是在羔羊出生后 1 周内进行，耳标统一佩戴在左耳上。

耳标既是每个羊只的身份号码又是区别品种和类群的主要方式。在耳标数码上，第 1 位数字或字母表示品种类型，第 2 位数字表示出生年份，第 3 位数字表示出生月份，第 4 位数字代表个体序号，尾号单号为公羊，双号为母羊。在出生月份表示中，1 和 2 月用 01 和 02 代表，3～9 月份用 3～9 代表，10、11 和 12 月份用 10、11 和 12 数字代表。如 L3456 即表示该羊是辽宁绒山羊 2013 年 4 月出生的，个体序号数为 56 号的母羊；如 L3013 即表示该羊是辽宁绒山羊 2013 年 1 月出生的，个体序号数为 3 号的公羊；如 L3116 即表示该羊是辽宁绒山羊 2013 年 11 月出生的，个体序号数为 6 号的母羊。

（二）剪耳法

在羊的左右两耳上剪出不同的缺刻代表其个体号码。左耳作个位数，右耳作十位数，左耳的上缘剪一缺刻代表 3，下缘代表 1，耳尖代表 100，耳中间圆孔为 400；右耳下缘一个缺刻为 10，上缘为 30，耳尖为 200，耳中间的圆孔为 800。

（三）墨刺法

用专用的墨刺钳在羊的右耳廓内刺上羊的个体号，墨刺号与耳标号一样。主要是便于金属耳标脱落后容易识别羊只，无掉号危险。此项工作是在羔羊断奶 4 月龄时进行。值得注意的是墨刺法常常由于字迹模糊不清而难以辨认，因此刺号要专人负责，刺后半个月左右检查一次，及时补刺不清楚的号码数字。

墨刺钳最好选用合成钢制品，字码选用合金或材质坚硬的材料成品，字码的排列均匀、美观而且不易变形，刺号时细心均匀的涂抹油墨，熟练的墨刺号技术可以保证墨刺号码的准确和清晰。

(四)烙角法

将特制的钢字模烧红,在公羊左角上烙个体号,编号方法与耳标相同。羔羊时先佩戴耳标,到1～1.5岁时烙角号。此方法在绒山羊育种中,可作为种公羊的辅助编码方法,无掉号危险,很方便实用。

随着科学技术的不断进步与电子耳标的普及,更多实用的耳标管理办法将在今后的羊育种管理工作中得到普及。

二、去势

对不做种用的公羊都应去势,以防乱交、乱配。去势后的公羊性情温顺,管理方便,节省饲料,容易育肥,所产羊肉无膻味,且较细嫩。去势时间一般在羔羊出生1～2周为宜,选择无风、晴暖的早晨。如遇天冷或羔羊体弱,可适当推迟。去势的方法主要有以下几种。

(一)结扎法

当公羔1周大时,将睾丸挤在阴囊里,用橡皮筋或细绳紧紧地结扎在阴囊的上部,断绝血液流通。经过15 d左右,阴囊和睾丸干枯,便会自然脱落。去势后最初几天,对伤口要常检查,如遇红肿发炎现象,要及时处理。同时要注意去势羔羊环境卫生,垫草要勤换,保持清洁干燥,防止伤口感染。

(二)手术法

手术时常需两人配合,由1人固定住羔羊的四肢,并使羔羊的腹部向外,另1人用碘酒消毒手术部位,然后手术者一只手捏住阴囊上方,以防睾丸缩回腹腔内,另一只手用消毒过的手术刀在阴囊侧面下方切开一道小口,约为阴囊长度的1/3,以能挤出睾丸为度。切开后,将睾丸挤出,慢慢拉断血管和精索。一侧的睾丸摘除后,再用同样方法摘除另一侧睾丸。也可把阴囊的纵隔切开,把另侧的睾丸挤过来摘除。这样可少开一个刀口,利于康复。睾丸摘除后，把阴囊的切口对齐，用消毒药水涂抹伤口，并撒上消炎粉。

去势 1～2 d 之后应进行检查，如阴囊收缩，则为正常；如阴囊肿胀发炎，可挤出其中血水，再涂抹消毒药水和消炎粉，以防进一步感染造成羊只损失。

三、抓绒

从山羊体上抓取下来的底层绒毛叫做山羊绒，简称羊绒。羊绒有白、青、紫三种颜色，白色羊绒可以染织成各种色织品，称为上等品，价值很高；雪青色和紫色的羊绒只能织成本色织品，在价格上也较低。羊绒的质量越好，价格越高，养羊户的收入也就越高。但是，如果错过抓绒的最佳时间，或抓绒方法不当，不仅绒产量下降，而且羊绒的品质变差，以致影响收入。因此，抓绒要适时得法，掌握要领，才能抓到高质量的羊绒。

(一)抓绒的时间

饲养绒山羊每年都必须抓绒和剪毛，具体的抓绒日期应根据当地的气候条件而定，大都在 4 月至 5 月初进行。春暖时，绒毛开始脱落，脱落的顺序是从头部开始逐渐移向颈、肩、胸、背腰及臀部。当发现头部、耳根及眼圈周围的绒毛开始脱落时，就是抓绒的最佳时间，抓绒要进行 1～2 次，抓完绒后的 1 周再进行剪毛。

(二)抓绒的工具

目前，我国普遍推行手工梳绒。梳绒工具为金属梳子。梳子有两种，一种为稀梳，由 7～8 根钢丝组成，钢丝间距为 2.0～2.5 cm；另一种为密梳，由 12～14 根钢丝组成，钢丝间距为 0.5～1.0 cm，钢丝直径为 3.0 mm。梳齿的顶端要磨成钝圆形，以免抓伤羊皮肤。

(三)抓绒的方法

抓绒前要将羊只禁食 12 h 以上。妊娠母羊要防止流产，切忌蛮干而造成不必要的损失。把羊捉住后，先用稀梳，按顺毛方向由颈、肩、胸、背、腰及臀部，自上而下将羊身上的碎草、粪便等杂物梳掉，再用绳子将羊的两前腿及一后腿捆在一起，放倒在干燥而洁净的地方，然后用密梳开始抓绒。其方向及顺序与前面相反。方向是逆毛抓梳，顺序依次为臀、腰、背、胸及肩颈部。抓绒时梳子要贴近皮肤，用力要均匀，不要用力过猛，以免抓伤羊皮肤。每抓几下，必须把梳子上的羊绒按向梳子底墙，羊绒上满梳子时，用手沾少许水轻轻地涂在梳背上，在平整光滑的石板上用力左右揉几下，就很容易将羊绒从梳子上卸下来，并使之形成一个羊绒团。在抓梳过程中，往往因抓梳时间长而梳齿上油腻厚，抓不下绒来，可将梳子在地上磨擦去油后再用。如果第一次抓绒不彻底，可以隔 10 d 左右再抓一次。第二次的抓绒量约是第一次的 20%。

若梳绒和剪毛同时进行，则梳绒和剪毛地点要分开，先梳绒，后剪毛，以免绒、毛混杂。对怀孕母羊，要特别细心，避免造成流产。一般是成年羊先梳，育成羊后梳；健康羊只与患有皮肤病的羊只分开梳，健康羊先梳，病羊后梳；白色山羊和有色山羊应分开梳，先梳白色羊，后梳有色羊。羊梳绒后，要特别注意气候变化，防止羊只感冒。

目前绒山羊产绒量高，手工抓绒不仅劳动强度大，也容易伤到皮肤毛囊，影响绒毛纤维的生长。为了减轻抓绒劳动强度和避免伤及毛囊，可以改用手工剪绒或机械剪绒的方法。进行剪绒时，先剪去外部长毛，也称打毛，然后再将毛和绒一起用机械或手工剪下来。

四、剪毛

山羊剪毛往往是针对长毛型的绒山羊进行的，一般短毛性的山羊不剪毛。剪毛一般在抓绒后 10 d 左右进行。应注意以下事项：

①剪毛前应空腹 12～24 h，即在剪毛前不采食，不饮水，空腹

剪毛。雨淋湿的羊，应在羊毛晾干后再剪。

②剪毛剪应贴近皮肤，均匀地把羊毛一次剪下，留茬要低。

③剪毛动作要快，时间不宜拖得太久。翻羊动作要轻，以免引起瘤胃鼓气、肠扭转而造成不应有的损失。

④尽可能防止剪伤皮肤。种公羊的包皮、阴囊和母羊乳房等处，皮肤柔软，要特别注意防止剪伤。一旦剪破要及时消毒、涂药或外科缝合，以免生蛆和溃烂。

⑤剪毛后，不可立即到茂盛的草地放牧。因为剪毛前羊只已禁食十几个小时，放牧易贪食，往往引起消化道疾病，剪毛后 1 周内不宜远牧，以防气候突变，来不及赶回圈舍引起感冒。同时也不要在强烈的日光下放牧，以免灼伤皮肤。

五、药浴

药浴是羊群管理的一项重要工作。药浴的目的是为预防和治疗羊体外寄生虫病，如羊疥癣、羊虱等。每年应在剪毛后 10 d 左右进行药浴。

（一）药浴常用的药剂

1. 杀虫脒

配制成 0.1%～0.2%的水溶液使用。

2. 50%锌硫磷乳油

50%锌硫磷乳油是一种低毒高效药浴药剂。其配制方法是：100 kg 水加 50 g 锌硫磷乳油，有效浓度为 0.05%。

3. 石硫合剂

药剂安全有效而且价廉。其配方为：生石灰 15 kg，硫黄粉末 25 kg。这两种原料用水拌成糊状，再加水 300 kg 煮沸，边煮边用木棒搅拌，待呈浓茶色时为止。煮沸过程中蒸发掉的水分要补足，然后，弃去下面的沉渣，保留上面的清液作母液，加入 1 000 kg 温水即可。

4. 敌百虫

纯敌百虫粉 1 kg 加水 200 kg，配制成 0.5% 敌百虫药浴液使用。

5. 30% 烯虫磷乳油

是由石家庄化工厂生产的一种无毒高效羊药浴剂。药浴时按 1∶1 500 倍稀释，即 1 kg 药液加水 1 500 kg。

(二)常用的药浴方式

药浴主要有池浴、淋浴和盆浴三种。池浴在专用的药浴池里进行。药浴池多为水泥建造的沟形池，进口处宽。羊群由宽处通过狭道至浴池，进口呈斜坡，羊滑入池内，慢慢通过浴池。池深 1 m，长 10 m，池底宽 30～60 cm，上宽 60～80 cm，羊只能通过而不能转身即可。浴池出口一端筑成台阶并设置滴流台，羊出浴池后在上停留一段时间，使身上多余的药液流回池内。药浴时，人站在浴池两边，控制羊只。使羊群依次药浴。淋浴是在特设的淋浴场进行。此法的优点是容量大、速度快、工效高且安全，但设备投资高，国内一般羊场一时难以推广。池浴和淋浴适用于有条件的羊场，对农区羊数较少的农户，盆浴则比较合适。盆浴就是在大盆、铁锅、水缸或是其他大型容器内进行药浴。另外，也可以将羊群集中在一起，用农药器对羊体进行喷雾药浴。

(三)药浴注意事项

(1)药浴应选择晴朗、暖和、无风天气、日出后的上午进行，以便药浴后，中午羊毛能干燥。

(2)药浴前，应先选用品质较差的羊只 3～5 只试浴。无中毒现象，才可按计划组织药浴。临药浴前羊停止放牧和喂料，浴前 2 h 让羊充分饮水，以防止其口渴误饮药液。

(3)先浴健康羊，后浴病羊，有外伤的羊只暂不药浴。药液应浸满全身，尤其头部，采用槽浴可用浴杈将羊头部压入药液内两次，但需注意羊只不得呛水，以免引起中毒。药浴持续时间，治疗为2～3 min，预防为1.0 min。

(4)药浴后在阴凉处休息1～2 h，即可放牧，但如遇风雨应及时赶回羊舍，以防感冒。

(5)药浴期间，工作人员应配戴口罩和橡皮手套，以防中毒。药浴结束后，药液不能任意倾倒，以防牲畜误食中毒。

此外，羊群若有牧羊犬，也应一并药浴。

六、驱虫

羊的寄生虫病较常见，患病羊往往食欲降低、生长缓慢、消瘦、毛皮质量下降、抵抗力减弱、重者甚至死亡，给养羊业带来严重的经济损失。因此，务必重视羊体内外寄生虫病的防治。

寄生虫都具有自己特有的生活史、生存和传播条件。预防寄生虫，只要阻断其生活史，消灭其生存和传播条件，就能预防寄生虫病。注意加强日常饲养管理，保持羊舍干燥，勤换垫草，保持羊清洁卫生和饮水卫生。在有寄生虫感染的地区，如有肝片吸虫的草场，可采取排水、填平沼泽或用生物化学方法消灭中间宿主锥实螺，以切断其生活史。有条件的地区尽可能实行分区轮牧，使其虫卵或幼虫，在放牧休闲区内死亡。多数寄生虫的卵是随粪便排出体外，因此对山羊的粪便应作发酵处理，以杀灭寄生虫卵。对体外寄生虫的预防可定期进行药浴，对被体外寄生虫病污染过的圈舍和用具，需彻底消毒。对新购入的羊只，经隔离观察后或经预防处理后才能与原有的羊只混群饲养。

在有寄生虫感染的地区，要预防性驱虫。根据寄生虫的生活特性，一般每年4～5月及10～11月各驱虫1次。驱虫后要注意收集羊粪，并集中堆积发酵处理，以防止病原扩散，引起重复感染。对治疗性驱虫，要根据对山羊粪便的检查情况或对死羊的解剖结果，依感染轻重对症驱虫。药物驱虫 1 周后，宜再驱虫 1 次，以驱除山羊体内幼虫。常用的驱虫药物有驱虫净、丙硫咪唑、敌百虫、灭虫丁等。投药方法是拌在饲料中让单个羊只自食。

药物治疗羊体内外各种寄生虫时，选用药物要准确，药物用量精确。必须作驱虫试验，在确定药物安全可靠和驱虫效果后，再进行大群驱虫。

七、传染病防疫

定期预防注射是每年羊群防疫工作的两项最重要内容，是预防传染病发生的必要措施。为有效控制传染病发生和传播，应根据当地羊群的疫病流行特点进行预防注射。一般在春季或秋季进行。常用的疫苗有：①三联苗，用于预防羊猝疽、羊快疫和羊肠毒血症。皮下注射，6 月龄以内羔羊用量 3 mL，6 月龄以上用 5 mL，免疫期 6～8 个月。②布氏杆菌羊型 5 号活菌弱毒苗，用于预防布氏杆菌病。每只羊皮下或肌肉注射 1 mL，免疫期 1 年。③4 号炭疽芽孢苗，用于预防炭疽病。每只羊皮下注射 1/3 mL，免疫期 1 年。④破伤风明矾沉降类毒素，用于预防破伤风病。每只羊颈部上 1/3 处皮下注射 0.5 mL，免疫期 1 年。另外在缺硒地区，应在羔羊生后 6 d 左右注射亚硒酸钠预防白肌病。对受传染病威胁的羊只应进行紧急预防注射。

八、修蹄

修蹄是重要的保健内容。在生产中因不注意修蹄而使蹄尖上卷，蹄壁裂折，蹄卫腐烂，四肢变形，跪下采食或成蹄疾者经常可见。种用公羊蹄子有问题，轻者运动困难，影响品质，重者因此而不能配种失去种用价值，所以在养羊生产中要随时注意检查，经常修蹄。

每1～2个月应检查和修蹄1次，修蹄可选在雨后或在潮湿地带放牧或饲养一段时间后进行，此时蹄壳较软，容易操作。修蹄具可用市场上出售的修蹄刀和修蹄剪，也可使用果树剪束代替。修蹄时，羊呈坐姿保定，背靠操作者。一般先从左前肢开始，术者用左腿夹住羊的左肩，使羊的左前膝靠在人的膝盖上，左手握蹄，右手持刀、剪，先除去蹄下的污泥，剪去过长的蹄壳，再将蹄底面削平，将羊蹄修成椭圆形。

修蹄要细心操作，动作准确、有力，要一层层地往下削，不可一次切削过深；一般削至可见到淡红色的微血管为止，不可伤及蹄肉。修完前蹄后，再修后蹄。修蹄时若不慎伤及蹄肉，造成出血时，可视出血多少采用压迫止血或烧烙止血方法，烧烙时应尽量减少对其他组织的损伤。

九、年龄判断

山羊的年龄主要根据门齿来判断。小羊的牙齿叫乳齿，共20颗。成年羊的牙齿叫永久齿，共32颗。永久齿比乳齿大，颜色发黄。山羊没有上门齿，只有下门齿8颗，臼齿24颗，分别长在上下四边牙床上。中间的1对门齿叫切齿，切齿两边的2个门齿叫内中间齿，内中间齿的外边2颗叫外中间齿，最外边1对门齿叫隅齿。羔羊的乳齿，一般一年后开始换成永久齿。通过山羊换牙可判断其年龄。一般说，1岁不扎牙（不换牙），2岁1对牙（切齿长出），3岁两对牙（内中间齿长出），4岁3对牙（外中间齿长出），5岁齐口（隅齿长出），6岁平（牙上部由尖变平），7岁斜（齿龈凹陷，有的牙开始活动），8岁歪（齿与齿之间有大的空隙），9岁掉（牙齿有脱落现象）。为了便于记忆，将5～9岁的羊牙称为5齐6平7斜8歪9掉牙。

另外，还可以根据羊角轮判断年龄。角是角质增生而形成的，冬、春季营养不足时，角长得慢或不生长；青草期营养好，角长得快，因而会生出凹沟和角轮。每一个深角轮就是1岁的标志。

羊的年龄还可以从毛皮观察，一般青壮年羊，毛的油汗多，光泽度好；而老龄羊，皮松无弹性，毛焦燥。

第五章　山羊的营养需要与日粮配合

第一节　山羊常用饲料

饲料是山羊增重的物质基础，是营养的唯一来源。山羊的饲料来源广泛，作物秸秆、山场灌木及草场上大部分牧草均可被山羊采食利用。据试验，在半荒漠草场上，有66%的植物种类为牛所不能利用，而绵、山羊则仅38%。在对600多种植物的采食试验中，山羊能食用其中的88%，绵羊为80%，而羊、马、猪则分别为73%、64%和46%。这说明在不同地域发展山羊均有良好的饲料基础。

山羊的饲料种类很多，分类方法有多种，主要包括：按饲料原料营养特性、按饲料产品营养成分及按饲料物理形态分类等3种。

一、按饲料原料营养特性分类

主要包括青绿粗饲料、多汁饲料、精饲料、矿物质饲料、维生素饲料和饲料添加剂六大类。

(一)粗饲料

粗饲料是一类含粗纤维在18%以上、单位重量干物质含净能很低的饲料。农作物收获后的秸秆、秕壳、野草及青干草均为粗饲料。粗饲料在我国农村非常丰富，它可以作为山羊最基本的饲料，在牧区有草地牧场，在农区和半农牧区有大量的农作物秸秆。由于粗饲料的数量很大，所含营养物质的总量较多。大部分粗饲料虽然营养价值较低，但它仍是山羊重要的饲料，无论是农区还是牧区，粗饲料都不可缺少。

粗饲料的特点：①有机物质总量较高，但粗纤维含量很高，经常在20%～45%，消化利用率低，净能含量低。②营养价值低，粗蛋白质含量变动较大。秸秆类饲料粗蛋白质含量在3%～4%以下，而豆科牧草的粗蛋白质含量可达20%以上。秸秆中维生素含量极低，只有以豆科牧草为原料晒制的青干草中含有较丰富的B族维生素。③容积大，适口性差。粗饲料质地较粗硬，适口性差。但它对胃肠道有一定刺激作用，能促使羊正常反刍。同时，适当摄入可使机体产生饱感。④来源广，成本低。

山羊的粗饲料主要包括：

1. 青干草

青干草是粗饲料中营养价值最高的，它是由一些青绿饲料作物在没有结籽实前将其地上部分割下来，经过天然或人工干燥，使水分降至15%～20%而制成的饲料。制作青干草是长期保存牧草的最好方法，可以保证饲料的均衡供应，特别是在冬季青饲料不足时，可起到一定的补充作用，给山羊提供一定的维生素。干草还便于运输和饲喂。

青干草的原料可以是各种青绿饲料，如禾本科牧草、紫云英等豆科牧草以及各种无毒野草。青干草的营养价值与所选用原料及收割时间有直接关系，豆科牧草晒制的青干草含粗蛋白质较高，若收获时间过迟，则茎叶中所含营养物质量降低，粗纤维含量增加。在调制过程中，要使原料中的水分迅速脱去，缩短干燥时间，防止叶片脱落，应尽量采用人工快速脱水干燥，以减少营养物质的损失。对于调制好的青干草，要从水分含量（不得超过17%）、颜色（应具有鲜亮的绿色）、气味（芳香、不得有霉烂、焦灼气味）、叶的含量（占到干草总量的50%）、杂质含量及病虫害侵袭情况等方面进行质量检验。

2.农副产品类饲料

(1)秸秆类　秸秆是农作物收获籽实后的茎秆和残存叶片，常用的有稻草、玉米秸、麦秸、豆秸和谷草等。

稻草：是我国南方主要的粗饲料来源。山羊对稻草的消化率约为50%，稻草中缺乏钙、磷，在饲喂时要注意补充。为了提高其饲用价值，最好能对它进行氨化、碱化处理，提高含氮量和消化率。

玉米秸：已枯黄的玉米秸质地坚硬，直接用来喂山羊效果不好。最好是采用氨化或和其他饲料混合青贮，以提高其消化利用率。青绿的玉米秸营养价值较高，经过切短后即可喂羊。

麦秸：麦类秸秆质地粗硬，适口性差，是质量较差的粗饲料。小麦秸数量最多，但品质不如大麦秸好，在麦秸中燕麦秸的营养价值最高。麦秸用来喂山羊时，要切短，适当浸泡软化，改善适口性。

豆秸：豆类秸秆比禾本科秸秆营养价值高，但豆类成熟后，秸秆上的叶子大部分枯黄脱落，营养价值受到影响。豆类秸秆中粗纤维多，质地坚硬，为了提高消化率，可和其他饲料混合粉碎饲喂。在豆类秸秆中，蚕豆秸和豌豆秸蛋白质含量高。

谷草：质地柔软，营养丰富，品质好，较麦秸、稻草的营养价值和消化率高。

(2)秕谷类　是农作物籽实脱壳的副产品，品质优于秸秆。主要有谷壳、高粱壳、豆荚、棉籽壳、秕谷等。一般秕谷类饲料营养高于秸秆，但稻壳、花生壳除外。

(3)树叶类　大多数树木的叶子及其嫩枝、果实含有较多的养分，其营养价值要高于秸秆、秕谷类。但要注意一些含有毒成分的树叶，如夹竹桃等，要严禁喂羊。

3.糟渣类饲料

常见的糟渣类饲料有酒糟、粉渣、豆腐渣、酱油渣、醋糟、甜菜渣、糖渣等。这些糟渣类饲料都有一定的营养价值，而且价格低廉，是广大养殖者愿意使用的一类饲料。这些饲料由于原料与制造方法不同,营养物质含量差异很大。它们的粗纤维含量低于20%,粗蛋白质含量7%～26%,无氮浸出物30%～55%,是养羊的辅助饲料。

(1)啤酒糟　是生产啤酒后的副产品,常用的原料是大麦。由于其中含有较丰富的蛋白质、酵母、无机盐和未知生长因子,营养价值高。鲜啤酒糟中干物质含量在23%左右。鲜啤酒糟的供应有一定的季节性,一般在大量生产啤酒的1～8月份供应量丰富,8月份后啤酒生产量减少,啤酒糟的供应也减少,干啤酒糟是另一种供应方式,它含有65%的可消化养分和21%的可消化粗蛋白质,使用方便,有时可将其作为蛋白质补充饲料。即使是酒糟残液中也含有很丰富的蛋白质、能量、亚油酸等营养物质。

鲜啤酒糟可直接喂羊,不需进行其他处理,饲喂效果很好。也可和秸秆等粗饲料混合堆积发酵,提高它们的消化利用率。在啤酒糟购入时,要进行质量检查。外观上,由于生产啤酒的原料以大麦为主,酒糟中大麦壳的含量较高。新鲜度是检查啤酒糟质量最重要的指标,新鲜酒糟不发黏,手感松散、清凉,闻之气味清香,散发出特有的酒香味。陈酒糟黏,有明显的发酵味,若在高温季节放置时间过长时,甚至会出现腐败味,有的发霉结块。在喂羊时,严禁饲用霉变的酒糟。生产中要尽量与啤酒生产厂家联系好,供货量以每天能吃完为宜,在高温季节要特别注意。当一次供货量过大时,要做好贮存工作,防止雨水冲淋和发霉变质,造成损失。

(2)白酒糟　是生产白酒后的副产品。营养价值随生产白酒的原料而不同,常用的原料有高粱、山薯、大米等,高粱酒糟的营养价值高于山薯酒糟,干物质含量常在35%左右。由于发酵制酒时通气的需要,白酒糟中常加一定量的谷壳,故粗纤维含量较高,适口性受到一定的影响。但它仍不失为养羊的好饲料,可作为粗饲料单独大量喂羊,一般不需对喂量进行控制。在购进白酒糟时要对其进行质量检查,白酒糟要新鲜,有机物质含量不能过低,有的酒厂由于加工工艺的因素，白酒糟中有机物质含量相当低，这会影响到饲养效果。检查时，可用手抓起酒糟，有机物质含量较高时，酒糟团的松开速度较慢，手感有一定的黏稠度，仔细观察可见其中有一些未被提取的高粱粒、豌豆粒等，反之则松散，眼观稻壳含量很多，未被发酵提取的有机物质量少。在生产中要注意有的白酒糟中残留有乙醇、乙酸，甚至甲醇等有害物质，喂羊后，羊表现出较明显的兴奋性，两眼发红、好斗，难以安静。如果这种现象在 2～3 d 后仍表现明显，说明这种白酒糟不适宜喂羊，应该更换。

无论是白酒糟还是啤酒糟，由于含水量高，容易发酵变质。因此，必须做好保存工作，确保使用效果。贮存酒糟的原理与青贮相似，要求温度在 10～20℃、含水量在 65%。常用的贮存方法有：

①缸式贮存法。将新鲜酒糟放入清洁的缸内，层层压实，尽量排除酒糟中的氧气，然后用塑料薄膜或料泥封顶，防止空气与酒糟接触。

②窖式贮藏法。方法与缸式法完全相同，要求窖底和窖壁不透气，密封好。

③堆式贮藏法。选择适宜贮藏的地方，把酒糟堆成馒头状，压实，用塑料膜密封好，不能透气。

④水面封闭法。在容器内装满酒糟，压实后在最上层留一层水面隔绝空气，达到贮藏的目的。

⑤混合青贮法。利用酒糟和粉碎好的其他粗饲料混合，其中酒糟占 70%～85%，分层装窖，压实封闭，待 40～60 d 后开窖使用。无论采用何种方法，都要注意隔绝空气，保证达到缺氧的环境，否则会使贮存失败。对这些贮存的酒糟，一旦开窖使用，最好能尽快吃完。酒糟的贮存只有在供应量多，短时间内无法用完时采用，正常情况下，还是以鲜喂为好，贮存总会有浪费。

(3)甜菜渣　是榨糖后的剩余物。在我国华北、东北等地资源丰富。甜菜渣营养价值高，催肥效果好。新鲜甜菜渣的保存方法与青贮一样，掺进一些麸皮，调整含水量在65%～70%，压实封窖，隔绝空气。

(4)豆腐渣　是生产豆腐的副产品。在制作豆腐时，需用大量的水冲洗，同时还使用石膏，使豆腐渣中的粗纤维含量很高。豆腐渣中还含有一些有害的物质，如抗胰蛋白酶、红细胞凝集素等，在大量饲喂后，可能对羊产生危害，应酌量使用。

(5)酱油渣和醋糟　这类糟渣中均含有较多食盐，酱油渣中更多，适口性差，营养价值不高。醋糟中残留有一定量的醋，会影响瘤胃中的碱性环境，且其中所含的营养物质量也不高，不宜用来大量喂。在利用酱油渣和醋糟要注意控制用量，最好使用一定量的小苏打，调节瘤胃内的环境。

(6)淀粉渣　淀粉渣因加工原料不同，粗蛋白质含量变化很大，营养价值也有差别。共同的特点是含水量较高，维生素含量低。以玉米和蚕豆为原料的淀粉渣的营养价值稍高，而山芋淀粉渣的营养价值差。

(二)青绿、多汁饲料

所谓青绿、多汁饲料，是指在植物生长繁茂季节收割，在新鲜状态下饲喂。这类饲料一般鲜嫩适口，富含多种维生素和微量元素，是常年不可缺少的辅助饲料。青饲料的适口性好，易于消化，能提高食欲，是一些小规模养羊专业户经常使用的饲料，即使是大型羊场也应尽量供应。青饲料以干物质计，含有丰富的品质优良的粗蛋白质，氨基酸种类齐全；青绿饲料是山羊所需各种维生素的很好来源，特别是胡萝卜素的含量很多，而这正是山羊常用粗饲料中最为缺乏的。青绿饲料中矿物质含量丰富且比较平衡，特别是钙、磷丰富，比例适当。因此，青饲料应作为山羊饲养中的基本饲料，这对维持羊机体健康、促进生长具有作用，若将它和粗饲料混合饲喂，可提高粗饲料的利用率。青饲料在喂羊时，只需经过简单的切短即可直接饲喂。另外，在青饲料较多的季节，可进行青贮，以保证均衡供应。

根据不同性质、特点，可分为以下几种：

1. 青绿饲料

青绿饲料的种类很多，指水分含量大于或等于45%的野生或人工栽培的各种牧草和农作物植株。如野青草、青大麦、青燕麦、青苜蓿、三叶草、紫云英、玉米青饲及树枝、树叶、水生青绿饲料等。青绿饲料为山羊基本饲料，且较经济。这类饲料一般适口性强、营养丰富，是发展养羊的优质饲料。

2. 青贮饲料

将饲料作物适时收割，通过铡碎、压实、密封，经乳酸发酵制成的饲料。含水量一般在65%～75%，pH 4.2左右。含水量45%～55%的青贮饲料称低水分青贮或半干青贮，pH 4.5左右。目前常见的青贮饲料主要为玉米青贮。

3. 块根、块茎饲料

这类饲料多在冬春季节作为辅助饲料利用，属于多汁饲料。是种公羊配种期、母羊哺乳期不可缺少的饲料。常见的有胡萝卜、甘薯、饲用甜菜、马铃薯和木薯等。

4. 瓜类饲料

这类饲料水分含量在90%以上，是典型的多汁饲料。含糖量较高，适口性好。常见的有饲用南瓜、西葫芦和冬瓜等。

5. 野草、野菜及枝叶饲料

在夏秋季节山坡、荒地和田间生长的许多野草、野菜，不仅可用作放牧，也可采集回来利用。常见的有谷莠子、水稗草、灰菜、苋菜、扁蓄和苍耳等。树叶也是羊的好饲料。常见的有槐树叶、榛柴叶、杨树叶和胡枝子嫩枝叶等。

6. 水生饲料

随着水产养殖业的不断发展，适于养殖水生饲料的水面也在扩大，不仅我国南方素有利用水生饲料的习惯，近年来在我国北方也广为利用。水生饲料生长快，适口性好，营养丰富，栽培管理简便，生产成本低，深受群众欢迎。常见的有水葫芦、水浮莲、细绿萍和水花生等。

（三）精饲料

精饲料又称“精料”。一般体积小，粗纤维含量低，是消化能、代谢能或净能含量高的饲料。干物质中粗纤维含量小于18%（CF/DM<18%）的饲料统称精饲料。精饲料又分为能量饲料和蛋白质补充料。干物质粗蛋白含量小于20%（CP/DM<20%）的精饲料称能量饲料。干物质粗蛋白含量大于或等于20%（CP/DM≥20%）的精饲料称蛋白质补充料。精饲料通常包括能量饲料和蛋白质类饲料。

1. 能量饲料

能量饲料主要有禾本科籽实、块根块茎类和糠麸类。

（1）禾本科籽实　是精料的主要部分。常作山羊饲料的禾本科籽实有玉米、大麦、燕麦、高粱等，这类饲料的共同优点是淀粉含量丰富，含能量高，粗纤维含量较低，适口性好，消化率高。但粗蛋白质含量较低，一般在8%～12%，品质不够好，氨基酸不平衡，钙、磷比例不协调，表现为钙少、磷多，维生素总量低。

玉米：有黄玉米、白玉米之分，都是山羊首选的能量饲料。黄玉米中含有较多的胡萝卜素、叶黄素。玉米粒直接喂羊消化率低，通过粉碎压扁、湿磨等方法加工后喂羊，可提高消化率。

大麦：是生产优质羊肉极好的能量饲料，脂肪含量低，饱和脂肪酸含量高，在山羊肥育后期即催肥阶段饲喂大麦，可有效地改善脂肪颜色和硬度，提高羊肉的品质。大麦可采用蒸汽压扁法、粉碎法、蒸煮法等加工手段，提高消化吸收率。

高粱：也是山羊常用的能量饲料，但高粱中含有丹宁，必须经过加工，破坏淀粉的结构和胚芽中蛋白质与淀粉的结合性，提高利用率，加工方法有碾碎、压片、挤压等。另外，将高粱和玉米混合使用，效果明显优于单一使用。

(2)块根块茎类　常用作饲料的有甘薯、马铃薯、木薯、甜菜、胡萝卜等，它们的共同特点是在自然状况下含水量较高。干物质的组成中淀粉和糖的含量丰富，粗纤维含量低，且不含木质素。但蛋白质含量少，富含钾但钙磷含量低。维生素组成变化较大，大部分都缺乏维生素 D，除马铃薯外，新鲜的原料中一般都含有较丰富的 B 族维生素，尤以胡萝卜中所含维生素的量最高。这类饲料适口性极好、消化率高，是山羊的好饲料。这类饲料在饲喂时，要洗净污泥，注意补充维生素和矿物质元素。同时，还要考虑到饲料中可能含有的有毒成分，以免造成中毒。如喂甘薯时要防止黑斑病中毒，发芽的马铃薯中含有龙葵素毒素，饲喂木薯时，要防止氰氢酸中毒等。为了防止块根茎过大造成食管堵塞等意外事故，要简单切碎饲喂。

(3)糠麸类　是粮食加工的副产品，由籽实的种皮及胚芽等组成。最常用的有麦麸和米糠，它们含脂肪都较高，不耐贮存，能量比籽实低，粗纤维含量比籽实高，矿物质中磷多钙少。因此，这类饲料在饲喂山羊时，要注意钙的补充。

米糠：是大米加工的副产品，有脱脂米糠和未脱脂米糠两种，以脱脂米糠的饲喂效果好。米糠是水稻产区重要的粮食副产品，价格便宜，应加以很好采用。有人认为米糠中含脂肪较高，在饲料中用量不宜超过 15%，否则会引起消化道疾病如腹泻等。

麸皮：是面粉加工的副产品，含蛋白质量高于玉米，含有镁盐较多，具有一定轻泻性，常用于养羊生产。但是，麸皮中磷、镁含量过高，在育肥后期不能多喂，否则易导致山羊尿道结石症。

2. 蛋白质类饲料

有植物性蛋白质饲料、动物性蛋白质饲料、单细胞蛋白质饲料和一些非蛋白氮饲料。

(1)植物性蛋白质饲料　在山羊生产中，用得最多的是植物性蛋白质饲料，即各种饼粕类，包括大豆饼粕、棉籽饼粕、菜籽饼粕、葵花籽饼和花生饼等。饼粕类蛋白质饲料中，可消化粗蛋白质含量常达到30%～40%，氨基酸组成较全面，特别是禾本科籽实中缺乏的赖氨酸含量较丰富。粗纤维含量低。

大豆饼粕：是植物性蛋白品质最好的、营养价值高、消化率高的蛋白质饲料。但是，由于它的价格高，主要在羔羊饲养中使用，在山羊生产中使用不多。

棉籽饼粕：是棉籽经榨油后的副产品，同时兼有蛋白质饲料、能量饲料和粗饲料（体积大）的特点，这是其他饲料所没有的。由于棉籽饼粕中存在游离棉酚这种有毒成分，限制了它在单胃家畜中的使用，但它是山羊生产中非常好的蛋白质饲料，比例基本不受限制，价格也较豆饼便宜许多。据试验，在山羊日粮中长期大量饲喂棉籽饼，不会给山羊带来危害，且棉酚也不会在山羊产品中积累危害人类。在生产中，棉籽饼可不需去毒直接和玉米粉、青贮饲料、酒糟等配制后喂羊。

菜籽饼粕：是菜籽榨油加工后的副产品，由于其中含有芥子毒，对反刍家畜同样有害。因此，在山羊生产中也不常使用。菜籽饼味辛辣，适口性差，也影响其饲用价值。为了扩大山羊蛋白质来源，菜籽饼可去毒后饲喂羊，或和其他饲料按一定比例混合青贮后喂羊。

葵花籽饼：在我国北方地区较多。它是山羊的一种蛋白质补充饲料，但要注意葵花籽饼中含有的增重净能低，要和其他能量饲料搭配使用。在贮藏时，由于葵花籽饼中残留的脂肪易燃烧，要注意通风防火。

花生饼：是花生榨油后的副产品，有带壳和去壳花生饼两种。去壳花生仁饼中含蛋白质比例高，适口性好，粗纤维含量低，营养价值较高。但所含脂肪较多，贮存时要注意保持环境干燥，在潮湿环境下很容易发霉变质，产生大量的黄曲霉毒素，这对山羊的生长危害较大。

亚麻仁饼：又称胡麻饼，主要产于我国东北和西北地区。粗蛋白质含量在34%～38%，但缺乏赖氨酸。亚麻仁饼中含有黏性物质，可吸收大量水分膨胀，从而使饲料在瘤胃中停留较长时间，有利于微生物对饲料进行消化。

(2)动物性蛋白质饲料和单细胞蛋白质饲料　动物性蛋白质饲料含蛋白质量高，品质好，氨基酸平衡，是优质蛋白饲料，但价格较高，在山羊生产中几乎不用。

单细胞蛋白质饲料，主要是菌体蛋白质，蛋白质含量高。目前应用较多的是石油酵母，但由于价格问题，在山羊上使用也不多。

(3)非蛋白氮饲料　是一类特殊饲料，指一些不是蛋白质的含氮物质，如氨、尿素等，山羊的瘤胃微生物可以利用它们合成菌体蛋白，进而和饲料蛋白质一样被山羊消化利用。因此，对山羊来讲，非蛋白氮也具有较高的营养价值，可以作为蛋白质的补充饲料，代替一部分的饲料蛋白，降低饲养成本。

在生产中最常用的非蛋白氮是尿素。饲喂尿素的方法要正确，否则不但达不到效果，反而会出现中毒。在饲喂尿素时，必须将它均匀地拌在精粗料中饲喂，也可将尿素溶于水中喷洒到饲料中拌匀再喂，或先将尿素加到青贮料中青贮后一起饲喂。

尿素的喂量为日粮粗蛋白质量的20%～30%，或为日粮干物质的1%。也可按家畜体重0.02%～0.05%的量来供给。注意对瘤胃机能发育不健全的羔羊不能饲喂尿素。饲喂尿素时应注意的问题：

①在羊的日粮中，应含有一定量易消化的碳水化合物，最好是淀粉，有助于菌体蛋白的合成。

②日粮中必须含有一定比例的蛋白质。饲料中蛋白质含量过高，细菌优先利用饲料蛋白质，很少或不利用尿素，含量过低，又会影响细菌的繁殖。比较好的比例是含蛋白质量为9%～12%。

③饲料中要含一定量的钴和硫，提高细菌合成蛋白质的速度和含氮物质的利用率。

④开始饲喂尿素时要少给，而且 1 d 的喂量要分几次喂给。等瘤胃中能利用尿素的细菌大量繁殖后，再加大喂量，要给羊有 5～7 d 的适应期。

⑤严禁将尿素溶于水中让羊饮水或单独饲喂。

⑥羊处于饥饿或空腹状态下不要喂，否则易引起中毒。

(四)矿物质饲料

山羊天然饲料中都含有矿物元素，但存在成分不全、含量不一等问题。因此，在舍饲时以及放牧中的繁殖母羊、种公羊和处于生长发育阶段的小羊要适当补充一些矿物质。常用的矿物质饲料有：

1. 食盐

是山羊饲料中必须补充的，它既能补充对钠和氯的需要，又能起到调味作用，提高食欲。若能以含碘食盐补充则能同时补充碘，效果更好。在肉羊的饲料中，食盐添加量每天每头 5～10 g，或按混合精料量的 1%～2%补充。

2. 钙、磷饲料

植物性饲料中钙、磷比例不平衡，常表现为钙少磷多，特别是在以粗饲料为主饲喂羊的情况下，钙更容易缺乏。因此，要在饲料中添加钙。常用的有：

(1)含钙的矿物质饲料　石粉、贝壳粉、蛋壳粉等，来源广泛，价格便宜，是经常使用的一类钙补充料。这类饲料中钙的含量常在 30%以上。

(2)钙、磷平衡的矿物质饲料　最常用的是骨粉，既含钙又含磷，消化利用率高，是较理想的矿物质饲料。骨粉的价格相对较高，在幼龄羔羊上使用较多，在成年羊饲料中较少使用。骨粉含钙量约在 31%，含磷约在 14.6%。在生产中常用磷酸氢钙作为钙、磷平衡的矿物质饲料。

(五)维生素饲料

维生素是动物生长和代谢所必需的微量有机物。已知的有20余种维生素,分为脂溶性和水溶性两大类。脂溶性维生素能溶于脂肪,包括维生素A、维生素D、维生素E、维生素K等;水溶性维生素能溶于水,主要有B族(B_1、B_2、B_6、B_{12})维生素和维生素C。当动物缺乏维生素时,就不能正常生长,并可发生特异性病变维生素缺乏症。当羊的饲料中缺乏某种维生素时,可以用人工制造的维生素补充。

(六)添加剂

添加剂是为了弥补饲料中某些营养成分的不足或不平衡,或为了促进动物生长向饲料中加入的少量或微量成分。这些添加的物质虽然量不多,但作用很大,能有效地防止缺乏症的发生,促进山羊的生长,可以认为,添加剂是现代养羊业不可缺少的,特别是在集约化养羊的情况下,尤为重要,这一点在有的养殖户或养殖场尚未能很好地认识。常用的添加剂有:

1.维生素类添加剂

由于饲料中维生素的含量受很多因素的影响,含量往往不高,秸秆中含的维生素更少。羊瘤胃微生物能合成B族维生素和维生素K,应特别注意维生素A、维生素D、维生素E的补充。幼龄羊(8周龄前)需考虑B族维生素的供应。维生素添加剂要与精料补充料拌匀后饲喂。

2.微量元素添加剂

要考虑对钴、铜、锌等的补充,在缺硒地区还要考虑添加硒。微量元素添加剂可拌和到精料中,也可将其制成舔盐或矿物砖的形式让羊自由舔食,达到补充的目的。

3.促生长剂

这类物质大部分是非营养性的添加物,用于提高羊的生长速度和抗病能力,改善肉的品质。在使用时要注意安全,防止对羊产生危害。常用的有抗生素类促生长剂及埋植剂。

抗生素类:最常用的是莫能霉素,又称瘤胃素,能提高羊的食欲,促进营养物质的吸收,减轻消化道内细菌感染的症状。瘤胃素多在舍饲育肥时使用。

埋植剂:主要是一些激素物质,特别是雌性激素类,如玉米赤霉醇等,促生长效果较好。将这种制剂通过一种专用的埋植枪埋植在接近耳根的耳背皮下,或通过预混口服的办法,达到促进羊生长的目的。要注意埋植剂使用的安全性,不得在羊肉中残留,不得产生致癌、致畸、致突变的现象。它的使用应受到严格控制,屠宰前 90 d 应停止使用。

4. 缓冲剂

在给羊喂大量高精料日粮或大量青饲料时,瘤胃内酸度提高,碱性降低,不利于微生物的繁殖,容易出现酸中毒。使用缓冲剂,可防止这种现象的发生,提高采食量和饲料消化率,提高生长速度。缓冲剂是指碱性物质,如碳酸氢钠、氧化镁、膨润土等。碳酸氢钠与氧化镁的比例以(2～3)∶1 为宜。碳酸氢钠的用量为混合精料的 1.5%～2%,或占整个日粮干物质的 0.75%～1%。氧化镁的用量为混合料的 0.75%～1%,占整个日粮干物质的 0.3%～0.5%。试验证明,二者联合使用效果更好。山羊饲养在下列条件下必须使用饲料缓冲剂:

①泌乳盛期的高产奶山羊;

②日粮中有 50%～60%以上的精料;

③粗料几乎全是青贮饲料;

④夏季山羊食欲下降,进食量明显减少;

⑤日粮从粗料型转化到精料型,其精粗比为 60∶40 甚至更高;

⑥精料与粗料分开单独饲喂的羊群。

二、按饲料产品营养成分分类

（一）添加剂预混料

添加剂预混料是由一种或数种添加剂微量成分组成，并加有载体和稀释剂的混合物，如维生素预混料、微量元素预混料及维生素和微量元素预混料。维生素和微量元素预混料，一般配成1％添加量（占混合精料的比例）。

（二）料精及浓缩料

料精是由添加剂预混料成分（如维生素和微量元素）及补充钙、磷的矿物质、骨粉和食盐混合组成的，可配成5％添加量（占混合精料的比例）。

浓缩料又叫蛋白浓缩饲料，是由料精成分（维生素、微量元素添加剂及补充钙、磷的矿物质、骨粉和食盐）与蛋白质补充料、瘤胃缓冲剂等混合组成的。即混合精料中除能量饲料以外的饲料成分，加上能量饲料（玉米、麸皮）即为混合精料，一般配成30％～40％添加量（占混合精料的比例）。

（三）精料混合料（混合精料）

将谷实类、糠麸类、饼粕类、矿物质、动物性饲料、瘤胃缓冲剂及添加剂预混料按一定比例均匀混合，称精料混合料或混合精料。在实际生产中，羊的饲料包括粗饲料、精料混合料、多汁饲料三种。

（四）全混合日粮（TMR）

根据羊群的营养需要，按照日粮配方，将粗饲料、精料混合料、多汁饲料等全部日粮用搅拌车进行大混合，称全混合日粮（TMR）。饲喂全混合日粮适合奶牛的采食心理，是比较先进的饲喂方法。

（五）代乳料

也叫人工乳。是专门为哺乳期动物而配制的，以代替自然乳的全价配合饲料，既可以节约商品乳，又可以降低培育成本。

三、按饲料物理性状进行分类

(一)粉状饲料

一般是把按一定比例混合好的饲料粉碎成颗粒大小比较均匀的一种料型。细度约在 2.5 mm 以上。这种饲料养分含量和羊的采食较均匀,品质稳定,饲喂方便、安全、可靠。但容易引起挑食,造成浪费。

(二)颗粒料

颗粒料是以粉状为基础经过蒸汽加压处理而制成的块状饲料,其形状有圆筒状和角状。这种饲料密度大,体积小,改善了适口性,并保证了全价饲料报酬高的特点。特别是肉用型动物及禽、鱼等应用效果最好。

(三)碎粒料

是用机械方法将颗粒料再经破碎加工成细度 2～4 mm 的碎粒。其特点与颗粒料相同,就是由于破碎而使羊物的采食速度稍慢。特别适用于羔羊饲用。

第二节　饲料的加工调制技术

一、精饲料的加工调制

精饲料的加工调制,主要是为了破坏种皮结构和其中的某些有害物质,相对比较简单。

(一)磨碎与压扁

这是最常用的加工方法,可保证饲料中各种组分均匀分布,增加饲料与消化液接触面积,提高消化率。但饲料并非磨得越细越好,一般以中等细度为宜,颗粒直径为 1～2 mm。对于粉尘多的饲料及磨碎或粉碎的饲料,应尽可能湿润一下再喂山羊,以减少空气中的粉尘，提高山羊的采食量和饲料消化率。浸泡可使硬质饲料软化，但要注意在夏季温度高时不宜浸泡，防止腐败、变质。

（二）发芽与糖化

将大麦、燕麦、青稞等禾本科籽实用15℃左右的温水浸泡24 h后，摊放在一些器具上，控制室内温度在20～25℃，经过5～8 d，可使它们长出芽。禾本科籽实本身缺乏维生素，发芽后，它们会成为良好的维生素补充饲料，特别在冬春季节，可为羔羊和种山羊提供维生素。一般芽长0.5～1 cm时，富含B族维生素和维生素E，芽长6～8 cm时，富含胡萝卜素。糖化使籽实中的淀粉部分转化为麦芽糖，提高饲料的适口性。糖化不能提高饲料的营养，但能很好地改善饲料的适口性。

（三）制成颗粒

将饲料粉碎后，根据山羊的需要按一定比例配好后，加工成一定大小和形状的颗粒样饲料。山羊的颗粒料直径为4～5 mm，长为10～15 mm，圆柱形。有时也将粗料和精料混合在一起制成颗粒。颗粒料具有饲喂方便、适口性好、利用率高、浪费少、消化道疾病少、采食量高等优点，在养羊业中，较先进的国家使用很普遍。饲料加工后，要进行适当的调制。比较好的办法是将青、粗、精料按一定比例混合饲喂，能提高采食量和消化率。精料若单独饲喂，最好是按照配比调制成颗粒料或湿拌料，减少浪费。

二、粗饲料的加工调制

（一）物理处理法

秸秆的切短、粉碎等都是处理粗饲料的方法，这些方法在我国农村早已被养羊户采用，俗话说“寸草铡三刀，无料也上膘”就是这个道理。通过处理，可提高秸秆类粗饲料的适口性和采食速度，一定程度上提高消化利用率。

1. 秸秆切短、粉碎及软化

将稻草、麦草、玉米秸等切成 3～5 cm 长短，增加瘤胃内微生物对它们的作用，缩短采食时间和饲料通过瘤胃的速度，减少饲料浪费，从而在一定程度上提高消化率。秸秆不宜切得过短，以免影响咀嚼和反刍。粉碎常用于精料，在有的地方也将粗料粉碎后与精料混合饲喂，在用量不大的情况下，可提高山羊的采食量。但要注意，粗料粉碎过细价值并不大。软化有浸湿软化和蒸煮软化两种，又以浸湿软化法更为普遍，用食盐水将秸秆浸湿软化，可改善适口性，提高采食速度，增加山羊的采食量。

2. 粉碎压粒

将粗饲料粉碎后制成直径 6～8 mm 的颗粒饲料，可改善粗饲料适口性，诱使羊提高采食量。这是粗料加工的发展方向。

3. 秸秆揉搓处理

使用秸秆揉搓机将秸秆揉搓成柔软的丝状，可直接喂羊，提高采食速度。

(二)化学处理法

通过碱性物质如氨、石灰水等改变粗饲料内部结构，可提高饲料的适口性和消化率，增加采食量。

1. 氨化法

最常用的是氨化法。

(1)氨化的好处

①氨处理可将秸秆有机物质消化率提高 10～12 个百分单位。粗蛋白质含量由 3%～4%提高到 8%或更高。

②氨处理后秸秆的适口性增加，采食量增大，采食速度比不处理的大大缩短。

③处理的经济效益高，方法简单易行。

④氨化可防止饲料霉坏，还能杀死野草籽，可很好地保存粗饲料。

(2)氨化秸秆的氨源　常用氨化秸秆的氨源有液氨、氨水、尿素和碳铵。以氨水作氨源时用量可按每 100 kg 秸秆加 15 kg 20%的氨水,或 30 kg 10%的氨水来计算,这就相当于用 3%的液氨处理秸秆。用氨水作氨源的缺点是氨水体积大,需要很大的容器储存,运载量太大,操作不方便。尿素处理效果仅次于液氨,比碳铵要好。目前进行氨化时利用尿素最方便。

(3)氨化秸秆方法

①堆垛法。在高燥平整的地上,将 0.1～0.2 mm 的无毒聚乙烯塑料薄膜铺开,四面要余出 70 cm 左右。风干秸秆本身含水量 10%左右,氨化时使其总含水量达 40%。尿素用量为秸秆重量的 3%～5%,碳铵用量为秸秆重量的 8%～10%。将氨源溶于需加入的水中,不断搅拌,使其溶解。将秸秆一层层铺在塑料薄膜上,边放边洒含氨溶液,踩紧再放,一直到垛顶,然后覆盖塑料膜,并与底边塑料膜对齐由下向上折叠好用土压住。一般秸秆量采用估重的方法,小麦新垛每立方米 60 kg,2 个月以上旧垛每立方米 70 kg,30 cm 左右长的玉米秸每立方米 78 kg,旧垛每立方米 100 kg。

②窖池法。采用水泥窖池,可以防鼠咬,容易堆积,塑料膜用量是堆垛法的 1/6,占地少。操作步骤和堆垛法一样,拌匀、压实、封顶,四周同样用土封好。液氨法:先将秸秆堆好,用塑料薄膜封盖严密,防止氨气挥发。氨源的用量、秸秆的含水量要求同堆垛法。如果秸秆含水量达不到要求,可在堆垛时,边堆边洒水。然后用一根带孔的管插入垛中,通入所需要量的液氨。要注意,管子稍插在垛的下部,如果垛较大,可更换几个位置,以提高氨化效果。

(4)影响氨化效果的因素　影响氨化效果的因素有温度、秸秆水分、氨源剂量、秸秆种类、秸秆部位(叶茎)等。氨处理秸秆要求较高的温度,温度高发生作用快。温度还决定氨化完成的时间。例如温度在 17～25℃,处理时间可少于 4 周,而采用氨化炉时温度可达 85℃，只需 24 h 就可以处理完毕。温度在 5℃以下，氨化速度很慢，基本不发生反应，不宜制作氨化秸秆。

一般氨化时间可按下列温度给予考虑：温度 5～15℃需 4～8 周；15～20℃需 2～4 周；20～30℃仅需 1～3 周；30℃以上少于 1 周；85～90℃ 24 h 即可。

（5）氨化秸秆的保存　氨化秸秆在垛中和窖中或其他容器中可保存很长时间，只要塑料膜不破、不漏氨，就不会霉坏。因此，必须经常检查，加强管理。

（6）氨化秸秆的品质鉴定　氨化秸秆的品质可以通过感官、营养成分分析和饲喂效果来鉴定。氨化好的秸秆和未氨化好的、发霉的秸秆有明显的不同。

（7）氨化秸秆的饲喂方法　氨化秸秆必须放净氨味并铡短再喂山羊，以便采食、咀嚼和拌料，减少损失。刚开始喂氨化秸秆时，有的羊可能不爱吃，特别是放过青的，不太适应。为了改变这种情况，开始时要少给勤添，逐渐提高采食量。一般驯饲 2～3 d，最多 1 周时间即可自由采食。氨化秸秆是有一定营养价值的粗饲料，但对于生长山羊，要进行合理饲料搭配，补充其他的饲料，才能取得更好的生产效果。

石灰处理法也是碱化处理的一种方法。将 45 kg 生石灰溶于 1 t 水中，调制成石灰乳，将切短的秸秆浸入之中，经 5～10 min，然后捞出，堆放在塑料薄膜上，上面再覆盖塑料薄膜，经 1～2 d 后，可不必冲洗直接喂山羊。这种方法比较经济，秸秆中含钙量增加，混合料可不必再补加钙。但要注意，饲喂时间不得超过 36 h，以防霉变。为了提高粗饲料的营养价值和消化利用率，一般均需进行加工处理，并与其他的饲料搭配使用。常用的加工方法有切短、粉碎、氨化、碱化及微生物处理等。

2. 碱化处理

碱类物质能使饲料纤维内部的氢键结合变弱，使纤维素分子膨胀和细胞壁中纤维素与木质素间的联系削弱。溶解半纤维素，有利于山羊对饲料的消化，提高粗饲料的消化率。碱化处理所用原料，主要是氢氧化钠和石灰水。

(1)氢氧化钠处理　将秸秆放在盛有1.5%氢氧化钠溶液池内浸泡24 h，然后用水反复冲洗，晾干后喂山羊，有机物消化率可提高25%，此法用水量大，许多有机物被冲掉，且污染环境。威尔逊等提出了改进方法，用占秸秆重量4%～5%氢氧化钠，配制成30%～40%溶液，喷洒在粉碎的秸秆上，堆积数日，不经冲洗直接喂用，可提高有机物消化率12%～20%，称为干法处理。这种方法虽较湿法有较多改进，但山羊采食后粪便中含有相当数量的钠离子，对土壤和环境也有一定的污染。

(2)石灰水处理　生石灰加水后生成的氢氧化钙，是一种弱碱溶液，经充分熟化和沉淀后，用上层的澄清液处理秸秆。具体方法是：每100 kg秸秆，需3 kg生石灰，加水200～250 kg，将石灰乳均匀喷洒在粉碎的秸秆上，堆放在水泥地面上，经1～2 d后即可直接饲喂羊。这种方法成本低，生石灰到处都有，方法简便，效果明显。

(三)微生物加工调制

粗饲料的微生物加工调制主要包括青贮饲料和微贮饲料两种。

1.青贮饲料的制作

青贮饲料是把青绿多汁饲料(青绿玉米秸、高粱秸、薯类藤、花生秧、牧草等)在缺氧条件下，保存起来的方法。青贮饲料可以1年贮多年用，是一种既简单可靠而又经济实用的扩大饲料来源的办法。

(1)青贮饲料的好处

①营养丰富。青贮能减少营养成分损失，提高饲草利用率。一般晒制干草养分损失20%～30%，有时多达40%以上，而青贮

后仅损失 3%～10%，尤其能够有效地保存维生素。

②青绿鲜嫩，多汁适口。有了青贮饲料，山羊在枯草季节也能吃到青绿饲料。青贮饲料具有芳香酒酸味，适口性好，采食量大。

③减少不利天气的影响。青贮不受气候条件的影响，阴雨季节或天气不好时，晾晒干草有困难，而青贮即使在阴天，甚至在微雨的情况下，依然可进行，只要掌握好操作规程，照样可获得成功。

④青贮简便易行。制作好青贮饲料后，与其他精饲料及添加剂混合后即可饲喂，省去经常铡草的麻烦。

(2)青贮的原料　青贮的原料十分广泛，无毒无害的青绿植物均可青贮，如各种野草、野菜、作物秸秆、树叶等。易于青贮的原料有玉米秸、高粱秸、苏丹草、禾本科牧草、甜菜、胡萝卜等；不易于青贮的原料有苜蓿、草木樨、野豌豆、沙打旺、灰菜、蒿类等。在青贮时可将含糖分较高的易于青贮的禾本科饲草与含蛋白质丰富不易青贮的豆科饲草混合青贮，可取得很好的效果。禾本科原料与豆科混合青贮的调制比例一般为 2∶1 或 1∶1。青贮原料中要有一定的水分，适宜的量为 65%～70%，最低不得低于 55%。青贮原料含水量高低，对青贮的成败具有决定意义。当原料含水量过多时，会导致青贮饲料的腐败和变质，使青贮失败。原料含水量过少时，不易踏实、压紧，残留空气过多，青贮饲料也有发霉腐烂的危险。

(3)青贮容器

①青贮塔。青贮塔是用钢筋、水泥、砖砌成的永久性建筑物。青贮塔的优点是经久耐用，占地小，贮存损失小，机械化程度高。但一次性投资大，设施比较复杂，一般在一些大型养殖场采用。

②青贮窖（壕）。青贮窖（壕）有地下式、半地下式和地上式 3 种。形状有圆形、长方形或长条形（壕）。永久性青贮窖（壕）用混凝土建成。建窖地点应选择在地势较高、向阳干燥、土质坚实的地方，切忌在低洼处或树荫下建窖。

③地面堆贮。地面堆贮不专门占地，选一块干燥平坦的地面，铺上塑料布，然后，将青贮料卸在塑料布上堆成堆。青贮堆的四边呈斜坡，将青贮堆压实之后，用塑料布封好，周围用土压严。

(4)青贮饲料的调制方法与注意要点

①适期收割。青贮饲料应适时收割，这时青饲料中不但水分和碳水化合物含量适当，而且从单位土地面积上能获得最高的产量和营养利用率。在我国广大农区，一般都是收获玉米后立即收玉米秸秆制作青贮，这时的玉米叶一半以上还是青绿色。禾本科牧草及麦类可在抽穗的初期刈割，豆科牧草可以在开花期刈割。

②调节青贮饲料的含水量。青贮饲料的含水，是决定青贮成败的重要因素之一，青贮饲料含水量一般以 65%～70%为宜。可用双手拧整株玉米秆，若玉米秆有汁液渗出，表示其含水量在 70%左右，做青贮合适；若玉米秆若有较多的汁液渗出，说明其含水量较高，应晾晒半天或 1 d 以后再做青贮；玉米秆若无渗出汁液，说明其含水量不够，青贮时应适当加些水。

③切碎或揉碎。青贮饲料必须机械切碎或揉碎，便于压实。另外在切碎过程中，由于汁液渗出而湿润其表面，有利于加速乳酸菌的繁殖，并且有利于羊采食，提高消化力。切碎的细度以 0.5 cm 左右为宜，不要超过 1 cm 为好。

④装填与压实。制作青贮时应边切碎，边装贮，而且应装一层后就压实一层。尤其要注意壕或窖的四角和周边，即拖拉机压不着的地方，可用人踩实。争取在短时间内装填满。青贮饲料装填得越紧实，则空气排得越彻底，制作的青贮质量就越好。

⑤密封。青贮料装填完后，应立即严密封埋。一般要求青贮料装至高出壕或窖口 1 m 左右，再用塑料薄膜盖严，然后覆盖上土(土层厚 50～60 cm)。窖顶应呈屋脊型以利排水。在整个青贮过程中要做到不进气，不通水。经过 20～30 d 后，上面粗盖的土

层下沉，可能土层会出现裂缝，因此需经常检查层顶土层有无低洼或裂缝.为防止涌水，需要及时给以填平、封严。

⑥管理。在层或窖的四周，离窖墙 1 m 处满挖沟排水，以防雨水渗入。在我国南方多雨地区，应在青贮窖的上方搭个棚，尤其当启封时更需防雨水浸入。

(5)青贮饲料的品质鉴定　在生产实践中，常采用一些简单而直观的感官鉴定来判断青贮质量。感官鉴定是根据色、香、味和质地来判断。

(6)青贮饲料的利用　一般在青贮 30～50 d 后取用。取用时要分段开窖，从上到下分层取草，切勿全面打开，防止暴晒、雨淋、结冻，严禁掏洞取草。取后封严，防止二次发酵。

第一次喂青贮饲料，有些山羊可能不习惯。此时可将青贮料放在食槽底部，上面盖一些羊已经习惯的饲料，让它慢慢习惯后，再逐渐增加饲喂量。

2. 微贮饲料制作

微贮饲料可使羊采食量增加 20%～40%。微贮饲料的原料要求和青贮饲料一样，主要是含水量和含糖量的达到 65%～75%和 1%。微贮饲料制作过程和青贮饲料制作也大体相同，只是增加喷洒菌种环节。首先现将菌种复活，制成水溶液。在装窖时秸秆铺放 20～30 cm 厚后，均匀喷洒菌液水并压实后，按装入秸秆量的 0.5%左右均匀地撒放一层粉碎玉米或麸粉促进发酵，再铺放 20～30 cm 秸秆，再喷洒菌液、压实，再装入秸秆量的 0.5%左右均匀地撒放一层粉碎玉米或麸粉。其余操作环节与青贮饲料相同。

第三节　营养需要与饲养标准

一、山羊的营养需要

山羊的营养需要包括能量、蛋白质、矿物质、维生素和水等营养成分。山羊对这些营养成分的需要可分为维持需要和生产需要。维持需要是指山羊为维持正常生理活动，体重不增不减，也不进行生产时所需的营养物质量。山羊的生产需要指山羊在进行生长、繁殖、泌乳和产毛时对营养物质的需要量。

由于山羊的营养需要量大部是在实验室条件下通过大量试验，并用一定数学方法（如析因法等）得到的估计值，一定程度上也受试验手段和方法的影响，加之山羊的饲料组成及生存环境变异性很大，因此在实际使用时应作一定的调整。

（一）能量需要

合理的能量水平，对保证羊体健康、提高生产力、降低饲料消耗具有重要作用。目前表示能量需要的常用指标有代谢能和净能两大类。由于不同饲料在不同生产目的情况下代谢能转化为净能的效率差异很大，因此采用净能指标较为准确。山羊的维持、生长、繁殖、产奶和产毛所需净能应分别进行测定和计算。山羊的能量需要量就是维持能量需要和生产能量需要的总和。

一般认为，在一定活体重范围内山羊的维持能量需要与代谢体重呈线性相关关系；生长能量需要与活体增重的多少有关；羊妊娠前 15 周由于胎儿的绝对生长很小，所以能量需要较少，给予维持能量加少量的母体增重需要，即可满足妊娠前期的能量需要，妊娠后期由于胎儿的生长较快，因此需额外补充能量，以满足胎儿生长的需要；产毛能量需要很少，占总需要能量的比例较低。

（二）蛋白质需要

蛋白质需要量目前主要使用的指标有粗蛋白质和可消化粗蛋白。两者关系可表达为：

可消化粗蛋白＝0.87×粗蛋白－2.64

由于以上两种蛋白质指标不能真实反映反刍动物蛋白质消化代谢的实质，从 20 世纪 80 年代以来提出了以小肠蛋白为基础的反刍动物新蛋白体系，但目前因缺少基础数据，所以还没有在羊饲养实践中应用，山羊在瘤胃消化功能正常的情况下、蛋白质需要量(g/d)为：

$$粗蛋白质需要量=\frac{PD+MFP+EUP+DL+WOOL}{NPV}$$

式中，PD 为羊每日的蛋白质沉积量；EFP 为粪中代谢蛋白质的日排出量；EUP 为尿内源蛋白质的日排出量；DL 每日皮肤脱落的蛋白质量；WOOL 为羊毛生长每日沉积的蛋白质；NPV 为蛋白质的净效率。

(三)矿物质营养需要

山羊需要多种矿物质。至少有 15 种矿物质元素是羊体所必需的，其中常量元素 7 种，包括钠、钾、钙、镁、磷、氯和硫；微量元素 8 种，包括碘、铁、钼、铜、钴、锰、锌和硒。

1. 钠和氯

钠和氯在体内对维持渗透压、调节酸碱平衡、控制水代谢起着重要的作用。钠是制造胆汁的重要原料，氯构成胃液中的盐酸参与蛋白质消化。缺乏钠和氯易导致消化不良，食欲减退，异嗜，利用饲料营养物质降低，发育受阻，精神萎靡，身体消瘦，健康恶化等现象。植物性饲料中钠和氯的含量较少，而羊是以植物性饲料为主的，故常感钠、氯不足，补饲食盐是对羊补充钠和氯最普遍最有效的办法。食盐对羊很有吸引力，在自由采食的情况下常常超过羊的实际需要量，一般认为在日粮干物质中添加 0.5%的食盐即可满足羊对钠和氯的需要，每天每只羊需 5～10 g 食盐。

2. 钙和磷

羊体内的钙约有 99%、磷有 80%存在骨骼和牙齿中。钙、磷关系密切，幼龄羊其比例为 2∶1。血液中的钙有抑制神经和肌肉兴奋，促进血凝和保持细胞膜完整性等作用；磷参与糖、脂类、氨基酸的代谢和保持血液值正常。缺钙或磷，骨骼发育不正常，幼龄羊出现佝偻病和成年羊出现软化症等。山羊食用钙化物一般不会出现钙中毒。但日粮中钙过量，会加速其他元素如磷、镁、铁、碘、锌和锰缺乏。钙和磷的消化与吸收关系极为密切。日粮中钙和镁的含量对磷的吸收率影响很大，高钙、高镁不利于磷的吸收。大量研究表明：在放牧条件下，羊很少发生钙、磷缺乏。这可能与羊喜欢采食含钙、磷较多的植物有关。在舍饲条件下，如以粗饲料为主、应注意补充磷；若以精饲料为主，则应注意补充钙。如长期供应不足，将造成体内钙、磷贮存严重降低，最终导致溶骨症。

3. 镁

羊缺镁会引起代谢失调，缺镁的典型症状是痉挛。通过测定血清中镁的含量可以鉴定山羊是否缺镁。正常情况下血清中镁的含量为 1.8～3.2 mg/mL，如果降低到 1.0 mg/mL 以下，常常会出现镁缺乏症。

4. 钾

钾约占机体干物质的 0.3%。主要存在细胞内液中，影响机体的渗透压和酸碱平衡。对一些酶的活化有促进作用。缺钾采食量下降，精神不振和痉挛。绵羊对钾的最大耐受量占日粮干物质的 3%。

5. 硫

硫是保证瘤胃微生物最佳生长的重要养分，在瘤胃微生物消化过程中，硫对含硫氨基酸（蛋氨酸和胱氨酸）、维生素 B_{12} 的合成有作用。硫还是黏蛋白和羊毛的重要成分。硫缺乏与蛋白质缺乏症状相似，出现食欲减退，增重减少，毛的生长速度降低。此外，还表现出唾液分泌过多、流泪和脱毛。用硫酸钠补充硫，最大耐受量为日粮的 0.4%。严重中毒症状是呼出气体有硫化氢（H_2S）气味。

6. 碘

碘是甲状腺素的成分，参与物质代谢过程。碘缺乏甲状腺出现肥大，羔羊发育缓慢，甚至出现无毛症或死亡。对缺碘的绵羊，采用碘化食盐(含 0.01%～0.02%碘化钾)补饲。碘中毒症状是发育缓慢，厌食和体温下降。

7. 铁

铁参与形成血红素和肌红蛋白，保证机体组织氧的运输。铁还是细胞色素酶类和多种氧化酶的成分，与细胞内生物氧化过程密切相关。缺铁的症状是生长缓慢、嗜眠、贫血、呼吸频率增加。铁过量，其慢性中毒症状是采食量下降、生长速度慢、饲料转化率低；其急性中毒表现出厌食、尿少、腹泻、体温低、代谢性酸中毒、休克，甚至死亡。

8. 钼

钼是黄嘌呤氧化酶及硝酸还原酶的组成成分，体组织和体液中也含有少量的钼。钼与铜、硫之间存在着相互促进、相互制约的关系。对饲喂低钼日粮的羔羊补饲钼盐能提高增重。钼饲喂过量，毛纤维直、粪便松软、尿黄、脱毛、贫血、骨骼异常和体重迅速下降。钼中毒可通过提高日粮中铜水平进行控制。

9. 铜

铜有催化红细胞和血红素形成的作用。铜与羊毛生长关系密切。在酶的作用下，铜参与有色毛纤维色素形成。缺铜引起羔羊共济失调、贫血、骨骼异常和毛纤维直、强度、弹性、染色亲和力下降、有色毛色素沉着力差。

10. 钴

钴有助于瘤胃微生物合成维生素 B_{12}。缺钴影响血红素和红细胞的形成。绵羊缺钴出现食欲下降、流泪、毛被粗硬、精神不振、消瘦、贫血、泌乳量和产毛量降低、发情次数减少、易流产。在缺钴的地区，牧地可施用硫酸钴肥，每公顷 1.5 kg。也可补饲钴盐，可将钴添加到食盐中,每 100 kg 食盐含钴量为 2.5 kg。或按钴的需要量投服钴丸。

11. 锰

锰对于骨骼发育和繁殖都有作用。缺锰会导致初生羔羊运动失调,生长发育受阻,骨骼畸形,繁殖力降低。

12. 锌

锌是多种酶的成分,如红细胞中的碳酸酐酶、胰液中的羧肽酶和胰岛素的成分。锌维持公羊睾丸的正常发育和精子形成。此外,锌还维持羊毛的正常生长。缺锌症状出现角化不全症、掉毛、睾丸发育缓慢(或睾丸萎缩)、多畸形精子、母羊繁殖力下降。锌过量出现中毒症状,采食量下降、羔羊增重降低。日粮每千克含锌量为妊娠母羊表现出严重缺锌,流产和死胎增多。

13. 硒

硒是谷胱苷肽过氧化物酶的主要成分,具有抗氧化作用。缺硒羔羊出现白肌病、生长发育受阻、母羊繁殖机能紊乱、多空怀和死胎。对缺硒绵羊补饲亚硒酸办法甚多,如土壤中施用硒肥,饲料添加剂口服、皮下或肌肉注射,还可用铁和硒按 20∶1 制成丸剂或含硒的可溶性玻璃球。硒过量引起硒中毒,表现为掉毛、蹄部溃疡至脱落、繁殖力显著下降。当喂含硒低的日粮,体内的硒便迅速排出体外。

矿物质营养的吸收、代谢以及其在体内的作用复杂,它们之间有些存在相互拮抗作用,有些存在相互协同作用。因此,某些元素缺乏或过量可导致另一些元素的缺乏或过量,此外,各种饲料原料中矿物质元素的有效性差别很大,目前大多数矿物质营养的确切需要量还不清楚,各种资料推荐的数据也很不一致。在实践中应结合当地饲料资源特点及羊的生产表现进行适当调整。

(四)维生素需要

维生素分为脂溶性和水溶性两大类。脂溶性维生素可溶于脂肪，羊体内有一定的贮存，包括维生素 A、维生素 D、维生素 E 和维生素 K 四种。水溶性维生素可溶于水，体内不能贮存，必须由日粮中经常供给，包括维生素 C 和 B 族维生素。羊体内可以合成维生素 C，羊瘤胃微生物可合成 B 族维生素和维生素 K，一般情况下不用补充，因此，在养羊生产中一般较重视维生素 A、维生素 D 和维生素 K。在羔羊阶段由于瘤胃微生物区系尚未建立，无法合成维生素 B 和维生素 K，所以也需由饲粮中提供。

1. 维生素 A

羊每天对维生素 A 或胡萝卜素的需要量为每千克活重 47 IU 或每千克活重 6.9 mg β-胡萝卜素。在妊娠后和泌乳则可增至每千克活重 35 IU 或每千克活重 125 mg β-胡萝卜素，羊主要靠采食胡萝卜素满足对维生素 A 的需要。

2. 维生素 D

维生素 D 为类固醇衍生物，分为维生素 D_2 和维生素 D_3。放牧在阳光下，山羊通过紫外线照射可合成并获得充足的维生素 D_2，但如果长时间阴云天气或圈养，可能出现维生素 D 缺乏症。这时应喂给经太阳晒制的干草，以补充维生素 D。

3. 维生素 E

维生素 E 又叫生育酚，极易氧化，具有生物学活性，其中以 α-生育酚活性最高。维生素 E 的主要功能是作为机体的生物催化剂。新鲜牧草的维生素 E 含量较高。自然干燥的干草在贮藏过程中会损失掉大部分维生素 E。母羊每天只需要维生素 E 30～50 IU，羔羊为 5～10 IU。一般情况下放牧则可满足羊对维生素 E 的需要。

4. 维生素 K

维生素 K_1 的主要作用是催化肝脏对凝血酶原和凝血素的合成。青饲料富含维生素 K_1，瘤胃微生物可大量合成维生素 K_2，一般不会出现缺乏。但生产中，由于饲料间的拮抗作用，而妨碍维生素 K 的利用;霉变饲料中的真菌素有制约维生素 K 的作用;药物添加剂,如抗生素和磺胺类药物,能抑制胃肠微生物对维生素 K 的合成。以上情况均会造成缺乏,需要适当增加维生素 K 的喂量。

(五)水的需要量

水是山羊体器官、组织和体液的主要成分,约占体重的一半。水是山羊体内的主要溶剂,各种营养物质在体内的消化、吸收、运输及代谢等一系列生理活动都需要水。水对体温调节也有重要作用,尤其是在环境温度较高时,通过水的蒸发,保持体温恒定。水也参与维持机体细胞渗透压和体内各种生化反应。

山羊的需水量受机体代谢水平、生理阶段、环境温度、体重、生产方向以及饲料组成等诸多因素的影响。山羊的生产水平高时需水量大,妊娠和泌乳需水量比空怀母羊的需水量大(约增加 1 倍),环境温度升高需水量增加,采食量大时需水量也大,一般情况下,成年羊的需水量为采食干物质的 2～3 倍。由于水来源广泛,在生产中往往重视不够,常因饮水不足引起生产力下降。为达到最佳生产效果,天气温暖时,应给放牧羊每日至少 2 次饮水。

二、山羊的饲养标准

羊的饲养标准又叫羊的营养需要量,是指羊维持生命活动和从事生产(乳、肉、毛、繁殖等)对能量和各种营养物质的最低需要量。山羊的饲养标准研究的不是很多,美国科学院全国科学研究理事会(NRC)于 1981 年公布了第 1 版山羊饲养标准,前苏联有毛用、绒用山羊的饲养标准,我国山东农业大学研究了青山羊的营养需要。

(一)美国山羊的饲养标准

针对美国 NRC 展示的山羊每日养分需要量,在计算山羊的能量需要时,必须考虑山羊的年龄、体重、活动量、生长、怀孕与泌乳等因素的影响；另外，剪毛后会使山羊能量需要提高，因为除去羊毛会使山羊与环境的隔绝作用减弱。由于山羊是放牧动物，其能量需要受运动量影响很大。

在集约化饲养条件下，如果天气为热带型，则山羊每天所需的代谢需要量必须高于维持需要量的25%；在干旱、稍微陡峻多山的牧场里，山羊的代谢需要量要高于维持需要量的50%；在干旱与牧草稀少的多山牧地，山羊的代谢需要量要比维持需要量增加75%。

NRC中蛋白质的需求量以粗蛋白质和可消化粗蛋白质表示。据NRC推荐，维持时的能量/蛋白质比例是4.19 MJ/22 g可消化粗蛋白质或4.19 MJ/22 g粗蛋白质。

美国山羊营养需要量见表5-1。另外，山羊对常量元素需要量和微量元素需要量及中毒量也一并列出(表5-2和表5-3)。

表5-1 美国(1981)山羊营养需要量

体重/kg	能量				粗蛋白质		矿物质		维生素	
	总可消化养分/g	消化能/MJ	代谢能/MJ	净能/MJ	总蛋白质/g	可消化蛋白质/g	钙/g	磷/g	维生素A	维生素D
									1 000 IU	
维持(最低限度的活动和怀孕早期)										
10	159	2.93	2.38	1.34	22	15	1	0.7	0.4	0.084
20	267	4.94	4.02	2.26	38	26	1	0.7	0.7	0.144
30	362	6.65	5.44	3.05	51	35	2	1.4	0.9	0.195
40	448	8.28	6.74	3.81	63	43	2	1.4	1.2	0.243
50	530	9.79	7.99	4.52	75	51	3	2.1	1.4	0.285
60	608	11.21	9.16	5.15	86	59	3	2.1	1.6	0.327
70	682	12.59	10.25	5.77	96	66	4	2.8	1.8	0.369
80	754	13.89	11.34	6.40	106	73	4	2.8	2.0	0.408
90	824	15.19	12.38	6.99	116	80	4	2.8	2.2	0.444
100	891	16.44	13.43	7.57	126	86	5	3.5	2.4	0.480

续表 5-1

体重/kg	能量				粗蛋白质		矿物质		维生素	
	总可消化养分/g	消化能/MJ	代谢能/MJ	净能/MJ	总蛋白质/g	可消化蛋白质/g	钙/g	磷/g	维生素A	维生素D
									1 000 IU	
供维持和低度活动(25%增加量,集约化饲养,热带地区和怀孕早期)										
10	199	3.64	2.97	1.67	27	19	1	0.7	0.5	0.108
20	334	6.15	5.02	2.85	46	32	2	1.4	0.9	0.180
30	452	8.33	6.78	3.85	62	43	2	1.4	1.2	0.243
40	560	10.33	8.45	4.77	77	54	3	2.1	1.5	0.303
50	662	12.22	9.96	5.61	91	63	4	2.8	1.8	0.357
60	760	13.60	11.42	6.44	105	73	4	2.8	2.0	0.408
70	852	15.73	12.84	7.24	118	82	5	3.5	2.3	0.462
80	942	17.41	14.18	7.99	130	90	5	3.5	2.6	0.510
90	1 030	18.99	15.48	8.74	142	99	6	4.2	2.8	0.555
100	1 114	20.54	16.78	9.46	153	107	6	4.2	3.0	0.600
供维持和中度活动(50%增加量,半干燥丘陵地牧区和怀孕早期)										
10	239	4.39	3.60	2.01	33	23	1	0.7	0.6	0.129
20	400	7.41	6.02	3.39	55	38	2	1.4	1.1	0.216
30	543	9.96	8.16	4.60	74	52	3	2.1	1.5	0.294
40	672	12.43	10.13	5.69	93	64	4	2.8	1.8	0.363
50	795	14.69	11.97	6.78	110	76	4	2.8	2.1	0.429
60	912	16.82	13.72	7.70	126	87	5	3.5	2.5	0.429
70	1 023	18.91	15.40	8.66	141	98	6	4.2	2.8	0.552
80	1 131	20.84	16.99	9.62	156	108	6	4.2	3.0	0.609
90	1 236	22.76	18.58	10.46	170	118	7	4.9	3.3	0.666
100	1 336	24.69	20.17	11.38	184	128	7	4.9	3.6	0.732

续表 5-1

体重/kg	能量				粗蛋白质		矿物质		维生素	
	总可消化养分/g	消化能/MJ	代谢能/MJ	净能/MJ	总蛋白质/g	可消化蛋白质/g	钙/g	磷/g	维生素A	维生素D
									1 000 IU	
供维持和高度活动(75%增加量,干燥、植物稀少的高山牧区和怀孕早期)										
10	278	5.10	4.18	2.43	38	26	2	1.4	0.8	0.150
20	467	8.62	7.03	3.93	64	45	2	1.4	1.3	0.252
30	634	11.63	9.54	5.36	87	60	3	2.1	1.7	0.342
40	784	14.48	11.80	6.65	108	75	4	2.8	2.1	0.423
50	928	17.15	13.97	7.91	128	89	5	3.5	2.5	0.501
60	1 064	19.62	16.02	8.99	146	102	6	4.2	2.9	0.576
70	1 194	22.04	17.95	10.13	165	114	6	4.2	3.2	0.642
80	1 320	24.31	19.83	11.21	182	126	7	4.9	3.6	0.711
90	1 442	26.57	21.17	12.22	198	138	8	5.6	3.9	0.777
100	1 559	28.79	23.51	13.26	215	150	8	5.6	4.2	0.843
怀孕末期额外的营养需要量										
	397	7.28	5.94	3.45	82	57	2	1.4	1.1	0.213
每日增重 50 g 的营养需要量										
	100	1.84	1.51	0.84	14	10	1	0.7	0.3	0.054
每日增重 100 g 的营养需要量										
	200	3.68	3.01	1.67	28	20	1	0.7	0.5	0.108
每日增重 150 g 的营养需要量										
	300	5.52	4.52	2.51	42	30	2	1.4	0.8	0.162
不同乳脂率,每千克产乳额外的营养需要量										%
2.5	333	6.15	5.02	2.85	59	42	2	1.4	3.8	0.760
3.0	337	6.23	5.06	2.85	64	45	2	1.4	3.8	0.760
3.5	342	6.32	5.15	2.89	68	48	2	1.4	3.8	0.760
4.0	346	3.40	5.23	2.93	72	51	3	2.1	3.8	0.760
4.5	351	6.49	5.27	2.97	77	54	3	2.1	3.8	0.760
5.0	356	6.57	5.36	3.01	82	57	3	2.1	3.8	0.760
5.5	360	6.65	5.40	3.05	86	60	3	2.1	3.8	0.760
6.0	365	6.74	5.48	3.10	90	63	3	2.1	3.8	0.760

续表 5-1

体重/kg	能量				粗蛋白质		矿物质		维生素	
	总可消化养分/g	消化能/MJ	代谢能/MJ	净能/MJ	总蛋白质/g	可消化蛋白质/g	钙/g	磷/g	维生素A	维生素D
									1 000 IU	
安哥拉山羊依每年羊毛产量,每日的额外营养需要量/kg										
2	16	0.29	0.25	0.13	9	6	—	—	—	—
4	34	0.63	0.50	0.29	17	12	—	—	—	—
6	50	0.92	0.75	0.42	26	18	—	—	—	—
8	66	1.21	1.00	0.59	34	24	—	—	—	—

表 5-2 山羊的常量元素需要量 %日粮

矿物元素	风干日粮需要量	绝干日粮需要量
钙	0.19～0.47	0.21～0.52
磷	0.14～0.33	0.16～0.37
钠	0.04～0.09	0.04～0.10
氯	—	—
钾	0.45	0.50
镁	0.04～0.07	0.04～0.08
硫	0.13～0.23	0.14～0.26

表 5-3 山羊的微量元素需要量及中毒量 mg/kg

矿物元素	风干日粮需要量	绝干日粮需要量	风干日粮中毒量	绝干日粮中毒量
铁	17～45	30～50	—	—
铜	4.5	5	7～23	8～25
锌	32～45	35～50	900	1 000
锰	18～36	20～40	—	—

续表 5-3

矿物元素	风干日粮需要量	绝干日粮需要量	风干日粮中毒量	绝干日粮中毒量
钴	0.09	0.10	90～180	100～200
碘	0.09～0.73	0.01～0.80	7.3	8
氟	—	—	55～180	60～200
钼	0.45	5	4.5～18	5～20
硒	0.09	0.10	—	—

(二)青山羊饲养标准

山东农业大学建议的青山羊的营养需要量见表 5-4 至表 5-11。

表 5-4 妊娠期青山羊母羊的代谢能及蛋白质需要量

母羊体重/kg	养分	妊娠阶段/d			
		维持	1～90	91～120	120 以上
10	代谢能/(MJ/d)	2.76	3.94	4.47	5.22
	粗蛋白质/(g/d)	34	55	88	115
15	代谢能/(MJ/d)	3.72	5.59	6.19	7.00
	粗蛋白质/(g/d)	43	65	97	124
20	代谢能/(MJ/d)	4.61	7.15	7.80	8.64
	粗蛋白质/(g/d)	52	73	105	132
25	代谢能/(MJ/d)	5.44	8.66	9.34	10.19
	粗蛋白质/(g/d)	60	81	113	140
30	代谢能/(MJ/d)	6.22	10.12	10.82	11.70
	粗蛋白质/(g/d)	67	89	121	148

表 5-5 泌乳前期青山羊母羊的代谢能及蛋白质需要量

体重/kg	养分	泌乳量/kg					
		0.00	0.50	0.75	1.00	1.25	1.50
5.0	代谢能/(MJ/d)	1.53	2.25	4.73	5.80	6.87	7.94
	粗蛋白质/(g/d)	25	63	87	112	137	161
10.0	代谢能/(MJ/d)	2.56	4.70	5.77	6.84	7.91	8.89
	粗蛋白质/(g/d)	24	73	97	122	146	170
15.0	代谢能/(MJ/d)	3.48	5.61	6.68	7.75	8.82	9.89
	粗蛋白质/(g/d)	33	81	106	130	154	179
20.0	代谢能/(MJ/d)	4.31	6.45	7.52	8.59	9.66	10.73
	粗蛋白质/(g/d)	40	89	114	138	102	187
25.0	代谢能/(MJ/d)	5.10	7.24	8.31	9.38	10.44	11.51
	粗蛋白质/(g/d)	48	97	121	145	170	194
30.0	代谢能/(MJ/d)	5.49	7.98	9.05	10.12	11.19	12.26
	粗蛋白质/(g/d)	55	104	128	152	177	201

表 5-6 泌乳后期青山羊母羊的代谢能及蛋白质需要量

体重/kg	养分	泌乳量/kg					
		0.00	0.15	0.25	0.50	0.75	1.00
5.0	代谢能/(MJ/d)	1.81	2.60	3.12	4.43	7.05	7.05
	粗蛋白质/(g/d)	130	39	56	99	141	185
10.0	代谢能/(MJ/d)	3.04	3.83	4.35	5.66	6.97	8.28
	粗蛋白质/(g/d)	22	48	65	108	151	194
15.0	代谢能/(MJ/d)	4.12	4.91	5.43	6.74	8.05	9.36
	粗蛋白质/(g/d)	30	55	73	116	159	201
20.0	代谢能/(MJ/d)	5.12	5.90	6.43	7.74	9.05	10.36
	粗蛋白质/(g/d)	37	63	80	123	166	209
25.0	代谢能/(MJ/d)	6.05	6.84	7.36	8.67	9.98	11.29
	粗蛋白质/(g/d)	44	69	87	129	172	215
30.0	代谢能/(MJ/d)	6.94	7.72	8.25	9.56	10.86	12.18
	粗蛋白质/(g/d)	50	76	93	136	179	222

表 5-7 哺乳期青山羊羔羊的代谢能及蛋白质需要量

体重/kg	养分	日增重/(g/d)					
		0	20	40	60	80	100
1	代谢能/(MJ/d)	0.46	0.60	0.75	0.89	1.04	1.18
	粗蛋白质/(g/d)	3	9	14	19	25	30
2	代谢能/(MJ/d)	0.76	0.91	1.06	1.20	1.35	1.49
	粗蛋白质/(g/d)	5	11	16	22	27	32
4	代谢能/(MJ/d)	1.38	1.62	1.85	2.08	2.32	2.55
	粗蛋白质/(g/d)	9	16	22	29	35	42
6	代谢能/(MJ/d)	1.88	2.11	2.34	2.58	2.81	3.04
	粗蛋白质/(g/d)	12	19	26	32	39	45
8	代谢能/(MJ/d)	2.33	2.53	2.79	3.03	3.26	3.49
	粗蛋白质/(g/d)	13	22	28	35	42	48

表 5-8 生长期青山羊的代谢能及蛋白质需要量

体重/kg	养分	日增重/(g/d)					
		0	20	40	60	80	100
6	代谢能/(MJ/d)	1.30	1.90	2.51	3.11	3.72	4.32
	粗蛋白质/(g/d)	11	22	33	44	55	67
8	代谢能/(MJ/d)	1.61	2.50	3.37	4.25	5.13	6.01
	粗蛋白质/(g/d)	13	24	36	47	58	69
10	代谢能/(MJ/d)	1.91	3.06	4.22	5.37	6.53	7.69
	粗蛋白质/(g/d)	16	27	38	49	60	72
12	代谢能/(MJ/d)	2.19	3.62	5.05	6.48	7.91	9.35
	粗蛋白质/(g/d)	18	29	40	52	63	74
14	代谢能/(MJ/d)	2.45	4.16	5.87	7.58	9.29	10.99
	粗蛋白质/(g/d)	20	31	43	54	65	76
16	代谢能/(MJ/d)	2.71	4.70	6.68	8.66	10.65	12.63
	粗蛋白质/(g/d)	22	34	45	56	67	78

表 5-9 青山羊后备公羊的代谢能及蛋白质需要量

体重/kg	养分	日增重/(g/d)					
		0	20	40	60	80	100
12	代谢能/(MJ/d)	3.10	3.36	3.63	3.89	4.15	4.41
	粗蛋白质/(g/d)	24	32	40	49	57	66
15	代谢能/(MJ/d)	3.67	4.33	5.00	4.67	6.33	7.00
	粗蛋白质/(g/d)	28	36	45	53	61	70
18	代谢能/(MJ/d)	4.20	5.28	6.35	7.42	8.49	9.56
	粗蛋白质/(g/d)	32	40	49	57	66	74
21	代谢能/(MJ/d)	4.72	6.20	7.67	9.15	10.63	12.10
	粗蛋白质/(g/d)	36	44	53	61	70	78
24	代谢能/(MJ/d)	5.22	7.10	8.89	10.88	12.74	14.62
	粗蛋白质/(g/d)	40	48	56	65	73	82

表 5-10 青山羊种公羊的代谢能及蛋白质需要量

体重/kg	养分	日增重/(g/d)					
		0	20	40	60	80	100
16	代谢能/(MJ/d)	3.83	4.55	5.28	6.01	6.74	7.46
	粗蛋白质/(g/d)	63	76	88	101	114	127
20	代谢能/(MJ/d)	4.75	5.48	6.20	6.93	7.66	6.38
	粗蛋白质/(g/d)	78	91	104	116	129	142
25	代谢能/(MJ/d)	5.61	6.34	7.07	7.79	8.52	9.25
	粗蛋白质/(g/d)	92	105	118	131	143	156
30	代谢能/(MJ/d)	6.44	7.16	7.89	8.62	9.34	10.07
	粗蛋白质/(g/d)	106	118	131	144	157	170

表 5-11 青山羊种公羊配种期的代谢能及蛋白质需要量

体重/kg	养分	配种次数/(次/d)				
		1	2	4	6	8
16	代谢能/(MJ/d)	4.76	5.70	7.57	9.45	11.32
	粗蛋白质/(g/d)	86	108	154	199	245

续表 5-11

体重/kg	养分	配种次数/(次/d)				
		1	2	4	6	8
20	代谢能/(MJ/d)	5.91	7.07	9.40	11.72	14.05
	粗蛋白质/(g/d)	101	123	169	215	260
25	代谢能/(MJ/d)	6.99	8.36	11.11	13.86	16.61
	粗蛋白质/(g/d)	115	138	183	229	274
30	代谢能/(MJ/d)	8.01	9.39	12.74	15.89	19.04
	粗蛋白质/(g/d)	128	151	197	242	288

(三)我国普通山羊的饲养标准

由于我国迄今为止尚无完整的山羊饲养标准，表 5-12 至表 5-19 中标准以“山羊的养分需要量”为依据，根据我国山羊生产的实际情况，进行了部分删减和细化，分种公羊、母羊、育成及空怀羊等的饲养标准。

表 5-12　种公羊的饲养标准(每日每只)

饲养期	体重/kg	风干饲料/kg	消化能/MJ	可消化粗蛋白质/g	钙/g	磷/g	食盐/g	胡萝卜素/mg
非配种期	70	1.8～2.1	16.7～20.5	110～140	5～6	2.5～3.0	10～15	15～20
	80	1.9～2.2	18.0～21.8	120～150	6～7	3～4	10～15	15～20
	90	2.0～2.4	19.2～23.0	130～160	7～8	4～5	10～15	15～20
	100	2.1～2.5	20.5～25.1	140～170	8～9	5～6	10～15	15～20
配种期①	70	2.2～2.6	23.0～27.2	190～240	9～10	7.0～7.5	15～20	20～30
	80	2.3～2.7	24.3～29.3	200～250	9～11	7.5～8.0	15～20	20～30
	90	2.4～2.8	25.9～31.0	210～260	10～12	8～9	15～20	20～30
	100	2.5～3.0	26.8～31.8	220～270	11～13	8.5～9.5	15～20	20～30
配种期②	70	2.4～2.8	25.9～31.0	260～370	13～14	9～10	15～20	30～40
	80	2.6～3.0	28.5～33.5	280～380	14～15	10～11	15～20	30～40
	90	2.7～3.1	29.7～34.7	290～390	15～16	11～12	15～20	30～40
	100	2.8～3.2	31.0～36.0	310～400	16～17	12～13	15～20	30～40

注：配种期①为配种 2～3 次；配种期②为配种 4～5 次。

表 5-13 育成及空怀母羊的饲养标准(每羊每日)

月龄/月	体重/kg	风干饲料/kg	消化能/MJ	可消化粗蛋白质/g	钙/g	磷/g	食盐/g	胡萝卜素/mg
4～6	25～30	1.2	10.9～13.4	70～90	3.4～4.0	2.0～3.0	5～8	5～8
6～8	30～36	1.3	12.6～14.6	72～95	4.0～5.2	2.8～3.2	6～9	6～8
8～10	36～42	1.4	14.6～16.7	73～95	4.5～5.5	3.0～3.5	7～10	6～8
10～12	37～45	1.5	14.6～17.2	75～100	5.2～6.0	3.2～3.6	8～11	7～9
12～18	42～50	1.6	14.6～17.2	75～95	5.5～6.5	3.2～3.6	8～11	7～9

表 5-14 怀孕母羊的饲养标准(每羊每日)

妊娠期	体重/kg	风干饲料/kg	消化能/MJ	可消化粗蛋白质/g	钙/g	磷/g	食盐/g	胡萝卜素/mg
前期	40	1.6	12.6～15.9	70～80	3.4～4.0	2.0～2.5	8～10	8～10
	50	1.8	14.2～17.6	75～90	3.2～4.5	2.5～3.0	8～10	8～10
	60	2.0	15.9～18.4	80～95	4.0～5.0	3.0～4.0	8～10	8～10
	70	2.2	16.7～19.2	85～100	4.5～5.5	3.8～4.5	8～10	8～10
后期	40	1.8	15.1～18.8	80～110	6.0～7.0	3.5～4.0	8～10	10～12
	50	2.0	18.4～21.3	90～120	7.0～8.0	4.0～4.5	8～10	10～12
	60	2.2	20.1～21.8	95～130	8.0～9.0	4.0～5.0	9～12	10～12
	70	2.4	21.8～23.4	100～140	8.5～9.0	4.5～5.5	9～12	10～12

表 5-15 单羔和保证羔羊日增重 200～250 g 时哺乳母羊的饲养标准(每羊每日)

体重/kg	风干饲料/kg	消化能/MJ	可消化粗蛋白质/g	钙/g	磷/g	食盐/g	胡萝卜素/mg
40	2.0	18.0～23.4	100～150	7.0～8.0	4.0～5.0	10～12	6～8
50	2.2	19.2～24.7	110～190	7.5～8.5	4.5～5.5	12～14	8～10
60	2.4	23.4～25.9	120～200	8.0～9.0	4.6～5.6	13～15	8～12
70	2.6	24.3～27.2	120～200	8.5～9.5	4.8～5.8	13～15	9～15

表 5-16 双羔和保证羔羊日增重 300～400 g 时哺乳母羊的饲养标准(每羊每日)

体重/kg	风干饲料/kg	消化能/MJ	可消化粗蛋白质/g	钙/g	磷/g	食盐/g	胡萝卜素/mg
40	2.8	21.8～28.5	150～200	8.0～10.0	5.5～6.0	13～15	8～10
50	3.0	23.4～29.7	180～220	9.0～11.0	6.0～6.5	14～16	9～12
60	3.0	24.7～31.0	190～230	9.5～11.5	6.0～7.0	15～17	10～13
70	3.2	25.9～33.5	200～240	10.0～12.0	6.2～7.5	15～17	12～15

表 5-17 育成羊的饲养标准(每羊每日)

月龄/月	体重/kg	风干饲料/kg	消化能/MJ	可消化粗蛋白质/g	钙/g	磷/g	食盐/g	胡萝卜素/mg
4～6	30～40	1.4	14.6～16.7	90～100	4.0～5.0	2.5～3.8	6～12	5～10
6～8	37～42	1.6	16.7～18.8	95～115	5.0～6.3	3.0～4.0	6～12	5～10
8～10	42～48	1.8	16.7～20.9	100～125	5.5～6.5	3.5～4.3	6～12	5～10
10～12	46～53	2.0	20.1～23.0	110～135	6.0～7.0	4.0～4.5	6～12	5～10
12～18	53～70	2.2	20.1～23.4	120～140	6.5～7.2	4.5～5.0	6～12	5～10

表 5-18 成年育肥羊的饲养标准(每羊每日)

体重/kg	风干饲料/kg	消化能/MJ	可消化粗蛋白质/g	钙/g	磷/g	食盐/g	胡萝卜素/mg
40	1.5	15.9～19.2	90～100	3～4	2.0～2.5	5～10	5～10
50	1.8	16.7～23.0	100～120	4～5	2.5～3.0	5～10	5～10
60	2.0	20.9～27.2	110～130	5～6	2.8～3.5	5～10	5～10
70	2.2	23.0～29.3	120～140	6～7	3.0～4.0	5～10	5～10
80	2.4	23.5～27.2	130～160	7～8	3.5～4.5	5～10	5～10

表 5-19　育肥羔羊的饲养标准(每羊每日)

月龄/月	体重/kg	风干饲料/kg	消化能/MJ	可消化粗蛋白质/g	钙/g	磷/g	食盐/g	胡萝卜素/mg
3	25	1.2	10.56～14.6	80～100	1.5～5.0	0.6～1.0	3～5	2～4
4	30	1.4	14.6～16.7	90～150	2～3	1～2	4～8	3～5
5	40	1.7	16.7～18.8	90～140	3～4	2～3	5～9	4～8
6	45	1.8	18.8～20.9	90～130	3～4	3～4	6～9	5～8

(四)前苏联毛用和绒用山羊饲养标准(表 5-20 至表 5-22)

表 5-20　绒用和毛用种公羊的饲养标准(每日每只)

指标	非配种期					配种期				
	体重/kg									
	50	60	70	80	90	50	60	70	80	90
代谢能/MJ	12	14	16	18	19	16	18	19	20	22
干物质/kg	1.5	1.6	1.7	1.85	1.95	1.6	1.8	1.9	2.0	2.2
粗蛋白质/g	150	180	200	220	225	240	270	285	295	325
可消化蛋白质/g	95	115	130	140	145	160	180	190	200	220
食盐/g	10	11	12	13	14	13	14	15	16	17
钙/g	6.0	7.2	8.4	9.0	9.6	9.0	9.6	10.2	10.8	11.4
磷/g	3.5	4.2	4.9	5.3	5.6	5.3	5.6	6.0	6.3	6.7
镁/g	0.55	0.65	0.70	0.80	0.85	0.80	0.85	0.90	0.90	0.95
硫/g	3.0	3.6	4.2	4.5	4.8	4.5	4.8	5.1	5.4	5.7
铁/mg	40	50	55	65	70	45	55	65	75	85
铜/mg	7	8.5	10	11	13	8.5	10	12	14	15
锌/mg	30	35	40	50	55	35	45	50	60	70
钴/mg	0.35	0.4	0.5	0.55	0.6	0.45	0.55	0.65	0.7	0.8
锰/mg	40	50	55	65	70	45	55	65	75	85
碘/mg	0.24	0.25	0.27	0.28	0.29	0.25	0.25	0.26	0.3	0.3
胡萝卜素/mg	12	14	17	18	19	18	19	20	22	23
维生素 D/IU	330	400	460	490	520	495	525	560	590	620
维生素 E/mg	32	38	45	48	51	48	51	54	58	61

表 5-21 绒用和毛用母羊的饲养标准(每日每只)

指标	空怀、妊娠前12～13周			妊娠最后 7～8 周				哺乳期			
	体重/kg										
	35	40	45	35	40	45	50	35	40	45	50
代谢能/MJ	8.1	9.5	10.8	10.0	11.0	12.0	13.0	15.0	16.0	17.5	18.0
干物质/kg	1.2	1.4	1.6	1.35	1.5	1.7	1.9	1.45	1.6	1.9	2.0
粗蛋白质/g	115	125	150	150	155	165	170	240	255	275	280
可消化蛋白质/g	65	70	90	100	105	110	115	145	155	165	170
食盐/g	10	10	12	12	12	13	13	13	14	15	16
钙/g	4.0	5.0	5.5	6.5	7.0	7.5	8.0	7.0	8.0	8.0	8.5
磷/g	2.5	2.5	3.0	3.5	3.9	4.2	4.4	5.0	5.5	6.0	6.0
镁/g	0.5	0.5	0.6	0.6	0.6	0.6	0.7	0.7	0.8	0.8	0.9
硫/g	2.4	2.6	2.9	3.0	3.3	3.6	3.8	4.4	4.7	5.0	5.1
铁/mg	43	43	43	55	55	55	55	88	88	88	88
铜/mg	9.6	9.6	9.6	11	11	11	11	15	15	15	15
锌/mg	32	32	32	43	43	43	43	88	88	88	88
钴/mg	0.4	0.4	0.4	0.52	0.52	0.52	0.52	0.87	0.87	0.87	0.87
锰/mg	48	48	48	65	65	65	65	88	88	88	88
碘/mg	0.4	0.4	0.4	0.44	0.44	0.44	0.44	0.68	0.68	0.68	0.68
胡萝卜素/mg	7	9	13	13	14	16	18	17	19	20	21
维生素 D/IU	420	490	600	600	700	800	900	650	700	850	900

表 5-22　绒用和毛用育成羊的饲养标准(每日每只)

指标	育成母羊					育成公羊				
	月龄/月									
	4～6	6～8	8～10	10～12	12～18	4～6	6～8	8～10	10～12	12～18
	体重/kg									
	15～20	21～22	23～25	26～27	28～37	20～25	26～27	28～30	31～35	36～40
代谢能/MJ	6.5	7.2	7.2	8.0	9.5	7.6	8.5	9.4	10.3	12.3
干物质/kg	0.7	0.8	0.9	0.95	1.25	0.8	0.95	1.05	1.25	1.5
粗蛋白质/g	100	115	120	120	140	120	130	140	150	180
可消化蛋白质/g	70	80	80	80	90	85	90	95	100	120
食盐/g	7	7	7	9	9	8	8	9	10	12
钙/g	4	4	5	5	5	5	5	6	6	6
磷/g	2	2	3	3	3	3	3	4	4	4
镁/g	0.4	0.4	0.5	0.6	0.7	0.5	0.5	0.6	0.7	0.8
硫/g	1.8	1.8	2.8	2.8	2.8	2.5	2.5	3.5	3.5	3.5
铁/mg	45	47	49	52	55	50	56	62	69	75
铜/mg	8.0	8.0	8.1	8.2	8.3	10.2	11	11.7	12.1	13.4
锌/mg	33	36	40	44	48	40	45	49	52	58
钴/mg	0.4	0.41	0.41	0.41	0.41	0.46	0.51	0.55	0.57	0.58
锰/mg	45	48	52	54	55	50	58	62	69	76
碘/mg	0.3	0.3	0.3	0.3	0.3	0.3	0.3	0.38	0.38	0.30
胡萝卜素/mg	6	6	6	7	7	7	7	8	9	10
维生素 D/IU	400	400	420	450	500	420	440	450	500	550

第四节　日粮配合及典型饲料配方

羊的日粮是指一只羊在一昼夜内采食各种饲料的总和，饲料的配方是根据饲养标准和饲料营养成分，选择几种饲料按一定比例互相搭配，使其满足羊的营养需要的一种日粮方剂。随着养羊规模化、集约化舍饲养殖的应用，在养羊生产中日粮配制显得越来越重要。

一、应用配合饲料的主要好处

(1)节省饲料，提高饲料转化率　配合饲料对饲料按比例进行科学配合而成，由于各营养物质互补和添加剂的作用，不仅营养全面、平衡、利用率高，还能增进健康，提高生产率。

(2)可以缩短饲养期，提高出栏率　采用配合饲料，家畜单位增重耗料少，生长快，出栏快，降低成本，提高经济效益。

(3)合理利用和扩大饲料来源　各种饲料所含的养分的质和量都不相同，如果饲喂单一的饲料，不仅不能满足羊的营养需要，还会造成营养缺乏症，从而导致生长发育不良。多种饲料合理搭配，实现饲料多样化，可使各种养分取长补短，以满足羊对各种营养物质的需要，获得全价营养。

二、日粮搭配原则

科学配合日粮是养羊生产的一个重要环节。山羊的日粮配合要遵循下列原则。

(一)营养性原则

配合日粮时，必须以羊的饲养标准为依据，并结合不同生产条件下肉羊的生长情况与生产性能状况予以灵活应用。若发现日粮中的营养水平偏低或偏高，均要进行调整，以满足羊所需的营养而又不至于浪费。

同时，应注意饲料的多样化，尽可能将多种饲料合理搭配使用，以充分发挥各种饲料的营养互补作用，平衡各营养素之间的比例，保证日粮的全价性，提高日粮中营养物质的利用效率。肉羊的日粮应以青饲料、干粗饲料、青贮饲料、精料及各种补充饲料等加以搭配使用。既要使配合日粮有一定的容积，羊吃后具有饱感，又要保证日粮有适宜的养分浓度，使羊每天采食的饲料能满足所需的营养。各种饲料的大致配比为：总日粮中干物质、青粗饲料占50%～60%，精料占40%～50%。精料中，籽实饲料占30%～50%，蛋白质饲料占15%～20%，矿物质饲料占2%～3%。

(二)经济性原则

山羊是反刍动物，可大量使用青粗饲料，尤其是可以将农作物秸秆处理后进行饲喂。山羊对日粮中蛋白质的品质要求也不高。因此，配合日粮时，应以青粗饲料为主，再补充精料等其他饲料，尽量做到就地取材，选用当地来源广泛、营养丰富、价格低廉的饲料配制日粮，以降低生产成本。

(三)适口性原则

饲料的适口性与肉羊的采食量有直接关系。日粮适口性好，可增进肉羊的食欲，提高采食量；相反，日粮适口性不好，肉羊食欲不振，采食量减少，不利于肉羊的生长，达不到应有的增重效果。因此，对一些适口性较差的饲料加入调味剂，可使适口性得到改善。

(四)安全性原则

随着无公害食品和绿色食品产业的兴起，消费者对肉类食品的要求越来越高，希望能购买到安全的肉食品。因此，配合日粮时，必须保证饲料的安全可靠。选用的原料(包括添加剂)应质地良好，保证无毒、无害、不霉变、污染。在日粮中尽量不添加抗生素类药物性添加剂。养羊场和养羊户都要树立“安全肉”意识，对国家有关部门明令禁用的某些兽药及添加剂坚决不予使用。

三、日粮设计方法

（一）日粮配方设计方法

日粮配方的设计方法有试差法、百分比法、计算机求解法等。目前，在日粮配方设计中，试差法是最常用的方法。

（二）试差法日粮配方的设计步骤

现以一例说明日粮配方的设计过程。例如：现有一批活重30 kg羔羊进行育肥，计划日增重300 g，试用野干草、中等品质干苜蓿、玉米、豆饼4种饲料，配制育肥日粮。饲养方式为舍饲。

配制步骤和方法如下：

(1)查阅饲料标准表，查出日增重300 g、体重30 kg山羊羔羊育肥的营养需要量，同时查饲料营养成分表，记下所用几种饲料营养成分，查阅结果见表5-23和表5-24。

表 5-23　30 kg 山羊日增重 300 g 的饲养标准

	干物质/kg	消化能/MJ	粗蛋白质/g	钙/g	磷/g
营养需要	1.3	17.15	191	7	4.0

表 5-24　现有饲料的营养成分表(风干样)

原料种类	干物质/%	消化能/(MJ/kg)	粗蛋白质/%	钙/%	磷/%
野干草	92.21	7.99	11.2	0.98	0.004 1
苜蓿干草	92.45	10.13	12.3	1.67	0.005 21
玉米	86	14.02	6.95	0.04	0.21
豆饼	89	18.16	42.1	0.32	0.50

(2)计算粗饲料的营养量，设日粮中粗饲料给量60%，则两种干草混合的总量为羔羊日需干物质总量1.3 kg×0.6＝0.78 kg，混合精粮的干物质给量则为1.3 kg－0.78 kg＝0.52 kg。

混合干草可提供的各种营养如下：

设干草和苜蓿配比为 70% 和 30%，则干草日给干物质为 0.78 kg×0.7＝0.546 kg

苜蓿日给干物质为 0.78 kg－0.546 kg ＝0.234 kg

风干量为干草 0.546 kg÷0.9221＝0.592 1 kg；苜蓿 0.234 kg÷0.924 5＝0.253 1 kg

干草需要量为 0.592 1 kg÷0.922 1＝0.642 1 kg

苜蓿需要量为 0.253 1 kg÷0.924 5＝0.273 8 kg

可提供的营养物质分别为：

消化能＝0.592 1 kg×7.99 MJ/kg＋0.253 kg×10.13 MJ/kg ＝7.294 8 MJ

粗蛋白质＝592.1 g×0.112 ＋253.1 g×0.123＝97.45 g

钙＝592.1 g×0.009 8＋253.1 g×0.016 7＝10.31 g

磷＝592.1 g×0.004 1＋253.1 g×0.005 21＝3.74 g

消化能和粗蛋白质分别比羔羊的日需要量少 9.855 MJ 和 93.55 g，即 17.15 MJ－7.294 8 MJ＝9.855 2 MJ；191 g－97.45 g ＝93.55 g。钙磷均超过需要量，且 Ca：P＝2.68：1，基本处于合理范围内。

(3)调配玉米和豆饼两种精饲料以补充其所缺少的消化能和粗蛋白质。

设所缺消化能玉米解决 70%，则由玉米提供的消化能为 9.855 2 MJ×0.7＝6.898 6 MJ

玉米所给的风干饲料量为 6.898 6 MJ÷14.02 MJ/kg ＝ 0.492 5 kg

玉米所提供的粗蛋白质为 0.492 5 kg×0.069 5＝34.23 g

玉米需要量为 0.492 5 kg÷0.86＝0.572 7 kg

豆饼提供的消化能为 9.855 2 MJ－6.898 6 MJ＝2.956 MJ

豆饼所给的风干饲料量为 2.956 6 kg÷18.16＝0.162 9 kg

豆饼所提供的蛋白质为 0.162 9 kg×0.421＝68.59 g

豆饼需要量为0.162 9 kg÷0.89=0.183 0 kg

由豆饼、玉米可提供的粗蛋白质为34.23 g+68.59 g=102.82 g

(4)确定日粮配方。日粮配方经过第3步调整后，确定了最终日粮配方。

日粮配方：野干草0.642 1 kg；苜蓿干草0.273 8 kg；玉米0.572 7 kg；豆饼0.183 0 kg。

营养成分：干物质1.329 2 kg，消化能17.156 1 MJ，粗蛋白质200.27 g，完全能满足育肥羔羊对消化能和粗蛋白质及钙、磷的需要。

四、典型饲料配方

由于山羊的消化生理特点，使制定饲料配方的灵活性很大。因此，在满足山羊粗饲料需要的前提下，参考相应饲养标准设计混合精料配方，科学配制山羊的日粮，下面以波尔山羊为例介绍不同类型羊的精料配方。

(一)种羊混合精料配方

1. 种公羊混合精料配方及营养成分

玉米53%、麸皮7%、豆粕28%、棉籽饼10%、食盐1%、石粉1%，精料中干物质含量为88.0%、粗蛋白质22.0%、钙0.9%、磷0.5%，每千克干物质含代谢能11.05 MJ。

非配种期公羊每天每只的混合精料喂量为0.5～0.6 kg，分2次饲喂；配种期混合精料的喂量为0.8～1.0 kg，分4次饲喂。粗饲料的给量为1.6～1.8 kg (草粉1.4 kg)。

2. 种母羊混合精料配方及营养成分

玉米60%、麸皮8%、棉籽饼16%、豆粕12%、食盐1%、磷酸氢钙3%，精料中干物质含量为87.9%、粗蛋白质16.2%、钙0.9%、磷0.8%，每千克干物质含代谢能10.54 MJ。

舍饲种母羊的日粮混合精料喂量为 0.5～0.7 kg，每天 2 次，粗饲料喂量为 1.6～1.7 kg（草粉 1.2 kg），日喂 4 次，饮水不限。

3. 羔羊混合精料配方及营养成分

玉米 55%、麸皮 12%、酵母饲料 15%、豆粕 17%、食盐 1%，精料中含干物质含量为 88.0%、粗蛋白质 20.6%、钙 0.3%、磷 0.4%，每千克干物质含代谢能 11.12 MJ。

羔羊混合精料的喂量随年龄的增长而增强，20 日龄到 1 月龄每只羔羊的日喂量为 50～70 g，1～2 月龄为 100～150 g，2～3 月龄为 200 g，3～4 月龄为 250 g，4～5 月龄为 350 g，5～6 月龄为 400～500 g。羔羊的粗饲料为自由采食。

(二)舍饲肥育羊混合精料配方

舍饲肥育羊混合精料配方 1

玉米 21.5%、草粉 21.5%、棉籽饼或菜籽粕 21.5%、麸皮 17.0%、花生饼 10.3%、饲料酵母 6.9%、食盐 0.7%、尿素 0.3%、添加剂 0.3%，混合均匀即可。肥育前 20 d 日均每只喂料 350 g，肥育中 20 d 日均每只喂料 400 g，肥育后 20 d 日均每只喂料 450 g，粗料不限量。

舍饲肥育羊混合精料配方 2

(1)肥育的前 20 d，每只每天供给精料 0.5～0.6 kg。配方：玉米 49%、麸皮 20%、棉籽饼或菜籽粕 30%、石粉 1%，添加剂(羊用)20 g，食盐 5～10 g。

(2)肥育的中 20 d，每只每天供给精料 0.7～0.8 kg。配方：玉米 55%、麸皮 20%、棉籽饼或菜籽粕 24%、石粉 1%，添加剂(羊用)20 g，食盐 5～10 g。

(3)肥育的后 20 d，每只每天供给精料 0.9～1.0 kg。配方：玉米 65%、麸皮 14%、棉籽饼或菜籽粕 20%、石粉 1%，添加剂(羊用)20 g，食盐 10 g。

(三)羔羊肥育混合精料配方

1. 肥育羔羊前期的混合精料组成

玉米50%、饲料酵母11%、麸皮22%、豆饼15%、矿物质2%,精料含粗蛋白质13.5%。

2. 羔羊肥育的颗粒饲料配方

(1)30～60日龄羔羊用的颗粒饲料　玉米45%、麸皮6%、向日葵饼18%、苜蓿粉30%、微量元素添加剂0.5%、食盐0.5%。

(2)60日龄后羔羊肥育的颗粒饲料配方　玉米50%、麸皮20%、向日葵饼或亚麻饼20%、饲用酵母8%、食盐2%。

(3)羔羊肥育的通用饲料配方　玉米58%、棉籽粕或菜籽粕10%、饲料酵母10%、麸皮20%、添加剂1.2%、石粉0.8%,日饮水2～3次,并适当补喂食盐。

(4)放牧补饲精料配方　玉米30%、麸皮25%、菜籽饼20%、棉籽饼20%、矿物质3%、食盐2%。配合精料中含干物质91%、粗蛋白质17.4%,每千克干物质含消化能11.12 MJ,代谢能7.91 MJ,钙0.72%、磷0.30%。

第六章　山羊育肥技术

第一节　育肥前的准备

山羊育肥前的合理准备可以加快羊群增重，方便生产管理，提高管理效率。主要工作包括圈舍的准备和消毒、设备和饲料的完善，科学地组织羊群，合理地驱虫、去势和免疫接种等。

一、羊舍的准备和消毒

育肥羊舍的地点应选在便于通风、排水、采光、避风向阳和接近牧地及饲料仓库的地方。准备育肥羊舍，首先需要确定其饲养密度，然后再根据育肥规模和饲养密度确定所需的圈舍数量，并对圈舍进行维修和严格的消毒后才能进行生产。

（一）育肥羊的饲养密度

指每只羊占用圈舍的面积。适宜的饲养密度对于育肥羊的增重、健康、应激、饲料转化率以及羊群管理非常重要。山羊生性好动，饲养密度要比母羊低一些，一般棚舍育肥采用的饲养密度是每只羊 1.5～2 m^2 为宜，半开放式羊舍，羊舍面积每只羊需 1 m^2，运动场 2 m^2。我国中、小型集约化山羊育肥场建设时，要根据各地区的实际情况，包括育肥羊体格大小，生活习性及当地气候特点酌情确定育肥羊适宜的饲养密度。

（二）圈舍的维修、清扫和消毒

育肥羊为群饲，羊舍的小气候环境条件如舍内温度、湿度、通风、光照、噪声、有害气体、尘埃和微生物等，都会严重影响育肥羊的健康和生产力水平的发挥。因此，在圈舍使用之前，应首先检查圈舍的墙壁、屋顶、门窗、圈栏和圈门是否牢固，圈舍的地面、食槽、输水管路和饮水器是否完好无损，通风及其他相关设施能否正常工作等，并及时进行更换或维修；然后，对圈舍进行彻底地清扫，包括地面、墙壁、围栏、排粪沟，特别要重视对圈舍天花板或圈梁、通风口的彻底清扫；最后，要对圈舍进行严格的消毒后，才能投入使用。

圈舍消毒时，要选择对人和羊比较安全，没有残留和毒性，对设备没有破坏，不会在羊体内产生有害蓄积的消毒剂。建议的消毒方法和步骤为：先用高压水冲洗围栏、地面和墙壁，以肉眼看不见污物为标准；然后，加强圈舍通风；干燥后，用甲醛熏蒸消毒，每立方米 36％甲醛溶液 50 mL、高锰酸钾 10～30 g、水 50 mL 在 21℃以上温度、70％以上相对湿度，封闭熏蒸 12 h 左右（应该注意，熏蒸主要适于密闭羊舍，并且要特别注意安全）；通风后，对地面和墙壁用 2％～3％火碱水喷雾，6 h 后，用高压水冲洗地面和墙壁残留的火碱；干燥后即可转入育肥羊群进行饲养。

二、饲草、饲料的准备

饲草、饲料是羊育肥的基础。山羊是草食动物，饲料以粗饲料为主，精饲料为辅。粗饲料可用青干草、农作物的藤、蔓、秸、秧、荚、壳、青贮饲料等。精料可用玉米、糠麸、豆饼、花生饼、棉籽饼等。此外，还应准备矿物质、维生素等添加剂。在整个育肥期每只羊每天要准备干草 1～2 kg，或青贮料 1.5～2.0 kg，精料则按每只羊每天 0.4～0.8 kg 准备，食盐按每天每只 5～10 g 准备，微量元素和维生素添加剂按使用说明的剂量准备和使用添加。

三、育肥羊的准备

一般来讲，用于育肥的羊应选用当年的羊羔和青年羊，其次才是淘汰羊和老龄羊。选好育肥羊后，接着要做好以下工作：

(一)科学地组织羊群

育肥羊群饲不但能有效地利用圈舍和生产设备，而且可以充分发挥和利用山羊的合群性及采食竞争性的特点，增加羊的食欲，提高增重效果。但群饲时，经常发生争食和顶架现象，既影响了羊的采食和增重，又会使群体的生长整齐度降低，不能有效地实行适时出栏和全进全出。因此，生长育肥羊必须合理组群。

育肥羊分群时，应根据其来源、体重、体质、性情和采食特性等方面合群饲养，有条件地区或集约化、标准化羊场，也可考虑羊的性别差异。一般情况下，群体内的个体体重差异不得超过 5 kg；为减轻羊群争斗、顶架等现象造成应激，建议分群前要采取 3 项措施：①用带有气味的消毒剂对羊群进行喷雾以混淆气味、消除羊只之间的敌意；②分群前停饲 6～8 h，但要在转入的新圈舍食槽内投放饲料，以促使羊群转入后能够立即采食而放弃争斗；③组成的群体不宜过大。

育肥羊在分群后要及时进行调教。在保证羊群有足够的采食槽位的基础上，防止强夺弱食，使羊群内的每个个体都能有平等的采食机会。防止强夺弱食的主要措施是分槽位采食和均匀投放饲料，并且使羊只固定槽位采食。

(二)驱虫

因羊的体内外寄生虫很普遍，会严重影响山羊的正常生长。驱虫可以明显提高育肥羊的增重速度和饲料转化率，并能增进羊机体的健康，有效防止疾病，提高经济效益。在山羊的整个育肥前，应主要重视驱除蛔虫、姜片吸虫、疥螨和虱等体内外寄生虫。驱虫时，首先要选择广谱、高效、低毒或安全的驱虫药物，然后采用合理的驱虫方法。可以选择：左旋咪唑每千克体重 10～15 mg、驱虫净(四咪唑)每千克体重 20 mg、丙硫(苯)咪唑每千克体重 100 mg 等拌料空腹饲喂；敌百虫，每千克体重 0.1 g 溶入温水中或1.5%～2.0%溶液喷洒体表，可驱除体外寄生虫。目前来看，高效、安全、广谱的抗寄生虫首选药物是伊维菌素或阿维菌素及其制剂，口服和注射均可，对山羊的体内外寄生虫有较好的驱除效果。其用量为每千克体重0.3 mg。

（三）去势

对用于育肥的公羊未去势的一定要去势，因去势后的公羊性情温驯、肉质好、增重速度快。

（四）去角修蹄

因有角羊爱打斗，影响采食，所以要去角。方法是用钢锯在角的基部锯掉，并用碘酒消毒，撒上消炎粉。修蹄一般在雨后，先用果树剪将生长过长的蹄尖剪掉；再用利刀将蹄底的边缘修整到和蹄底一样平整。

（五）免疫接种

目前肉用山羊育肥多为异地育肥，即育肥场收购农户羊只，集中育肥，因而传染病的免疫工作必须搞好，否则可能会造成疫病暴发。育肥羊群进场后要注射肠毒血症三联苗，有条件的育肥场可在检测抗体水平的基础上有针对性进行预防。

四、确定适宜的育肥方法

育肥羊经过1～2周预饲过渡期，即可根据育肥计划育肥。育肥方法包括放牧育肥、混合育肥和舍饲育肥，可酌情选择使用。经过2～3个月饲养，羔羊平均体重达到40 kg，成年羊要趁膘满及时出栏，宰杀上市。这样可获得最佳屠宰率、胴体重、优质羊肉和可观的经济效益。

（一）放牧育肥

在夏秋季节，利用牧草生长旺季期进行放牧育肥。放牧时要坚持早出牧，午歇好（乘凉、饮水），晚归牧的方式，延长放牧时间，让羊群吃饱吃好。特别是在早晚凉爽时，要选择好的草场让羊群食草。进入伏天,放牧时要早出晚归,禁食露水草。进入秋季,牧草结籽,营养丰富,是羔羊育肥抓膘的黄金时节。放牧时要控制羊群,稳步少赶,轮流择草放牧,多食草,少跑路。

(二)混合育肥

进入 11 月,牧草枯萎,此时要采取放牧与补饲相结合的育肥方法。在搞好放牧的同时,要给予补饲,除维持秋膘外,要加喂营养丰富的豆科牧草,如豆角皮、青干秧苗,每日早晚补饲 2 次,日补精料 250～500 g,保证育肥羊膘满肉肥。

(三)舍饲育肥

按照育肥羊的饲养标准,配制饲喂日粮。在正常育肥情况下,混合精料占日粮的 45%～60%,粗料(如青干草、微贮料等)占 40%～55%。在饲喂时应"先粗后精",即先喂粗饲料,后喂精饲料,也可用采用 TMR 日粮饲喂。羊舍内常备新鲜清洁饮水,供羊只自由饮用。

第二节 羔羊育肥及肥羔生产技术

羔羊育肥是利用羔羊早期生长快的特点,在较短的时间内,用尽可能少的饲料获得尽可能高的日增重,并生产出优质的羊肉,缩短出栏时间,增加经济效益。羔羊育肥泛指是指 1 岁以内的育肥羊,而肥羔是指 4～6 月龄的育肥羔羊。肥羔肉纤维柔软、细嫩多汁、脂肪适量、营养丰富、味道鲜美、易消化,目前在国际市场上畅销,价格也比普通羊肉高出近 1 倍左右。

羔羊育肥的优点:①生产周期短,生长速度快,饲料报酬高,便于组织专业化、集约化生产;②羔羊肉鲜嫩多汁,瘦肉多、脂肪少,膻味轻,味鲜美,容易消化吸收,深受消费者喜爱;③6～9 月龄宰杀的羔羊可剥取质优价高的毛皮;④羔羊当年屠宰利用,可提高羊群出栏率、出肉率和商品率,同时对减轻越冬度春期间的草场压力和避免冬春掉膘或死亡损失，也是有利的。

羔羊育肥生产应注意的问题：①利用杂种优势，选择早熟性好、多胎高产的母羊生产育肥用羔羊；②尽可能产早春羔或冬羔，有利于延长羔羊入冬前的生长期，增加羔羊胴体重；③加强哺乳期母羊和羔羊的饲养管理，使羔羊在哺乳期得到很好的生长发育，以便实施早期断奶(2 月龄断奶)，并为后期育肥奠定基础。

一、羔羊生产技术

羔羊育肥要解决的首要问题是提高母羊的受胎率、生产率和羔羊成活率，其次是加强育肥前羔羊的饲养管理，以便为快速育肥奠定良好的基础。羔羊生产技术的关键环节如下：

(一)诱产多胎

诱产多胎是指人为地改善母羊的生殖生理环境，促使母羊每窝产双羔或双羔以上的技术。主要方法有补饲催情法和激素处理法。

补饲催情法：在配种前 30 d 开始改变母羊日粮组成，重点提高能量饲料(如玉米等)比例，能有效地提高母羊发情整齐度，增加排卵数，诱使母羊产多羔。同时也可提高母羊受胎率和缩短配种时间。

激素处理法：即以人工合成的外源性类固醇激素作抗原，刺激母羊体内产生生殖激素和促黄体生成的分泌，加速滤泡发育与成熟，从而提高母羊的排卵率。此法操作简单，成本低，对产羔率低的绵羊品种效果较好。目前使用的免疫制剂主要有进口的双羔素和国产的双羔苗。双羔苗有水剂苗和油剂苗两种，以水剂苗效果为好，其使用方法是在母羊配种前 5 周和 2 周，分别颈部皮下注射 1 次，每次每只 1 mL。

(二)适时配种

适时配种目的是通过准确地判断发情过程，及时配种，提高母羊受胎率。

山羊发情明显，一般根据母羊阴门肿胀、鸣叫和摇尾程度即可准确判断发情。因为母山羊排卵时间比绵羊晚，故应在发现发情后 24 h 配种 1 次，间隔 8 h 后复配。

（三）集中产羔

为了便于羔羊批量育肥，常集中产羔。其基础是母羊同期发情和同期配种。目前，母羊同期发情的处理方法主要是阴道海绵栓法。将浸有孕激素的海绵栓置于母羊子宫颈外口处，处理 10～14 d，撤栓后注射孕马血清促性腺激素 400～500 IU，经 30 h 左右即开始发情。可在发情当天和次日各配种或输精 1 次。

（四）母羊补饲

在母羊妊娠后期和哺乳期前期给予补饲能量饲料，并保证其优质干草供给量，能促进母羊泌乳增多。实践证明，母羊补饲应重点对产双羔以上母羊进行。

（五）接羔护理

在母羊预产期临近时，减少或停止补饲，并注意观察母羊表现，尤其是夜间应保持警觉，以便及时接羔。羔羊出生后要尽早让其吃上初乳，并观察其精神状态，发现异常时可考虑采取辅助哺乳、清理胎粪、治疗疾病等措施。

（六）人工哺乳

是为了适应羔羊早期断奶而产生的一项技术。目前已在生产中得到广泛应用。尤其在母羊产多羔母乳不足时，采用人工哺乳技术可以促进羔羊增重，提早断奶。

人工哺乳技术要求：①羔羊必须在吃过初乳后喂代乳品。若母羊已死亡，可挤下其他母羊或母牛初乳哺喂，喂量 300 g，在 12～18 h 内分 3 次喂给。应注意，羊初乳应事前冷藏妥当，临用前在室温下回温，切忌加热，破坏抗体。②喂奶时，要保障奶具清洁卫生，并让羔羊自行吮奶。③奶温以 37℃ 为宜，人工哺乳羔羊房舍室温以 20℃为宜，但新生羔羊可提高到 25℃。④人工哺乳羔羊 7～14 d 后开始补料和饮水，到 30～35 d 羔羊已具有消化固体饲料的能力。此时补料的配方为：玉米 5～6 份，豆粉 3～4 份和油脂 1 份，每 10 kg 料加土霉素 0.5 g 和骨粉少量；干草另加，或吊挂干草束，或按给料量的 20％拌进优质苜蓿草粉。⑤当羔羊习惯采食固体饲料和青草时，可以停喂代乳品或减少哺乳奶量。

二、羔羊补饲技术

羔羊补饲是集约化肉羊生产（密集繁殖、早期断奶、多胎多产和秋冬产羔等）的重要组成部分。其目的在于，加快羔羊生长速度；缩小单、双羔及出生稍晚羔羊的差异；为以后提高育肥效果（尤其是缩短育肥期）打好基础；同时也减少羔羊对母羊吃奶的频率，使母羊泌乳高峰期保持更长时间。

（一）需要补饲的羔羊

包括计划 2 月龄内提前断奶羔羊；计划 2 年 3 产母羊群的羔羊；秋冬季节的出生的羔羊；纯种母羊的羔羊；多胎母羊的羔羊；产羔期后出生的羔羊等。

（二）补饲的时间

规模较大的羊群一般在羔羊 14～20 d 开始补饲。若产羔期持续时间较长，羔羊出生不集中，可以按羔羊大小分批进行。规模较小的养羊户，可在发现羔羊有舐饲料动作时开始补饲，最早的可提前到羔羊 10 日龄。

（三）补饲羔羊的配料

羔羊补饲的粗饲料以苜蓿干草和优质青草为好，用草架或吊把让羔羊自由采食；精饲料主要是玉米、豆饼、麸皮等。要注意根据季节调整粗饲料和精饲料喂量。例如，早春羔羊补饲时间应在青草萌发前，干草以苜蓿为主，同是混合精料以玉米为主；而晚春羔羊补饲时间在青草旺盛期，可不喂干草，但混合精料中除玉米以外，要加适量豆饼，使日粮蛋白质水平在16%以上。

(四)补饲羔羊的饲养管理

羔羊的补饲应采用隔栏补饲的方法，隔栏面积按每只羔羊0.15 m^2 计算，进出口宽约20 cm，高度38～46 cm，以不挤压羔羊为宜。经常对隔栏进行清洁与消毒。

饲喂技术要点：开始补饲时，白天在饲槽内放些玉米和豆饼，量少而精。每天不管羔羊吃净与否，全部换成新料。待羔羊学会吃料后，每天再按日进食量投料。日进食量一般最初为每只40～50 g，30日龄达到每只100 g，后期达到每只300～500 g，全期消耗混合料10～15 kg。投料时，每天早上或晚上放料1次，以30 min内吃净为佳。饲喂中，若发现羔羊对饲料不适应，可以更换饲料种类。

三、1.5月龄断奶羔羊全精料育肥技术

(一)育肥前的准备

羔羊1.5月龄断奶前15 d实行隔栏补饲；或在早、晚有一定的时间将母羊与羔羊分开，让羔羊在设有精料槽和饮水器的圈内活动，其余时间仍母子同处。补饲的饲料应与断奶后育肥饲料相同。谷料在刚开始补饲时可以稍加破碎，待习惯后则以整粒整喂为宜，不要加工成粉状。羔羊活动范围的地面应干燥，防雨，通风良好，可铺少许垫草。羔羊育肥常见传染病有肠毒血症和出血性败血症，肠毒血症疫苗可在产羔前给母羊注射，或在断奶前给羔羊注射。

(二)配制育肥用日粮

任何一种谷物类饲料都可用来育肥羔羊，但效果最好的是玉米等高能量饲料。实践证明，配合饲料比单独喂养某一种谷物饲料育肥效果好，主要表现在饲料转化率高和肠胃病少。饲料配方：整粒玉米80%，黄豆饼18%，石灰石粉1.4%，食盐0.5%，维生素

和微量元素0.1%。其中，维生素和微量元素的添加量按每千克饲料计算为：维生素A、维生素D、维生素E分别是5 000 IU、1 000 IU、200 mg，硫酸钴5 mg，碘酸钾1 mg。若没有黄豆饼，可用10%鱼粉代替，同时把玉米比例调整为88%。

(三)饲喂技术

羔羊自由采食、自由饮水。投给饲料最好采用自制的简易自动饲槽，以防止羔羊四蹄踩入槽内，造成饲料污染而降低饲料摄入量，扩大球虫病与其他病菌的传播。饲槽高度应随羔羊日龄增长而提高，以槽内饲料不堆积或不溢出为宜。如发现某些羔羊啃食圈墙时，应在运动场内添设盐槽，槽内放入食盐或加等量食盐的石灰石粉，让羔羊自由采食。

(四)适时出栏

羔羊育肥期为50～60 d。但育肥终重与品种有关，大型品种羔羊3月龄育肥终重可达到35 kg以上。

四、哺乳羔羊育肥技术

此技术的实质是羔羊不提前断奶，保留原有的母子对，只是提高隔栏补饲水平。其优势是不断奶育肥可减少断奶造成的应激，保持羔羊的稳定生长。

(一)饲喂

以舍饲育肥为主，母子同时加强补饲。母羊哺乳期间每天喂足量的优质豆科牧草，另加500 g精料，目的是使母羊泌乳量增加。羔羊应及早隔栏补饲，且越早越好；日粮以谷物粒料为主，搭配适量黄豆饼，配方同1.5月龄断奶羔羊；每天喂2次，每次喂量以20 min内吃净为宜；羔羊自由采食上等苜蓿干草。若干草质量较差，日粮中每只应添加50～100 g蛋白质饲料。矿物质和维生素添加剂、食盐、饮水要求与1.5月龄断奶羔羊育肥一样。

(二)出栏

经过 55～60 d 育肥，到 4 月龄时，挑出羔羊群中达到 35 kg 以上的羔羊出栏上市。剩余羊只断奶后再转入舍饲育肥群，进行短期强度育肥；不作育肥用的羔羊，可优先转入繁殖群饲养。

五、羔羊快速育肥技术

目前羔羊育肥往往采取异地育肥的方式，即由育肥场收购繁育场、户的断奶羔羊，运输到场后再进行集中育肥。羔羊断奶后育肥是目前羊肉生产主要方式。羔羊育肥多采用强度育肥的方式，在短期内，一般 60 d 左右，利用高精料型日粮进行快速育肥。

(一)预饲期的饲养管理

预饲期是指羔羊入育肥场后的一个适应性过渡期，也是正式育肥前的准备时间。一般 7～10 d，要进行驱虫、防疫、隔离观察等工作。

断奶羔羊运出之前应先集中，暂停给水、给料，空腹一夜后次日早晨称重运出。装车速度要快，以减弱环境应激。刚入舍羊只应保持安静，供足饮水，并喂给易消化的青干草。按羔羊体格大小分组，分出瘦弱羔，再按组配合日粮。起初先喂给粗料比例较大的日粮，干草比例可占日粮的 60%～70%，待复原后再进入育肥期。

经过 2～3 d 的初步环境适应，羔羊可开始使用预饲日粮每天喂料 2 次，每次投料量以 30～45 min 内吃净为佳，不够再添，量多则要清扫。料槽位置要充足，饮水不间断。加大喂料量或变换饲料配方都应至少有 3 d 的适应期。

(二)正式育肥期的饲养管理

预饲期结束后即转入正式育肥期。此期应根据育肥计划、当地条件和增重要求，进行日粮配制。

育肥羊日粮中的粗料应占 40%～50%，即使到肥育后期，也不应低于 30%，或粗纤维含量不低于 8%～10%。在上述的饲料条件下，应尽量设法改善粗料品质，提高羊对干物质的采食量，从而增加日粮营养水平，而不应单纯追求增加饲喂精料的数量。要快速肥育肉羊，就应使其所给的营养物质高于维持和正常生长发育的需要。在不影响正常消化的前提下，饲喂的营养物质越多，获得的日增重就越高，而单位增重所耗费的饲料就越少，并可提前出栏。若希望得到含脂肪少的羊肉，育肥前期的日粮中能量不可太高，而蛋白质数量应充分满足，到育肥后期可再提高能量水平；反之，则会获得脂肪多的羊肉。不同品种的肉羊，育肥期内对营养物质的需要量是有差异的。如果要想得到相同的日增重，非肉用品种所需要的营养物质要高于肉用品种，如肉用品种的营养物质需要量较兼用品种高 10%～20%。不同生长阶段的羊，肥育期间所要求的营养水平也不同。羔羊正处于生长发育阶段，增重的主要部分是肌肉、内脏和骨骼，所以饲料中蛋白质的含量应该高一些。成年羊在育肥期增重部分主要为脂肪，饲料中蛋白质含量可以低些，能量则应高些。由于增重成分不同，每单位增重所需的营养量以羔羊最少，成年羊最多。羔羊消化机能不如成年羊完善，因而对饲料的品质要求较高。

（三）羔羊快速育肥技术操作规程

山东农业大学王建民 2001 年提出了山羊羔羊舍饲育肥的技术操作规程，下面给予简要介绍。

1. 羊舍要求

（1）基本要求　通风干燥，清洁卫生；夏挡强光，冬避风雪。

（2）羊舍面积　每只羔羊占 0.9～1 m^2，另加 2 倍的运动场。

（3）喂养设施　每只羔羊槽位 20～25 cm，自由饮水，并配备草架。

（4）羊舍消毒　进羊前用 10%漂白粉溶液消毒 1 次。

注意：先清扫，后喷洒。

2.选购羊只

(1)年龄为4～5月龄的公羔，最好为杂交羔羊。

(2)膘情中等，体格稍大，体重一般15～16 kg以上。

(3)健康无病，被毛光顺，上下颌吻合好。

注意：健康羊只的标志为活动自由，有警觉感，趋槽摇尾，眼角干燥。

3.进舍后管理

(1)购进当天不饲喂混合料，只供给清洁饮水和少量干草。

(2)安静休息8～12 h后，逐只称重记录。

(3)按羊只体格、体重和瘦弱等相近分组，每组15～20只。

(4)驱虫可选择使用一种。抗蠕敏(丙硫咪唑)，每千克体重15～20 mg，灌服。虫克星(阿维菌素)，每千克体重0.2～0.3 mg(有效含量)，皮下注射或口服。

(5)接种疫苗。羊快疫、猝狙、肠毒血症三联苗，每只羊5.0 mL，皮下或肌肉注射。

注意：如已接种过三联苗，可省去操作。

4.育肥期(60 d)饲养管理

(1)第一阶段(1～15 d)

①1～3 d。仅喂干草。自由采食和饮水。

注意：干草以青干草为宜，不用铡短。

②3～7 d。逐步用日粮Ⅰ替代干草。干草逐渐变成混合粗料。

注意：混合粗料指将干草、玉米秸、地瓜秧、花生秧等混合铡短(3～5 cm)。

③7～15 d。喂日粮Ⅰ。日喂量2 kg/只，日喂2次。饮水自由。

日粮Ⅰ配方：玉米30%、豆饼5%、干草62%、食盐1%、羊用添加剂1%、骨粉1%。

(2)第二阶段(15～50 d)

①13～16 d。逐步由日粮Ⅰ变成日粮Ⅱ。

②16～50 d。喂日粮Ⅱ。先粗后精。自由饮水。

混合精料日喂量0.2 kg/只,日喂2次(拌湿)。

混合粗料日喂量1.5 kg /只,日喂2次。

日粮Ⅱ配方:

混合精料:玉米65%、麸皮13%、豆饼(粕)10%、优质花生秧粉10%、食盐1%、添加剂1%。打碎、混匀。

混合粗料:玉米秸、地瓜秧、花生秧等。铡短。

注意:若喂青绿饲料时,应洗净,晾干(水分要少),日喂量为每只羊3～4 kg。

(3)第三阶段(50～60 d)

①48～52 d。逐步由日粮Ⅱ过渡到日粮Ⅲ。

注意:过渡期内主要是混合精料的变换;粗饲料或青绿饲料正常饲喂即可。

②52～60 d。喂日粮Ⅲ混合精料,日喂量0.25 kg/只,粗料不变。

日粮Ⅲ混合精料配方:玉米91%、麸皮5%、骨粉2%、食盐1%、添加剂1%。

注意:粗料采食量会因精料喂量增加而减少。夏季饮水应清洁,供给不间断;冬季饮水应温和为宜,3次/d。

5.出栏

当育肥体重达不到目标体重时,若羊只膘情良好也可出栏;若膘情稍差,可延长5～10 d出栏;若膘情特别差,应淘汰。

第三节　成年羊快速育肥技术

成年羊育肥时应按品种、体重和预期增重等主要指标确定育肥方式和日粮标准。育肥方式可根据羊只来源和牧草生长季节来选择，目前主要的育肥方式有放牧与补饲混合型和舍饲育肥两种。但无论采用何种育肥方式，放牧是降低成本和利用天然饲草饲料资源的有效方法，也适用于成年羊快速育肥。

一、育肥方式和特点

（一）放牧-补饲型

夏季，成年羊以放牧育肥为主，其日采食青绿饲料可达 5～6 kg，精料 0.4～0.5 kg，合计折成干物质 1.6～1.9 kg，可消化蛋白质 150～170 g，育肥日增重在 140 g 左右。秋季，主要选择淘汰老母羊和瘦弱羊为育肥羊，育肥期一般在 60～80 d，此时可采用 3 种方式缩短育肥期，一是使淘汰母羊配上种，怀孕育肥 50～60 d 宰杀；二是将羊先转入秋场或农田茬子地放牧，待膘情好转后，再转入舍饲育肥；三是选择体躯较大、健康无病、牙齿良好的羊育肥。此种育肥方式的典型日配方如下：

配方 1：禾本科干草 0.5 kg、青贮玉米 4.0 kg、碎谷粒 0.5 kg。此配方日粮中含干物质 40.60%、粗蛋白质 4.12%、钙 0.24%、磷 0.11%、代谢能 17.974 MJ。

配方 2：禾本科干草 1.0 kg、青贮玉米千 0.5 g、碎谷粒 0.7 kg。此配方日粮中含干物质 84.55%、粗蛋白质 7.59%、钙 0.60%、磷 0.26%、代谢能 14.379 MJ。

配方 3：青贮玉米 4.0 kg、碎谷粒 0.5 kg、尿素 10 g、秸秆 0.5 kg。此配方日粮中含干物质 40.72%、粗蛋白质 3.49%、钙 0.19%、磷 0.09%、代谢能 17.263 MJ。

配方 4：禾本科干草 0.5 kg、青贮玉米 3.0 kg、碎谷粒 0.4 kg、多汁饲料 0.8 kg。此配方日粮中含干物质 40.64%、粗蛋白质 3.83%、钙 0.22%、磷 0.10%、代谢能 15.884 MJ。

(二)舍饲育肥型

此法适用于有饲料加工条件的地区和饲养的肉用成年羊或羯羊。饲料中,秸秆和干草粉可占55%~60%,精料35%~40%。现推荐两个典型日粮配方,供参考。

配方1:草粉35.0%、秸秆44.5%、精料20.0%、磷酸氢钙0.5%。此配方每千克饲料中含干物质86%、粗蛋白质7.2%、钙0.48%、磷0.24%、代谢能6.897 MJ。

配方2:禾本科草粉30.0%、秸秆44.5%、精料25.0%、磷酸氢钙0.5%。此配方每千克饲料中含干物质86%、粗蛋白7.4%、钙0.49%、磷0.25%、代谢能7.106 MJ。

二、成年羊育肥饲养管理要点

(一)选羊与分群

要选择膘情中等、身体健康、牙齿好的羊只育肥,淘汰膘情很好和极差的羊。挑选出来的羊应按体重大小和体质状况分群,一般把相近情况的羊放在同一群育肥,避免因强弱争食造成较大的个体差异。

(二)入圈前的准备

对待育肥羊只注射肠毒血症三联苗和驱虫。同时在圈内设置足够的水槽和料槽,并对羊舍及运动场进行清洁与消毒。

(三)选择适宜的日粮配方

在短期舍饲育肥阶段,应多喂青干草、青贮饲料和各种藤蔓等,同时适当加喂大麦、米糠、菜籽饼、酒糟等精饲料,育肥期一般为2个月。育肥期前20 d每只每日加喂精料350~450 g;育肥中期20 d每只每日加喂精料400~500 g;育肥后期20 d每只每日加喂精料500~600 g;粗料不限量。全期可使体重增加15%~30%。

(四)安排合理的饲喂制度

成年羊只日粮的日喂量依配方不同而有差异，一般为 2.5～2.7 kg。每天投料 2 次，日喂量的分配与调整以饲槽内基本不剩为标准。

第七章　山羊规模化饲养羊场建筑

第一节　羊场场址的选择

羊场是羊群生活和生产的场所。山羊生长发育的好坏、生产力发挥的高低，都与选择羊场场址分不开。合理的羊场选址是建设专业化、标准化、现代化规模山羊场中极为关键的一步。现代羊场场址的选择要符合整个国家畜牧业的发展规划和布局，符合国家政策法规，符合国家环保要求。规模化羊场应该结合粮食产地、气候环境、品种特点、人口分布等因素来考虑。

一、羊场的建设与环境问题

随着生产力和现代工业的发展，特别是"绿色革命"带来粮食产量的迅速增长，人民生活水平的不断提高，对畜产品数量和质量有更高的需求。因此，根据不同地区的条件，因地制宜地调整畜牧业生产结构，以舍饲、半舍饲养羊替代传统放牧养羊生产，农牧结合，粮食合理转化，秸秆利用，必将提上日程，建立和发展一项新事业。人们在长期的、痛苦的经验教训中，已清楚地认识到生产活动对环境、环境污染产生的问题，最终危害人类自己。因此，在从事养羊生产时，场址要求选在环境质量符合绿色食品生产要求的地方。在建设羊场时，利用现代科学技术，充分发挥可更新自然资源优势，合理地、多层次地利用，使养羊生产成为少投入、多产出、不污染，经济效益、社会效益和生态效益都得益的良性循环产业。

对于较大型羊场，为防止畜群粪尿对环境的污染，粪尿处理要离开人的活动区，选择较开阔的地带建场，以有利于对人类环境的保护和畜群防疫。

二、政策法规要求

（一）土地规划

养殖场的建设离不开土地，土地的使用必须符合当地的土地利用规划，并通过土地管理部门的审批和取得土地使用权证，这是建设养殖场的前提。在《畜牧法》中明确提出："农村集体经济组织、农民、畜牧业合作经济组织按照乡（镇）土地利用总体规划建立的畜禽养殖场、养殖小区用地按农业用地管理。畜禽养殖场、养殖小区用地使用权期限届满，需要恢复为原用途的，由畜禽养殖场、养殖小区土地使用权人负责恢复。在畜禽养殖场、养殖小区用地范围内需要兴建永久性建筑物，涉及农用地转用的，依照《中华人民共和国土地管理法》的规定办理"。

（二）禁止建设区域

按照《畜牧法》的要求，有些区域内禁止建设畜禽养殖场和养殖小区，主要包括生活饮用水的水源保护区，风景名胜区，以及自然保护区的核心区和缓冲区；城镇居民区、文化教育科学研究区等人口集中区域等。

（三）环保要求

羊场建设应遵守国家、地方法律法规规定有关环保要求，主要有《畜禽环境质量标准》（NY/T 388）、《畜禽养殖污染防治管理办法》等。

三、建设羊场应具备的条件

根据已确定的羊场的经营方式、规模、生产特点和饲养管理方式，对地势、地形、水源、交通、物质供应等条件全面考虑，使羊场区具有较好的小气候环境，便于合理地组织生产，也便于严格执行各项卫生防疫制度和措施。肉羊绿色养殖基地应选择在无污染和生态条件良好的地区，要求远离工矿区和公路铁路干线，避开工业和城市污染源的影响，同时还应具有可持续的生产能力。

（一）地势选择要求

羊场的场址要建在地势高燥、地下水位低、排水良好、背风向阳、空气流通、土质坚实、并有适当坡度的开阔平坦地方。同时要有足够的面积，并考虑留有一定的发展余地。地势高燥，地下水位应在 2 m 以上，同时保证青贮壕（窖）底部高于地下水位 0.5 m 以上。羊场要保证排水良好，羊场环境干燥、温暖，有利于羊群的健康，减少疾病的发生。如地势低洼，容易积水而潮湿，光照不足、空气流通不畅，会造成夏季闷热，蚊虫和有害微生物滋生；冬季阴冷，不利于人畜健康和正常生产，并会缩短建筑设施的使用年限。高山山顶虽然地势高燥，但风势太大，气温变化剧烈，同时交通运输也不方便。这类地方均不宜选作羊场场址。

平原区的低洼地带、丘陵峡谷地带空气流通不畅，污浊空气呆滞，潮湿，夏季闷热，冬季阴冷。所以，不宜在低洼、谷地或山坳里建羊场。

（二）土质要求

土质对羊的健康和生产性能有很大影响。羊场的土壤要求透水性和透气性好，吸湿性和导热性小，保温良好。最适宜的土质是沙壤土，这种土壤透气、透水性好，持水性小，雨后也不会泥泞。黏土不宜作山羊的运动场，否则会造成积水、泥泞，容易污染羊体和引发腐蹄病等。

（三）交通条件与防疫要求

羊场每天都有大量的饲料、粪便进出。因此，应选择在距离饲料生产基地和放牧地较近、交通便利的地方建场。但又不能太靠近交通要道与工厂、住宅区，以利于防疫和环境卫生。

一般羊场距交通主干道要求在 300 m 以上，距村庄、居民点

500 m 以上。同时，羊场应位于居民区的下风向，以防羊舍有害气体和污水等对居民的生活造成侵害。

（四）饲草料生产供应情况

饲草料供应是养羊生产最基本的条件之一。因此，在建设羊场时一定要考虑养殖场周边一定范围内（3～5 km）的饲草料供应情况，特别是饲草（包括牧草和可利用的农作物秸秆等）是否能够满足养殖的需要。若饲草不足，从较远的地方运输或购买饲草会加大运输成本，增加饲草成本，影响到养殖的经济效益。同时还要考虑养殖场周边是否有可种植牧草的人工草地，以便种植优质牧草。

（五）水电设施配备要求

现代化羊场机械化程度较高，同时饲料加工、饲喂以及清粪等都需要电。因此，羊场要设在供电方便的地方。同时，要有充足、良好的水源，以保证生活、生产及其他用水（包括消防、绿化灌溉等）。通常以井水、泉水为好。在勘察水源时要对水源进行物理、化学及生物学分析，特别要注意水中微量元素成分与含量，以确保人畜安全和健康。

（六）羊舍温湿度要求

羊的生物学特性是相对耐寒而不耐热。如山羊比较适宜的环境温度为 10～21℃。当气温为 29℃、相对湿度为 40%时，奶山羊的产奶量下降 8%；在同等温度条件下，相对湿度为 90%，产奶量下降 31%。而气温在 0℃以下，奶山羊采食量增加，产奶量则无明显变化。在北方部分地区，山羊饲养要注意冬春季的防寒保温工作，以确保养羊饲养安全和饲养效益。

第二节　羊场的规划布局

羊场的规划和布局应本着因地制宜和科学饲养的要求，合理布局，统筹安排。考虑今后发展，留有余地，利于环保。场地建筑物的配置应做到紧凑整齐，提高土地利用率、节约用地，不占或少占耕地，供电线路、供水管道节约，有利于整个生产过程和便于防火灭病，并注意防火安全。

一、羊场布局的基本要求

（一）场内功能分区要合理

规范化羊场至少要分为生活管理区、生产区、草料加工区和隔离观察区 4 部分，并由低矮灌丛或矮墙将净道、污道隔离开。其中，生活管理区应安排在地势较高的上风头处，最好能由此望到全场的其他房舍；生产区的羊舍朝向应有利于冬季采光或夏季遮阳；隔离区一般位于地势较低的下风头处。

（二）有利于提高工作效率

生活区与羊舍等建筑物距离应较近，工人上下班步行方便。羊舍通往草料库、牧地等设施的交通也应以方便为宜，但应保持一定距离，以利于防火。

（三）羊舍排列利于生产操作

生产区内建有的各种用途羊舍，一般分为种公羊舍、种母羊舍、产房、羔羊和育成羊舍、育肥羊舍等，从方便生产操作角度考虑，种公羊舍应靠近人工采精室，并与种母羊舍保持一定距离；种母羊舍与羔羊舍（或产羔舍）应相邻。

（四）要考虑全场整体的美观

生活区要适当种植花木，以增加美观。生产区可种植带有围护设施的乔木，既用于遮阳又可起美观作用。粪肥及难看的对象应隐蔽或者在其前面种植灌木作为遮掩屏风。

（五）安全性原则

羊场的安全主要包括防疫、防火等方面。在建筑布局时应考虑到这些因素。为加强防疫，首先场界应明确，在四周建围墙，并种树相结合，防止外来人员及其他动物进入场区。在羊场的大门处应设车辆消毒池、脚踏消毒池、喷雾消毒池和更衣间等设施。进入生产区的大门也应设脚踏消毒池。易引起火灾的堆草场应设在场区的下风口方向，而且离羊舍应有一定的距离。一旦发生火灾，不会威胁羊群的安全。

二、分区规划布局

羊场一般包括 3～4 个功能区，即生活区、管理区、生产区和粪尿污水处理、病畜管理区。具体布局如图 7-1 所示：

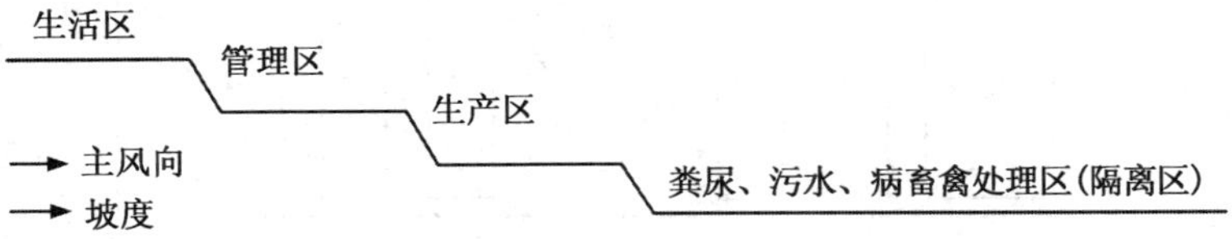

图 7-1 羊场分区布局

(一)生活区

指职工文化住宅区。应在羊场上风头和地势较高地段，并与生产区保持 100 m 以上距离，以保证生活区良好的卫生环境。

(二)管理区

包括与经营管理、产品加工销售有关的建筑物。管理区要和生产区严格分开，保证 5 m 以上距离，外来人员只能在管理区活动，场外运输车辆牲畜严禁进入生产区。

(三)生产区

生产区布局可参见图 7-2。生产区应设在场区地势较低的位置，要能控制场外人员和车辆，使之不能直接进入生产区，要保证最安全，最安静。大门口设立门卫传达室、消毒室、更衣室和车辆消毒池，严禁非生产人员出入场内，出入人员和车辆必须经消毒室或消毒池进行消毒。

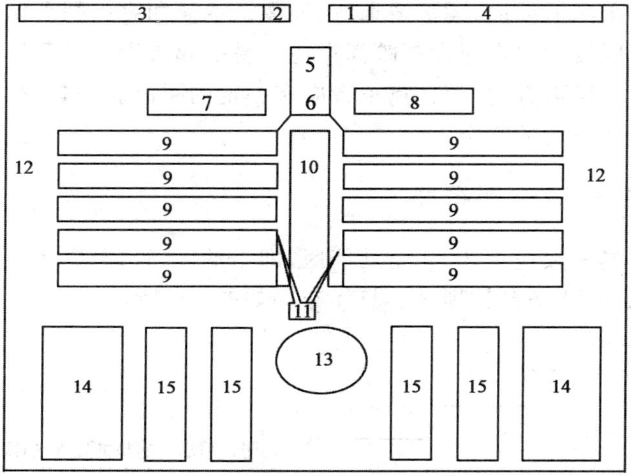

图 7-2 奶山羊场布局

1.消毒室 2.门卫 3.饲料库及配制间 4.办公室 5.挤奶厅 6.等候区 7.人工授精室 8.兽医室 9.养羊单元 10.粪道 11.羊道 12.料道 13.沼气池 14.干草贮藏间 15.青贮窖

养殖生产区包括养殖生产区和生产辅助区。

(1)养殖生产区　主要包括各类型羊舍和运动场。羊舍要合理布局,分阶段分群饲养,按公羊舍、母羊舍、产房、羔羊舍、育成前期羊舍、育成后期羊舍顺序排列,各羊舍之间要保持适当距离,布局整齐,以便防疫和防火。但也要适当集中,节约水电线路管道,缩短饲草饲料及粪运输距离,便于科学管理。粗饲料库设在生产区下风口地势较高处,与其他建筑物保持 60 m 防火距离。兼顾由场外运入,再运到羊舍两个环节。

(2)生产辅助区　包括饲料库、饲料加工车间、变配电室、青贮窖、干草棚、机械车辆库等。饲料库、加工车间、青贮窖和干草棚,离羊舍要近一些,位置适中一些,便于车辆运送草料,减少劳动强度。但必须防止羊舍和运动场因污水渗入而污染草料。所以,一般都应建在地势较高的地方。

(四)粪尿污水处理、病畜管理区

设在生产区下风地势低处,与生产区保持 300 m 卫生间距,病羊区应便于隔离,单独通道,便于消毒、污物处理等。尸坑和焚尸炉距畜舍 300～500 m。防止污水粪尿废弃物蔓延污染环境。

第三节　羊 舍 建 筑

一、羊舍设计基本参数

(一)羊舍及运动场面积

羊舍应有足够的面积,应根据羊群规模、品种、性别、生理状况和当地气候等情况综合考虑,以保持舍内干燥,空气新鲜,利于冬季保暖,夏季防暑为原则。面积过大,浪费土地和建筑材料;面积过小,羊在舍内过于拥挤,环境质量差,有碍于羊体健康。平均每只羊羊舍面积为 1～1.5 m^2,运动场面积一般为羊舍面积的 2～2.5 倍。成年羊运动场面积可按 4 m^2/只计算。具体为:产羔母羊 2 m^2,断奶羔羊 0.5 m^2,青年公羊及母羊 0.8 m^2,种公羊单饲的 5 m^2,群饲的 2.5 m^2。产羔室可按基础母羊数的 20%～25%计算面积。

(二)羊舍温度和湿度

冬季产羔舍最低温度应保持在 10℃以上,一般羊舍 0℃以上,夏季舍温不应超过 30℃。羊舍应保持干燥,地面不能太潮湿,空气相对湿度为 50%～70%为宜。

(三)通风换气

通风的目的是降温,换气目的是排出舍内污浊空气,保持舍内空气新鲜。对于封闭式羊舍,必须具备良好的通风换气性能,能及时排出舍内污浊空气，保持空气新鲜。通风换气参数如下：

冬季：成年羊 0.6～0.7 m^3/(min・只)，肥育羔羊 0.3 m^3/(min・只)；

夏季：成年羊 1.1～1.4 m^3/(min・只)，肥育羔羊 0.65 m^3/(min・只)。

如果采用有管道通风，舍内排气管横断面积为 0.005～0.006 m^2/只，进气管面积占排气管的 70%。

(四)采光

采光面积通常是由羊舍的高度、跨度和窗户的大小决定的。在气温较低的地区，采光面积大有利于通过吸收阳光来提高舍内温度，而在气温较高的地区，过大的采光面积又不利于避暑降温。实际设计时，应按照既利于保温又便于通风的原则灵活掌握。

羊舍采光系数成年羊舍 1∶(15～25)；高产羊舍 1∶(10～12)；羔羊舍 1∶(15～20)；产羔室可小些。

(五)长度、跨度、高度

长度和跨度根据所需羊舍面积和建筑要求确定，一般跨度 6.0～9.0 m。羊舍净高(地面至天棚的高度)2.0～2.4 m。在寒冷地区可适当降低净高。单坡式羊舍，一般前高 2.2～2.5 m，后高 1.7～2.0 m，屋顶斜面呈现 45°角。

二、羊舍类型

不同类型羊舍，在提供良好小气候条件上有很大的差别。根据不同结构的划分标准，可将羊舍划分为若干类型。根据羊舍四周墙壁封闭的严密程度，羊舍可划分为封闭舍、开放与半开放舍和棚舍 3 种类型。封闭舍四周墙壁完整，保温性能好，适合较寒冷的地区采用；开放与半开放舍，三面有墙，开放舍一面无长墙，半开放舍一面有半截长墙，保温性能较差，通风采光好，适合于温暖地区，是我国较普遍采用的类型；棚舍只有屋顶而没有墙壁，防太阳辐射强，适合于炎热地区。

根据羊舍屋顶的形式，羊舍可分为单坡式、双坡式、拱式、钟楼式、双折式等类型。单坡式羊舍跨度小，自然采光好，适用于小规模羊群和简易羊舍选用；双坡式羊舍，跨度大，保暖能力强，但自然采光和通风都较差，适合于小规模羊群和简易羊舍选用，是最常用的一种类型。在寒冷地区，还可选用拱式、双折式、平屋顶等类型，在炎热地区可选用钟楼式羊舍。

三、羊舍基本结构

(一)地面

又称为畜床，是羊躺卧休息、排泄和生产的地方。地面的保暖与卫生状况很重要。羊舍地面有实地面和漏缝地面两种类型，实地面又以建筑材料不同有夯实黏土、三合土(石灰∶碎石∶黏土为1∶2∶4)、石地、混凝土、砖地、水泥地、木质地面等。其中，黏土地面易于去表换新，造价低廉，但易潮湿和不便消毒，干燥地区可采用。三合土地面较黏土地面好。石地面和水泥地面不保温、太硬，但便于清扫与消毒。砖地面和木质地面保暖也便于清扫与消毒，但成本较高，适合于寒冷地区。饲料间、人工授精室、产羔室可用水泥或砖铺地面，以便消毒。漏缝地面能给羊提供干燥的卧地，南方炎热地区养羊已普遍采用。漏缝地面用木条或竹板等材料做成，木条宽 32 mm，厚 36 mm，缝隙宽 15 mm，适宜于成年羊和 10 周龄以上羔羊使用。

(二)墙

墙在畜舍保温上起着重要的作用。我国多采用土墙、砖墙和石墙等。土墙造价低，导热小，保温好，但易湿，不易消毒，小规模简易羊舍可采用。砖墙是最常用的一种，其厚度有半砖墙、一砖墙、一砖半墙等，墙越厚，保暖性能越强。石墙，坚固耐久，但导热性大，寒冷地区效果差。国外采用金属铝板、胶合板、玻璃纤维材料建成保温隔热墙，效果很好。

（三）门和窗

一般门宽 2.5～3.0 m，高 1.8～2.0 m，可设为双扇门，便于大车进出运送草料和清扫羊粪。按 200 只羊设一大门。寒冷地区在保证采光和通风的前提下少设门，也可在大门外添设套门。窗：一般宽 1.0～1.2 m，高 0.7～0.9 m，窗台距地面高 1.3～1.5 m。

（四）屋顶与天棚

屋顶具有防雨水和保温隔热的作用。其材料有彩钢板、陶瓦、石棉瓦、木板、塑料薄膜、油毡等，在寒冷地区可加天棚，能增强羊舍保温性能。

（五）运动场

运动场一般设在羊舍的一侧或两侧，要低于羊舍地面，以沙质壤土为好，便于排水和保持干燥。运动场周围设围栏，围栏高度 1.3～1.5 m。

四、典型羊舍

（一）半开放式羊舍

半开放式羊舍，指三面有墙，正面上部敞开，下部仅有半截墙的羊舍，夏季可兼作凉棚和剪毛棚。农区养羊，很多农户都采用这种形式的羊舍。这种羊舍屋顶既可以单坡式，也可以双坡式。羊舍排列成“ ┏”字形，亦可排列成“一”字形，但长度增长。羊可以在羊舍中自由活动。在半开放羊舍中，可用活动围栏临时隔出或分隔出固定的母羊分娩栏。这种羊舍，适合于温暖、炎热地区（图 7-3）。

（二）开放式羊舍

开放式羊舍是三面有墙，一面敞开的羊舍。舍墙可用泥土筑成或石块砌成，围栏用土石筑成或竹、木编扎而成。结构简单，节省材料，造价低廉，经济实用。开放式羊舍，空气流通，光线充足，

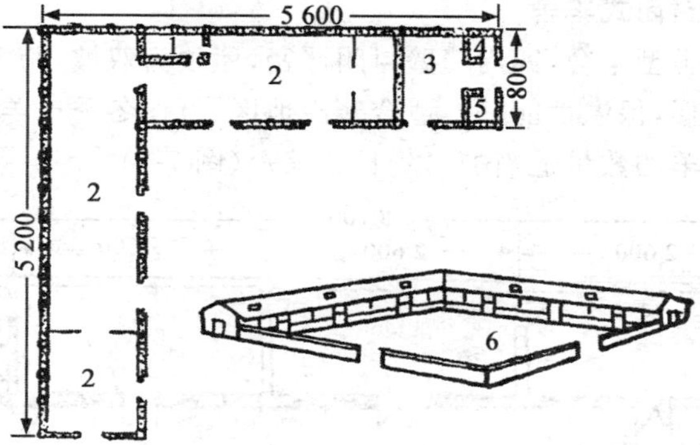

图 7-3　半开放的单坡式羊舍示意图(单位:cm)

1. 人工授精室　2. 普通羊舍　3. 分娩栏
4. 室值班室　5. 饲料间　6. 运动场

栏舍干燥,夏季风凉,适合于温暖潮湿的气候特点。其缺点是冬季比较寒冷,羊只冬季在舍内产羔,需注意保暖和护理。开放式羊舍的大小可根据羊群规模而定,大的羊舍可以养 200～400 只,小的羊舍仅养 10～20 只(图 7-4)。

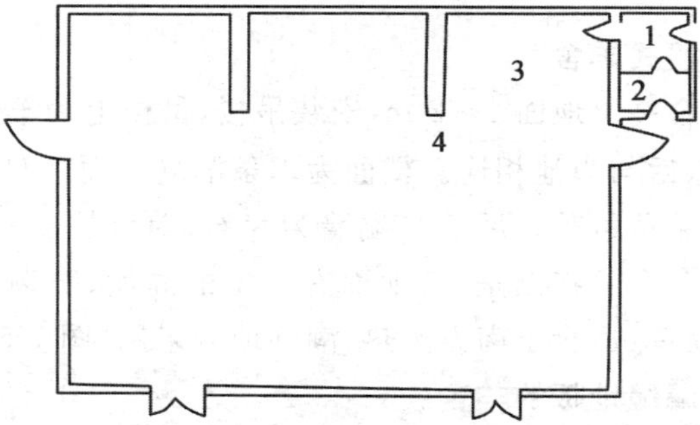

图 7-4 开放式羊舍平面图

1. 人工室　2. 饲料室　3. 羊圈　4. 联合草料架

(三)封闭式羊舍

这种类型羊舍,四周墙壁封闭严密,屋顶为双坡,跨度大,排列成"一"字形,保温性能好。适合寒冷地区,可作冬季产羔舍。其长度或根据羊的数量适当加以延长或缩短(图 7-5)。

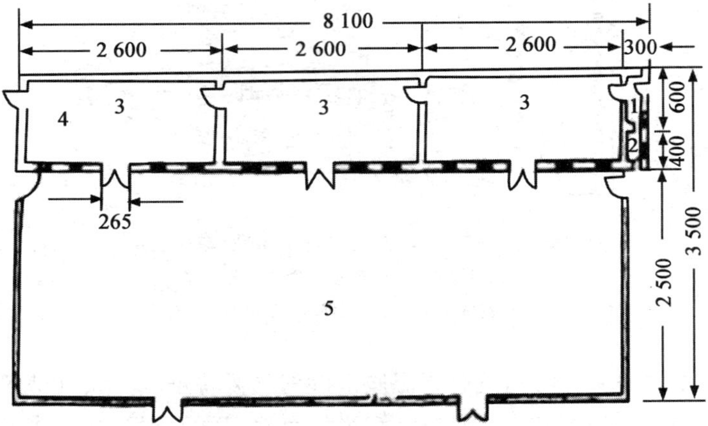

图 7-5 封闭双坡式羊舍示意图(可容纳 600 只母羊)(单位:cm)

1. 值班室 2. 饲料间 3. 羊圈 4. 通气管 5. 运动场

(四)吊楼式羊舍

这种羊舍高出地面 1～2 m,安装吊楼,吊楼上为羊舍,吊楼下为接粪斜坡,后与粪池相连。楼面为木条漏缝地面。双坡式屋顶,用小青瓦或茅草覆盖。后墙与端墙为片石,前墙柱与柱之间为木栅栏。这种羊舍的特点是,离地面有一定的高度,防潮、通风透气性好、结构简单,适合于南方炎热、潮湿地区采用(图 7-6)。

(五)带漏缝地板的羊舍

在气候潮湿的地区,为了保持羊舍的通风干燥,建造楼房式带漏缝地板的羊舍。夏秋季节羊住在楼上,尿水通过漏缝地板落入楼下。冬春季节,楼下住羊,楼上贮存干草。在我国华北地区,盖

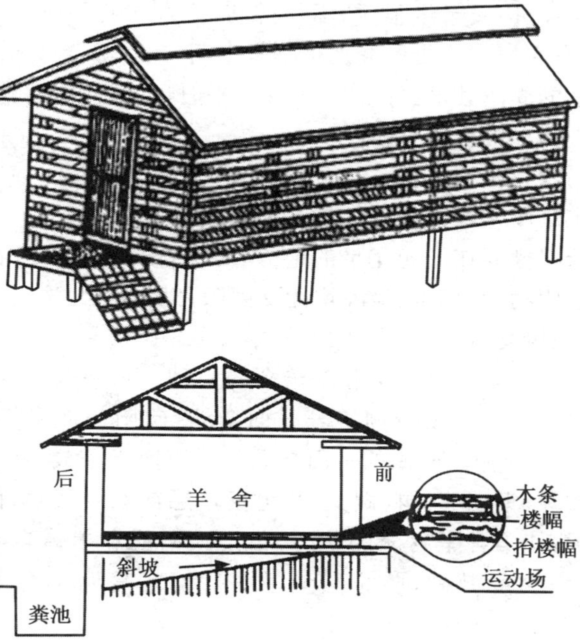

图 7-6　吊楼式羊舍示意图

带漏缝地板的羊舍只为了把羊的粪尿落入地下，保持羊舍干燥清洁，无需造价较高的带漏缝地板的楼房式羊舍。羊舍采用双坡砖木结构，后墙高 1.8 m，中梁高 3.0 m，前檐高 2.5 m，前墙高 1.0 m。如作产房用的房，其前墙上装窗，以便保温。因室内靠北墙设通道和饲槽，所以羊舍跨度为 7 m。饲槽南面的地面可用 3～4 cm 宽的木材或竹片制成(缝隙 1.5～2.0 cm 宽，缝隙的间距为每隔 3～4 cm 一条缝隙)1.0～1.5 m 长、0.5 m 左右宽的地板块敷设，木条和竹片的厚度以足能承受上面羊只重量为宜，或可加密地板块下面的支撑，以加强地板块的负重能力，亦可用水泥预制漏缝地板敷设(因其重量很重,不易挪动,不宜在我们所介绍的羊舍中用,而宜在楼房式带漏缝地板羊舍中用)。在漏缝地板下面建一个带斜坡的粪池其最深部位 1.0 m。平时可不用冲洗,清粪时,可挪动上面的地板块后打扫。

(六)塑料暖棚羊舍

1. 塑膜暖棚羊舍建设

建造暖棚要在阳光充足的地方,必须选择在东、南、西 3 个方面没有遮阴物,在早晨、傍晚均能受到阳光照射的地方。要避开风口,防止狂风袭击。

塑料暖棚羊舍属于半开放羊舍的一种。与一般半开放舍比,保温效果较好。塑膜暖棚羊舍三面全墙,向阳一面有半截墙,有1/2～2/3 的顶棚。向阳的一面在温暖季节露天开放,冬季在露天一面用竹片、钢筋等材料做支架,上覆单层或双层塑料,两层膜间留有间隙,使羊舍呈封闭的状态,借助太阳能和羊体自身散发热量,使羊舍温度升高,防止热量散失。塑料暖棚羊舍剖面见图 7-7。

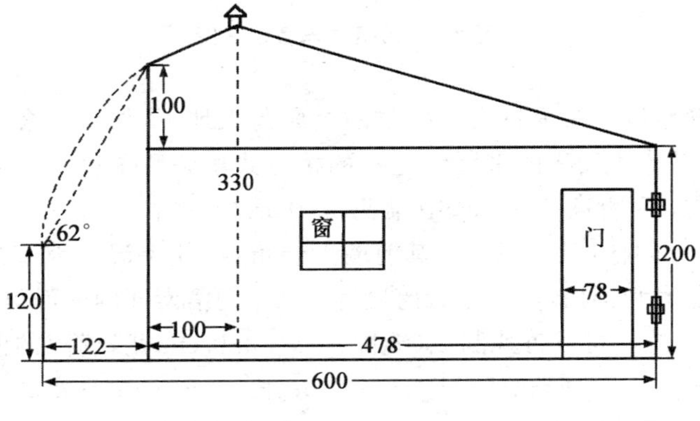

图 7-7　塑料日光暖棚羊舍剖面图(单位:cm)

2. 塑膜暖棚羊舍建设技术要点

(1)选择合适的朝向　塑膜暖棚牛舍需坐北朝南，南偏东或西角度最多不要超过 15°，羊舍边南至少 10 m 应无高大建筑物及树木遮蔽。

(2)选择合适的塑料薄膜　应选择对太阳光透过率高，而对地面长波辐射透过率低的聚氯乙烯等塑膜，其厚度以 80～100 μm 为宜。

(3)合理设置通风换气口　暖棚采用自然通风换气。一般在端墙设进气孔，西端墙可少设进气孔；进气孔大小为 20 cm×20 cm；个数根据进气孔占排气孔面积 70％确定，墙外进气口向下弯或加“人”形挡板，以防冷空气或降水直接侵入，墙内侧的进口上装调节板；进气孔距地面 1.6～1.8 m。排气孔设在后屋顶；排气孔大小为 50 cm×50 cm；个数按每只羊 0.005～0.006 m^2 确定；排气孔可用木料制作，也可用砖砌，最好做成夹层，夹层内装保温材料；排气孔应加风帽。进气孔、排气扎应均匀排列。

(4)有适宜的棚舍入射角　棚舍的入射角应大于或等于当地冬至时太阳高度角。

(5)注意塑膜坡度的设置　塑膜与地面的夹角应在 55°～65°为宜。

(6)长度、跨度、高度设置　一般单座暖棚面积不宜超过 150 m^2；长度不宜超过 30 m；跨度 5～6 m；后屋顶宽 2.0～3.0 m；前墙高 1.1～1.3 m；后墙高 1.6～1.8 m。

第四节　养羊设备

一、饲槽

可以用水泥砌成上宽下窄的槽，上宽约 30 cm，深 25 cm 左右。水泥槽便于饮水，但冬季结冰时不好，也不容易清洗和消毒，用木板做成的饲槽可以移动，克服了水泥槽的缺点，长度可视羊只的多少而定，以搬动、清洗和消毒方便的原则。

二、草料架

草料架形式多种多样(图 7-8)。有专供喂粗料用的草架；有供喂粗料和精料的两用联合草料架；有专供喂精料用的料槽。添设草料架总的要求是不使羊只采食时相互干扰，不使羊脚踏入草料架内，不使架内草料落在羊身上影响到羊毛质量。

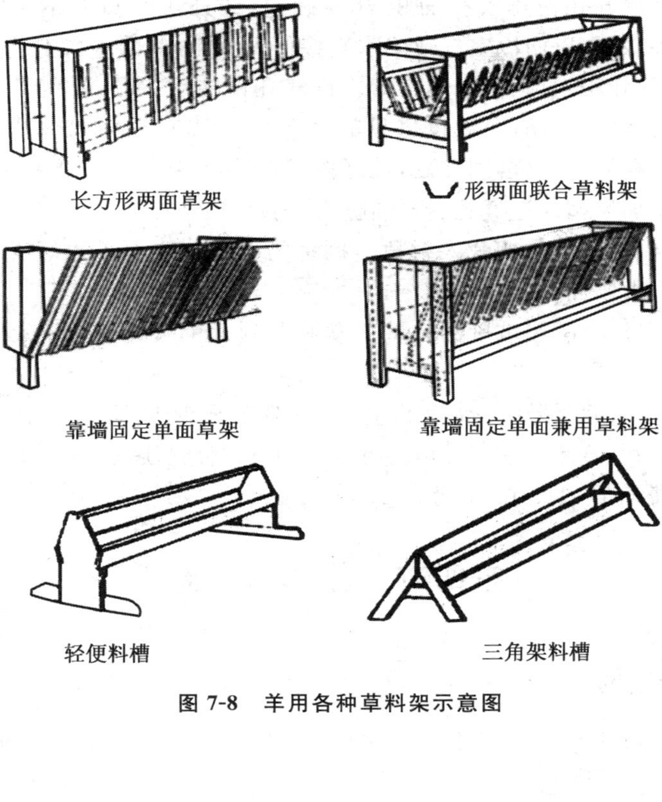

图 7-8　羊用各种草料架示意图

三、分羊栏

分羊栏供羊分群、鉴定、防疫、驱虫、称重、打号等生产技术性活动中用。分羊栏由许多栅板连接而成。在羊群的入口处为喇叭形，中部为一小通道，可容许山羊单行前进。沿通道一侧或两侧，可根据需要设置 3～4 个可以向两边开门的小圈，利用这一设备，就可以把羊群分成所需要的若干小群。

四、活动围栏

活动围栏可供随时分隔羊群之用。在产羔时，也可以用活动围栏临时隔为母子小圈、中圈等。通常有重叠围栏、折叠围栏和三角架围栏几种类型。活动围栏见图 7-9。

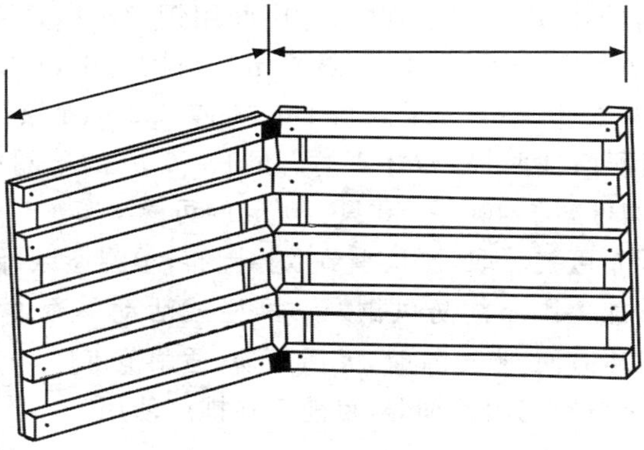

图 7-9 活动围栏示意图

五、羔羊补饲围栏和饲槽

羔羊在哺乳期早龄补饲时，在固定地点设一围栏，内置饲槽和栏门，母羊进不去，羔羊可以随意进出。可用多个栅栏、栅板或网栏，在羊舍或补饲场靠墙围成足够面积的围栏，并在栏间插入一个仅能让羔羊自由出入采食的栅门。

六、活动羊圈

除寒冷季节外，羊群多数露天过夜，以放牧为主羊场，必须根据季节、草场生产力的动态变化、不同作物的收获时间，以及羊群放牧抓膘、剪毛、药浴、配种等生产环节的需要，做好转场放牧的安排。转场放牧采用活动式羊圈则十分方便。活动式羊圈可利若干棚栏或网栏，选一干燥平坦地面，连接固定成圆形、方形、长方形皆可。也可采用网栏式活动羊圈，该圈由网栏、围布、窗门、立柱、拉筋组成，网栏采用钢丝锁片半机械化编织，经纬线结合牢固，间隔匀称，疏密合理；围布用高强度聚丙烯编织布制作，质地柔韧，耐寒热，抗风雨；圈门以镀锌钢管焊接，中间用钢丝编织，立柱、拉筋用钢材制成并涂以防锈漆料，坚固耐用。网栏高 1 m，安装后全高 1.1 m，立柱高 1.5 m，入土深 0.4 m，每隔 6.5 m 加装立柱和拉筋 1 副，圈门配门柱两根，插杆 1 对。网长 50 m 的羊圈可圈羊 350 只，60 m 的可圈羊 400～450 只，70 m 的可圈羊 500～600 只。根据气候、围布可装可取，夏秋季节取掉围布，羊圈通风，便于夜间管理，冬春季加上围布能防风御寒。网栏式活动羊圈体积小，重量轻，拆装搬运方便，省工省时，灵活机动，适用范围广，牢固可靠、尤其适用于半放牧奶山羊饲养，目前正在推广使用。

七、药浴设备

(一)大型药浴池

可供大型羊场或羊较集中的乡村药浴用。药浴池可用水泥、砖、石等材料砌成长方形(图 7-10)，似狭长而深的水沟。长 10～12 m，池顶宽 60～80 cm，池底宽 40～60 cm，以羊能通过而不能转身为准，深 1.0～1.2 m。入口处设漏斗形围栏，使羊依顺序进入药浴池。浴池入口呈陡坡，羊走入时可迅速没入池中，出口有一定倾斜坡度，斜坡上有小台阶或横木条，其作用一是不使羊滑倒；二是羊在斜坡上停留一些时间，使身上余存的药液流回浴池。

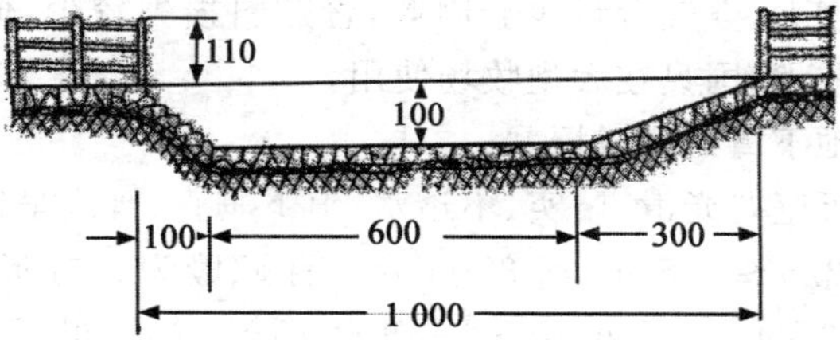

图 7-10　大型药浴池示意图(单位:cm)

(二)小型药浴槽、浴桶或浴缸

小型浴槽液量约为 1 400 L，可同时将 2 只成年羊(小羊 3～4 只)一起药浴，并可用门的开闭来调节入浴时间。这种类型适宜小型羊场使用。

(三)帆布药浴池

用防水性能良好的帆布加工制作。药浴池为直角梯形，上边长 3.0 m、下边长 2.0 m、深 1.2 m、宽 0.7 m，外侧固定套环，安装前按浴池的大小形状挖一土坑，然后放入帆布药浴池，四边的套环用铁钉固定，加入药液即可进行工作。用后洗净，晒干，以后再用。这种设备体小轻便，可以循环使用。

八、青贮设备

(一)青贮塔

青贮塔分为全塔式和半塔式两种。全塔式直径通常为 4～6 m，高 6～16 m，容量 75～200 t。半塔式埋在地下深度 3.0～3.5 m，地上部分高度 4～6 m。塔身用木材、砖或石块砌成。塔基必须坚实。半塔式地下部分必须用石块砌成。塔壁有足够的强度，表面光滑，不透水、不透气。最好在外表上涂上绝缘材料。塔侧壁开有取料口，塔顶用不透水、不透气的绝缘材料制成，其上有一个可密闭的装料口。这种塔由于取出口较小，深度较大，饲料自重压紧程度大，空气含量少。因此，青贮料损失较少，但建筑费用昂贵。目前，我国只在大型牧场使用。

（二）地下青贮窖或壕

青贮窖壁要光滑、坚实、不透水、上下垂直，窖底呈锅底状。直径一般为 2.5～3.5 m，深 3～4 m。青贮壕为长方形，宽 3.0～3.5 m，深 3～4 m，长度不一，一般为 15～20 m，可长达 30 m 以上。结构简单，成本低，易推广，但窖中易积水而引起青贮料霉烂，故必须注意周围排水。

（三）青贮袋

近年来，我国大力推广袋装调制青贮料。此袋为一种特制的塑料大袋，袋长可达 36 m，直径 2.7 m，塑料薄膜用两层帘子线增加强度，非常结实。目前，德国用一种厚 0.2 mm、直径 2.4 m 的聚乙烯塑料薄膜圆筒袋青贮，这种塑料袋长 60 m，可根据需要剪裁。袋式青贮损失少，成本低，适应性强，可推广利用。

九、供水设施

清洁的饮水，配置合理的饮水设施，是保证羊群健康、减轻放牧与饲养人员劳动强度、提高劳动效率的重要条件。以舍饲为主的羊场、南方天然饮水易受寄生虫危害地区的羊场、北方没有河道或泉水地区的羊场以及冬春舍饲期较长的羊场，都应在羊舍附近修建水井、水塔或贮水池，也可用手压式唧筒将水抽送到贮水池或水槽。北方天寒易冻，修建水塔投资较大，但水不结冰，使用水塔十分方便卫生。为防止粪、尿、泥土污染水井与水槽，水井与羊舍应相隔一定距离，井口应用砖石或水泥砌成，亦可安装木框，加设井盖，井口高出地面 70～100 cm。水槽处地面应用砖、石粗沙铺砌,以免地面泥泞。

十、机械设备

大型羊场为提高生产效率,便于机械化作业,往往需要较多的机械设备,大致可分为动力机械、草原建设机械、饲草饲料种植和管理机械、饲草饲料收获机械、饲草饲料加工机械、畜产品采集和加工机械、运输机械、保养维修设备等。羊场应根据实际情况选购所需要的机械设备。其中,铡草机、秸秆揉碎机、饲料粉碎机、饲料混合机和剪毛机等应是大中型羊场必备的机具。

第五节 羊场环境保护

随着养羊业生产方式逐步转向规模化、集约化饲养,粪污也相对集中。在规模化养殖区域,如果不采取有效的治理,不仅造成了土地、水体的严重污染,而且污染空气、滋生蚊蝇,影响人体健康,因此养羊场粪污的治理和科学利用是减少环境污染,改善生产、生活和工作环境,增强人民身体健康、提高羊场生产力的必然选择。

自然环境诸要素——空气、水和土壤的能量流动和物质循环,在一定时间内处于动态平衡状态,其成分和性质也相对稳定。当污染物进入的量超过了环境容量时,环境的平衡状态将被破坏,污染物对人和生物造成危害,这种现象就称为“环境污染”。一般工业生产产生的“三废”(废气、废水、废渣),农田施用的农药、化肥,交通运输产生的粉尘、噪声,居民生活及其他畜牧场产生的污水、垃圾、污浊空气和微生物等,会对大气、水源和土壤造成污染,从而威胁羊场的安全生产;羊场产生的粪便、污水、恶臭、粉尘、微生物,既污染周围环境,也威胁自身的安全。

为防止周围环境污染对羊场的危害,需合理选择建场场址、合理规划场地(场区划分、道路和绿化规划等)、严格卫生防疫制度和完善防疫设施等。

一、羊场对环境的污染

近十多年来，我国养羊业发展迅速，养羊生产的规模化、集约化程度也不断提高，羊场粪污不加处理和利用地任意堆弃、排放的现象普遍存在，不可避免地导致了"畜产公害"的发生。羊场对环境的污染包括粪污、恶臭、粉尘、病原微生物、噪声等，但主要是粪污处理利用不当对大气、水源和土壤造成的污染。羊场的粪污包括粪便、垫草及其他固体废弃物以及饲养管理、消毒、职工生活等产生的污水。羊场粪污的污染物主要是有机物和病原微生物。

（一）羊场对大气的污染

羊场产生的恶臭、粉尘和微生物排入大气后，可通过大气的气流扩散和稀释、氧化和光化学分解、沉降、降水溶解、地面植被和土壤吸附等作用而得到净化（自净），但当污染物排量超过大气的自净能力时，将对人和动物造成危害。

1. 恶臭

羊场恶臭除羊的皮肤分泌物、黏附于皮肤的污物、外激素、呼出气等产生的羊场特有难闻气味外，主要来自粪污在堆放过程中有机物的腐败分解（特别是厌氧腐解），碳水化合物分解产生甲烷、有机酸和醇等带臭味的气体；蛋白质、脂类等分解产生氨、硫化氢、丙醇、吲哚、甲基吲哚、甲硫醇、3-甲基丁醇、粪臭素等具有恶臭的含硫和氨的化合物。

在各种畜禽场场对大气的恶臭污染事件中，羊场占的比例最小。据 Pain B. F. (1994)报道，英国的畜产恶臭污染中，养猪业占57%，养鸡业占22%，养牛业占17%，羊场不足3%。

2. 尘埃和微生物

由羊场排出的大量粉尘携带数量和种类众多的微生物，并为微生物提供营养和庇护，大大增强了微生物的活力和延长了其生存时间，这些尘埃和微生物可随风传播 30 km 以上，从而扩大了其污染和危害范围。

尘埃污染使大气可吸入颗粒物增加，恶化了羊场周围大气和环境的卫生状况，使人和动物的眼和呼吸道疾病发病率提高；微生物污染则可引起口蹄疫、肺腺疫、炭疽、布氏杆菌、真菌孢子等疫病的传播，危害人和动物的健康。

(二)羊场对水源的污染

1. 有机物污染

羊场粪污含有大量的碳氢化合物、含氮和含磷化合物等有机污染物和营养元素，排放或被降水淋洗冲刷进入自然水体后，当水体被大量有机质污染并超过水体自净能力时，除使水质恶化外，有机质被水中微生物降解的同时，也为水生动、植物提供了丰富的营养，有机质耗氧生物降解和各种水生生物的大量滋生，都会大量消耗水中的溶解氧，最后氧气被耗尽，水生生物因缺氧而死亡，此时水中有机质(包括死亡的水生动植物尸体)的降解过程转为厌氧微生物腐解，水色变黑，散发恶臭，导致水体的“富营养化”，这种水体难以再净化和恢复。

2. 生物污染

粪污中含有大量病原微生物，进入水体后，部分因沉淀、吸附而减少或因水生生物间的拮抗作用而杀灭，但其余可直接通过水体或通过水生动、植物进行扩散和传播，危害人和动物的健康。

3. 有害物质污染

饲料添加剂中的抗生素、β-兴奋剂、铜、铁、铬、锌、磷等，羊场使用的洗涤剂、消毒剂等，都会随羊场污水污染周围水体。

(三)羊场对土壤的污染

粪污不经无害化处理直接进入土壤，也会造成污染。特别是土壤虽对各种病原微生物有一定的杀灭能力，但进程较慢，且有些微生物还可生成芽孢，故也常造成生物污染和疫病传播。

二、羊场粪污处理

(一)废水的处理

肉羊养殖过程中产生的废水包括清洗羊体和饲养场地、器具产生的废水。废水不得排入敏感水域和有特殊功能的水域,应坚持种养结合的原则,经无害化处理后尽量充分还田,实现废水资源化利用。养殖场与农田之间应建立有效的污水输送网络,严格控制废水输送沿途的弃、洒、跑、冒、滴、漏。

(二)粪便的无害化处理

为了防止粪便污染环境,杀灭病原体,充分利用粪便中丰富的营养和能量资源,应当采用干燥或发酵等方法对羊粪进行无害化处理。

粪便的发酵处理是利用各种微生物的活动来分解羊粪中的有机成分,从而有效地提高这些有机物的利用率。在发酵过程中形成的特殊理化环境也可杀死粪便中的病原菌和一些虫卵。根据发酵过程中依靠的主要微生物种类不同,可分为充氧动态发酵、堆肥发酵和沼气发酵处理。堆肥是以粪便为原料的好氧性高温堆肥;处理后的粪便可作优质的有机肥用于饲料和牧草等种植业生产中。沼气发酵是以粪便为原料,在密闭、厌氧条件下的厌氧性消化(包括常温、中温和高温消化),产生的沼气可供羊场使用。经无害化处理后的粪便应符合《粪便无害化卫生标准》(GB 7959)的规定,废渣应符合《畜禽养殖业污染物排放标准》(GB 18596)的有关规定(表 7-1)。

表 7-1 畜禽养殖业废弃物无害化环境标准

控制项目	指标
蛔虫卵	死亡率≥95%
粪大肠菌群数	≤10^5 个/kg

(三)病死羊尸体的无害化处理

病死羊尸体含有大量的病原体,只有及时经过无害化处理,才能防止各种疫病的传播与流行。严禁随意丢弃、出售或作为饲料。根据疾病种类和性质不同,按《畜禽病害肉尸及其产品无害化处理规程》(GB 16548)的规定,采用适宜方法处理病羊尸体。

1. 销毁

将病羊尸体用密闭的容器运送到指定地点,焚毁或深埋。

(1)焚毁　对危险较大的传染病(如炭疽和气肿疽等)病羊的尸体,应采用焚烧炉焚毁。对焚烧产生的烟气应采取有效的净化措施,防止烟尘、一氧化碳、恶臭等对周围大气环境的污染。

(2)深埋　不具备焚烧条件的养殖场应设置 2 个以上安全填埋井,填埋井应为混凝土结构,深度大于 3 m;直径 1 m,井口加盖密封。进行填埋时,在每次投入尸体后,应覆盖一层厚度大于 10 cm 的熟石灰,井填满后,须用枯土填埋压实并封口。或者选择干燥、地势较高,距离住宅、道路、水井、河流及羊场或牧场较远的指定地点,挖深坑掩埋尸体,尸体上覆盖一层石灰。尸坑的长和宽以能容纳尸体侧卧为度,深度应在 2 m 以上。

2. 化制

将病羊尸体在指定的化制站(厂)加工处理。可以将其投入干化机化制,或将整个尸体投入湿化机化制。

三、羊场绿化

羊场统一规划布局,因地制宜地植树造林、栽花种草是现代化羊场不可缺少的建设项目。

(一)场区林带的规划

在场界周边种植乔木和灌木混合林带,并栽种刺笆。北方地区:乔木类的大叶杨、旱柳、钻天杨、榆树及常绿针叶树等;灌木类的河柳、紫穗槐、侧柏等;刺笆可选陈刺、刺等,起到防风阻沙、安全等作用;南方地区:乔木类的法国梧桐、槐树、柳树、榆树等;灌木类的黄杨、黄金叶、大叶女贞、小叶女贞、法国冬青、垂柳;草坪类的冷季型多年生黑麦草、草地早熟禾、细羊茅;暖季型地毡草、狗牙根、钝叶草。

(二)场区隔离带的设置

主要用于分隔场内各区,如,生活区及管理区,生产区的四周,都应设置隔离林带,一般可用杨树、榆树等,其两侧种灌木,以起到隔离作用。

(三)道路绿化

宜采用塔柏、冬青等四季常青树种,进行绿化,并配置小叶女贞或黄杨成绿化带。

(四)运动场围栏外侧遮阳林

在运动场的南、东、西三侧,应设1～2行遮阳林。一般可选择枝叶开阔,生长势强,冬季落叶后枝条稀少的树种,如杨树、槐树、法国梧桐等。

总之,树种花草的选择应因地制宜,就地选材,加强管护,保证成活。通过绿化,改善羊场环境条件和局部小气候,净化空气,美化环境,同时也能起到隔离作用。

第八章　山羊主要疾病的防治技术

第一节　羊场卫生防疫措施

随着人民生活水平的提高，养羊业的发展趋向于集约化、规模化饲养，由于羊群的集中，这对于控制和消灭传染病带来了有利的条件，也造成疫病容易发生的机会。因此，要保证羊群的健康，规模化羊场必须坚持“预防为主，防重于治”的方针，制订一套严格的卫生防疫综合措施，以防病原侵入羊体，从而保证养羊业的健康发展。

一、生物安全

目的是预防病原微生物侵入羊舍。

（一）防止人员传播疾病

(1)羊场所有入口都应加锁并设有“不准入内”与“防疫重地”字样。

(2)所有进出场区人员必须遵守消毒规程。

(3)进出车辆要进行详细记录。

(4)进出每栋羊舍时，所有工作人员必须消毒双手和工作鞋，禁止串舍。

（二）防止动物传播疾病

(1)规模化育肥羊场要实行全进全出制。

(2)羊舍的空舍时间最短为半月。

(3)整理收集场区所有设备、建筑材料和垃圾，以减少啮齿类、野生动物隐匿。

(4)羊舍间的距离至少为 15 m。

(5)实施有效的控制鼠类措施和灭蚊、蝇措施。

二、卫生防疫

(1)生产管理区、生产区,每栋羊舍入口处设消毒池(盆),消毒池宽与门同宽,长至少是车轮的一周半。

(2)生活区、生产管理区应分别配备消毒设施(喷雾器等)。

(3)每栋羊舍的设备、物品固定使用,羊只不许窜舍,出场后不得返回,应入隔离饲养舍。

(4)禁止生产区内解剖羊,剖后和病死羊焚烧处理,羊只出场出具检疫证明和健康卡、消毒证明。

(5)禁用强毒疫苗,制定科学的免疫程序(附免疫程序)。

(6)粪便、污水、污物无害化处理,环境卫生质量达到国家 NY/T 7388—1999 规定的标准。

(7)夏季及时灭蚊、蝇,经常进行羊舍消毒。

(8)场区内分净道、污道,互不交叉,净道用于进羊及运送饲料、用具、用品,污道用于运送粪便、废弃物、死淘羊。

(9)场区绿化。

三、疫病控制与扑灭

生产过程中出现疑似病情,驻场兽医都必须通知当地畜牧兽医管理部门和当地检验检疫部门,并接受官方监督。总的原则是:

一类传染病、新病:报告疫情—封锁—扑杀—无害化处理—消毒—经 1 个消毒潜伏期—解除封锁。

其他传染病:报告疫情—封锁—免疫—治疗—消毒—无害化处理—经 1 个潜伏期—解除封锁。具体程序如下:

对疑似疫情,要及时上报,采取措施:

(1)立即采集所有必要的样品并送至畜牧部门和检疫部门认可的实验室中进行诊断。

(2)应记录饲养场内各羊舍内发病和死亡的只数,且记录必须保留以备官方人员的每次检查。

(3)应尽量将羊群隔离于饲养舍内。

(4)不得向饲养场调入或调出羊只。

(5)所有出入该饲养场的人员、车辆和物品等必须官方兽医和驻场兽医确认后方可流动。

(6)必须采用适当的消毒方法对羊舍的入口和羊舍进行消毒。

(7)必须按照流行病学的要求调查传染来源和其可能流行的情况。

(8)按照(6)的要求必须在官方的监督下对有可能被污染的设施进行调查。

某一羊群一旦经官方确认存在烈性传染病时,除了采取第(1)点要求的措施外,还应立即进行下列措施:

(1)该场中所有的羊只必须立即就地扑杀、焚烧,所有操作过程应尽可能减少疾病传播。

(2)所有已污染的物质或废料应销毁或经适当的方法处理以杀死其中的病毒。

(3)应追回并销毁在潜伏期内出栏的羊只。

(4)当宰杀和销毁完成后,所有房屋、羊舍都应进行彻底打扫和消毒。

(5)消毒后至少在1个月内该饲养场不得饲养羊群。

上述5点制定的措施只限用于有疫情的羊舍,应尽可能采取必要的保证以避免疾病传播至其他未发病的区域。

一旦确认疾病暴发时,与当地政府一起在其周围建立半径至少为3 km的保护区和半径至少10 km的监测区。感染的羊舍经消毒后至少1个月内对这些区域进行监测，并控制羊只的移动。当地畜牧主管部门对羊场经过必要的调查和取样并确认不存在这种疾病后，方可取消这些措施。

四、消毒规程

1. 进出场消毒规程，由门卫具体实施，技术员、场长监督

(1)场内工作人员备有从里到外至少2套工作服装，一套在场内工作时间用，一套场外用。进场时，将场外穿的衣物、鞋袜全部在外更衣室脱掉，放入各自衣柜锁好，穿上场内服装、着水鞋，经含3%火碱液的消毒池。要求火碱液深15 cm，每天早7:00更换1次。

(2)工作人员外出羊场，应遵照下列程序：向场长申请，场长批准后，着水鞋经含3%火碱液的消毒池进入更衣间，换上场外服装，经门卫严格检查后，方可外出。

(3)车辆物资进出规定：

①送料车等或经场长批准的特殊车辆可进出场。

②由门卫对整车用1∶500好利安或1∶500菌毒杀，进行全方位冲刷喷雾消毒。

③经含3%火碱液的消毒池入场，消毒液每天更换2次，上午7:00，下午13:00，水深15 cm。

④驾驶员不得离开驾驶室，若必须离开，则穿上工作服进入，进入后不得脱下工作服。

(4)办公区、生活区每天早上进行1次喷雾消毒。

2. 空羊舍消毒规程，由技术员具体实施，场长监督

(1)育肥羊运出后先用1∶500菌毒杀对羊舍消毒，再清除羊粪。

(2)输羊粪要密封，彻底清理清扫舍内外羊粪，远离羊舍300 m

发酵处理。

(3)3%火碱水喷洒舍内地面，1∶500过氧乙酸或1∶500喷雾灵喷洒墙壁。

(4)打扫完羊舍后，用1∶500过氧乙酸或1∶500好利安交替多次消毒，每次间隔1 d。

3. 舍外消毒规程

(1)每天上午7:00对大门口、生活区、办公区用好利安消毒1次。

(2)大门口消毒池每天上午7:00，下午13:00各换1次3%火碱液。

(3)每周进行1次场区消毒，于天气凉快时进行，如早上或傍晚(冬季除外)，用3%火碱液喷洒，以打湿地面为主。注意不要喷到怕腐蚀的器具上。

(4)进场人员、车辆必须消毒。

4. 带羊消毒，由专人负责实施

(1)由于自动喷雾装置易被堵塞，所以消毒剂要选用溶解度好的，消毒后用清水返冲消毒管道。

(2)盛消毒药的水桶要密封，进水口及吸水头要用5层以上细纱布过滤，避免进入杂质。

(3)带羊消毒选在上午10:00～12:00进行，次数按规定执行。

五、疾病防制

建立疫病控制体系，定期检测，科学免疫。根据当地传染病发生的情况和规律，有针对性地、有组织地搞好疫苗注射防疫，是预防和控制羊传染病的重要措施之一。规模化山羊养殖场免疫程序见表8-1和表8-2。

表 8-1　羔羊免疫程序

接种时间	疫苗	接种方式	免疫期
7 日龄	羊传染性脓疱皮炎灭活苗	口唇黏膜注射	1 年
15 日龄	山羊传染性胸膜肺炎灭活苗	皮下注射	1 年
2 月龄	山羊痘灭活苗	尾根皮内注射	1 年
2.5 月龄	牛 O 型口蹄疫灭活苗	肌肉注射	6 个月
3 月龄	羊梭菌病三联四防灭活苗	皮下或肌肉注射(第 1 次)	6 个月
	气肿疽灭活苗	皮下注射(第 1 次)	7 个月
3.5 月龄	羊梭菌病三联四防灭活苗 Ⅱ号炭疽芽孢菌 气肿疽灭活苗	皮下或肌肉注射(第 2 次) 皮下注射 皮下注射(第 2 次)	6 个月 7 个月
产羊前 6～8 周(母羊、未免疫)	羊梭菌病三联四防灭活苗 破伤风类毒素	皮下注射(第 1 次) 肌肉或皮下注射(第 1 次)	6 个月
产羔前 2～4 周(母羊)	羊梭菌病三联四防灭活苗 破伤风类毒素	皮下注射(第 2 次) 皮下注射(第 2 次)	6 个月
4 月龄	羊链球菌灭活苗	皮下注射	6 个月
5 月龄	布鲁氏菌病活苗(猪 2 号)	肌肉注射或口服	3 年
7 月龄	牛 O 型口蹄疫灭活苗	肌肉注射	6 个月

表 8-2　成年母羊免疫程序

接种时间	疫苗	接种方法	免疫期
配种前 2 周	牛 O 型口蹄疫灭活苗	肌肉注射	6 个月
	羊梭菌病三联四防灭活苗	皮下或肌肉注射	6 个月
配种前 1 周	羊链球菌灭活苗	皮下注射	6 个月
	Ⅱ号炭疽芽孢苗	皮下注射	6 个月
产后 1 个月	牛 O 型口蹄疫灭活苗	肌肉注射	6 个月
	羊梭菌病三联四防灭活苗	皮下或肌肉注射	6 个月
	Ⅱ号炭疽芽孢菌	皮下注射	6 个月

续表 8-2

接种时间	疫苗	接种方法	免疫期
产后 1.5 个月	羊链球菌灭活苗	皮下注射	6 个月
	山羊传染性脑膜肺炎灭活苗	皮下注射	1 年
	布鲁氏菌病灭活苗(猪 2 号)	肌肉注射或口服	3 年
	山羊痘灭活苗	尾根皮内注射	1 年

公羊可参照母羊免疫注射时间进行免疫。

免疫注意事项：

①一般免疫时间定为上午进行。

②羊只发病时不宜注苗。

③加强免疫。有些疫苗在首次免疫之后 2～3 周需要第 2 次免疫接种(加强免疫)。2 次免疫之后动物将获得坚强免疫力。如在预防肠毒血症、口蹄疫、气肿疽时，需要加强免疫。随后按常规免疫方法进行免疫，不需要再加强。

④羔羊的被动免疫和免疫接种。母羊产羔前 6～8 周和 2～4 周进行 2 次破伤风类毒素，羊梭菌三联四防灭活苗及大肠杆菌灭活苗注射，羔羊便可从母羊初乳中获得充分的被动免疫，而不容易患破伤风、肠毒血症、大肠杆菌和羔羊痢疾。从母羊初乳获得的保护性抗体可维持 10 周时间，因此 10 周龄以前不宜接种相应的疫苗，否则由于抗原抗体反应使羔羊得不到免疫。

⑤疫病暴发期的免疫接种。疫病暴发时，如是可用药物治疗的疫病，可对全群先用药物进行治疗性预防。1 周后，进行全群免疫接种，或者立即进行全群免疫接种，对发病者进行治疗。这样作可大大缩短疫病的流行时间，减少损失。如疫病尚无有效治疗药物，不妨立即进行免疫接种，对发病者进行对症治疗，加强护理，缩短病程，减少损失。

⑥怀孕期弱毒疫苗的使用问题。避免在怀孕初期的 1 个月内注射弱毒疫苗，否则有可能引起流产和胎儿畸形。

六、加强饲养管理

加强饲养管理,增进羊体健康,这是防制疾病的基础。否则其他疾病防制措施也不能充分发挥作用。

(一)合理搭配日粮,提高饲养水平

加强饲养管理,科学喂养,精心管理,增强羊只抗病能力是预防羊病发生的重要措施。首先,饲料种类力求多样化并合理搭配与调制,使其营养丰富全面;其次,重视饲料和饮水卫生,不喂发霉变质、冰冻及被农药污染的草料,不饮死水、污水;再者,要保持羊舍清洁、干燥,注意防寒保暖及防暑降温工作。对羊群改善饲养管理条件,提高饲养水平,使羊体质良好,能有效地提高羊只对疾病的抵抗能力,特别是对正在发育的幼龄羊、怀孕期和哺乳期的成年母羊加强饲养管理尤其重要。各类型羊要按饲养标准合理配制日粮,使之能满足羊只对各种营养元素的需求。

(二)在牧区合理组织放牧

牧区牧草是羊的主要饲料,放牧是羊群获取其营养需要的重要方式。因此,合理组织放牧,与羊的生长发育好坏和生产性能的高低,有着十分密切的关系。应根据农区、牧区草场的不同情况,以及羊的品种、年龄、性别的差异,分别编群放牧。为了合理利用草场,减少牧草浪费和减少羊群感染寄生虫病的机会,应推行划区轮牧制度。

(三)妥善安排生产环节

养羊的主要生产环节包括鉴定、剪毛、配种、产羔和育羔、羊羔断奶和分群。每一生产环节的安排,应尽量在较短时间内完成,使之尽量不影响正常生产秩序。

(四)组织定期驱虫

羊寄生虫病发生较普遍。患羊轻者生长迟缓、消瘦、生产性能严重下降,重者可危及生命,所以养羊生产中必须重视驱虫药浴工

作。驱虫可在每年的春、秋两季各进行 1 次，药浴则于每年剪毛后 10 d 左右彻底进行 1 次，这样即可较好控制体内外寄生虫病的发生。

第二节　主要普通病防治技术

一、口炎

(一)病因

原发性口炎常见于外伤性、霉菌性、中毒性。如采食尖锐的植物枝杈、秸秆、误饮氨水，舔食强酸强碱等，以及核黄素、维生素 C、锌等缺乏。继发性口炎多见于羊口疮、口蹄疫、羊痘、霉菌性口炎、过敏反应和羔羊营养不良等。

(二)症状与诊断

口炎是口腔黏膜或深层组织的炎症，各种年龄的羊都能发生，以羔羊最为常见。

采食和咀嚼障碍是口炎的一种症状。临床中以卡他性、水疱性、溃疡性比较常见。原发性口炎病羊采食减少或停止，口腔黏膜潮红、肿胀、疼痛、流涎、口温增高。水疱性的黏膜上有大小不等的水疱，含有透明或黄色液体。溃疡性的口腔黏膜发生糜烂、坏死和溃疡、口臭。全身变化不大。

除上述外还见有继发性口炎，见于体温升高及全身反应。如患羊口疮时，口腔黏膜以及上下嘴唇、口角处呈现水疱疹和出血干痂样坏死。口蹄疫时，除口腔黏膜发生水疱及烂斑外，趾间及皮肤也有类似病变。羊痘时，除口腔黏膜有典型的痘疹外，在乳房、眼角、头部、腹下皮肤处亦有痘诊。

霉菌性口炎，多有采食发霉饲料的病史，除口腔黏膜发炎外，还表现下泻、黄疸等病变过程。

过敏反应性口炎，多与突然采食或接触某种过敏原有关，除口腔有炎症变化外，在鼻腔、乳房、肘部和股部内侧等处见有充血、渗出、溃烂、结痂等变化。

（三）防治

重要在于合理调制饲料，防止误食刺激物和毒物。对传染性继发性口膜炎，宜隔离、消毒，治疗原发病。

轻度口炎可用消炎、消毒、收敛等药物治疗。如用2％～3％碳酸氢钠溶液，或0.1％高锰酸钾溶液，亦可用2％食盐水冲洗。当发生糜烂伴有渗出物时，可用1％鞣酸蛋白溶液冲洗，或用2％明矾液冲洗，其后用1∶9碘甘油或蜂蜜涂擦。有体温反应时，宜用抗生素及磺胺类药物治疗3～5 d。中成药冰硼散、青黛散疗效显著。为了杜绝病原扩散，可用2％碱水刷洗槽池。加强护理、饲喂青嫩或柔软青干草，增补维生素制剂。

二、瘤胃积食

（一）病因

瘤胃积食是瘤胃充满大量饲料，超过了正常容积，致使胃体积增大，胃壁扩张，食糜滞留在瘤胃引起的严重消化不良。该病主要见于贪吃了大量喜爱的易膨胀饲料，如苜蓿、青草、豆科牧草、谷物饲料、块根类、豆饼等，或吃了过多的质量不良、粗硬秸秆霉变饲料，或采食过量的粗饲，如玉米秸秆、干草以及霉败饲料等，或饮水不足，或突然变换饲料亦可诱发本病。

（二）症状与诊断

发病较快者，采食、反刍停止。病初不断嗳气，随之嗳气停止，瘤胃蠕动增强，腹痛不安，摇尾，或后蹄踏地，弓背，咩叫。病至后期精神萎靡，左侧腹下轻度膨大，肷窝略平或稍凸出，触诊硬实。瘤胃蠕动以后减弱或停止，呼吸迫促，脉搏增数，黏膜发绀。羔羊断奶时，饲养和管理不善，忽饥忽饱破坏了哺乳期消化生理机能可引起急性消化不良而导致该病。

因食谷物过多者可继发酸中毒和胃炎。

(三)防治

加强饲养管理,合理搭配日粮,变换饲料应逐渐进行,并注意多给羊饮水。

羊发病后停食 1～2 d,多饮水,增加运动量,再给予易消化的饲料。同时,作瘤胃按摩,每次 20～30 min,每天 3～4 次。为了促进瘤胃兴奋,可用 5%氯化钙和 5%氯化钠溶液(每千克体重 1 mL),加入苯甲酸钠咖啡因 2～3 g,静脉注射。采食精料过多而引发本病的,可用氧化镁、石灰水、人工盐等灌服。食入过量蛋白质饲料致病的,可用食醋治疗,每日 2 次,1 次半碗。中药治疗,陈皮 9 g、枳实 9 g、枳壳 6 g、神曲 9 g、厚朴 6 g、山楂 9 g、萝卜籽 9 g,水煎灌服。

当药物治疗效果较差,宜迅速进行瘤胃切开抢救。

三、瘤胃鼓气

(一)病因

瘤胃鼓气通称气胀。本病是草料停滞,瘤胃内容物发酵产气,使瘤胃内迅速积聚大量气体,而致臌胀的一种前胃疾病。本病多发于春冬两季。

因冬季缺草,羊长期喂饲干草,营养不足,导致脾胃运化机能衰退。春季水草丛生,羊过食易于发酵的青料(如紫云英、青草等)特别是从舍饲转为春季第一次开始放牧或突然饲喂大量肥嫩多汁的青草时最易发生本病。吃入腐败、变质饲草、冰冻的马铃薯、萝卜、甘薯等块状类饲料,品质不良的青贮料,有毒植物(毒芹、毛茛和其他毒草),以及放牧时过食带霜露雨水的牧草,脾胃一时运化不足,以致大量饲料积于瘤胃,在短时间内迅速发酵,发生鼓气,遂成本病。如果吃食大量的新鲜豆科牧草如豌豆藤、苜蓿、花生叶、三叶草等，由于含有丰富的皂角苷、果胶等，则引起泡沫性鼓气，治疗比较困难。

可继发于瘤胃积食、肠毒血症、肠扭转、毛球阻塞等。

(二)症状与诊断

本病的主要临床表现为，病羊突然发病，食欲不振，反刍、嗳气停止，腹围逐渐增大或迅速增大，左肷凸起，肚胀如鼓，触诊紧张而有弹性，叩诊呈鼓音，手压不留压痕，听诊瘤胃蠕动初期强，以后转弱，最终完全消失。病羊精神不安，回头顾腹，时起时卧或后肢踢腹，出现惊恐、出汗，但体温一般正常。其他症状有脉搏加快，呼吸促迫，眼结膜潮红，眼球突出，口舌发赤。严重时左腹胀满，左肷凸起高于脊背，此时患羊神态痴呆，四肢张开，肛门突出，常作排粪姿势，不时断续排尿，张口呼吸，伸舌流涎，眼结膜发绀，口色赤紫，最后倒地不起，口鼻吐粪，呼吸困难，窒息而死。

慢性的鼓气呈进行性或周期性鼓气，顽固性病例常在各次食后不久，发生短期的轻度或中度鼓气，病程可达几周，甚至拖延数月，发生便秘或腹泻，逐渐消瘦、衰弱。

对于慢性鼓气的诊断，应排除创伤性网胃炎、迷走神经性消化不良等慢性疾病。

(三)防治

初春放牧时，要防止羊采食大量豆科牧草，不喂霉烂或容易发酵的饲料，不喂冰冻饲料，不喂雨后水草或露水未干的草，不喂大量难以消化和易膨胀饲料。变换饲料应逐渐更换，以防本病发生。

治疗本病时，病情严重者，宜先行放气，然后以行气、化气、通肠导滞药物治疗。

胃管放气：可插入胃导管放气，缓解腹压。

按压左腹放气法：病羊站立保定，头略向上提起，术者用手将羊舌拉出口处，让助手用脚用力反复下压左腹部，至瘤胃内气体排出，腹部膨胀减轻为止，然后内服药物治疗。凡妊娠、产后不久母羊、膀胱炎患羊均忌用本法放气，否则易引起流产或出血。

气针放气法：在患羊左侧三角窝处，消毒后，用放气套管针或长针头徐徐放气。

然后每只羊可用硫酸镁(钠)100 g，加鱼石脂 5～10 g，混水 1 次灌服；或石蜡油、植物油 100～150 mL。1 次灌服；或用福尔马林、来苏儿 2～5 mL 加水 200～300 mL，1 次灌服。

用酒石酸锑钾 0.2～0.4 g 溶于大量水中，灌服，每日 3 次，能提高瘤胃兴奋性。当全身衰弱或有胃肠炎时，此药不宜应用；可用氨甲酰胆碱注射液，按每千克体重 0.5～0.8 mg，皮下注射，必要时经过 6～8 h 后可重复注射 1 次。

治疗本病的土方有：煤油、菜油各 100 mL，混合后 1 次灌服；大蒜 200 g 捣碎，加黄酒 250 g，冲水适量，1 次喂服；大蒜 200 g，捣碎加食油 150 mL，1 次喂服；大蒜、马鞭草、虎杖各 200 g，共捣烂，加水 0.5 kg，1 次灌服，每日 1 次，连用 2～3 d。

应用药物治疗时，应配合按摩羊只瘤胃部，每天 4 次，每次 20～30 min，效果更好。当应用上述方法治疗效果不佳时，可行瘤胃切开术，取出大部分瘤胃内容物。

四、肠痉挛

(一)病因

当羊热渴暴饮，运动后急饮冷水，或突淋暴雨，寒湿凝结于小腹之中，形成肠管强力兴奋，不时鼓气，肠内气流不通，以致引起收缩性激烈疼痛。

(二)症状与诊断

病羊精神烦躁，食欲、反刍停止，耳鼻俱冷，腹部饱满，腹痛不安，呈阵发性疼痛，时起时卧。行走时时而伸腰，时而弓背，时而前蹄刨地，时而后蹄踢腹，卧地后回头观腹，两眼上翻，胃肠蠕动增强，肠鸣，不断排出稀便。严重时肌肉震颤，伸头伏卧。与胃肠结症的区别：患肠痉挛时，羊的胃肠蠕动有雷鸣声，而患肠结症的羊胃肠音极微弱，甚至听不到，直肠检查，结症有阻塞物，而痉挛则摸不到阻塞肠。

（三）防治

气温变化比较大时，应注意调整羊群以适应变化。雨后烈日，让羊在阴凉或通风处休息。

治疗主要采用腹部温热疗法，镇痛、解痉。通常投服温热的水，加颠茄酊，或者皮下注射阿托品，或同时用温水深部灌肠。

症状轻的，只需皮下注射安乃近溶液或氯丙嗪用于镇痛即可。

五、胃肠炎

（一）病因

胃肠炎是指胃肠黏膜及其深层组织发生的炎症。羊因吃了品质不良的草料、有毒植物、刺激性药物及误食被农药污染的草料，造成胃肠黏膜损伤，引起胃肠炎；当羊因营养不良，或长途运输造成肌体抵抗力降低，使胃肠道内的条件性致病菌（大肠杆菌、坏死杆菌等）毒力增强而引起胃肠炎。此外，滥用抗生素，也可造成胃肠菌群紊乱，引起二重感染。

（二）症状与诊断

病羊精神沉郁，饮欲增加，食欲废绝，可视黏膜初为暗红略带黄色，后为青紫。口腔、鼻镜干燥，口腔气味恶臭，舌面皱缩，被覆多量黄腻或白色舌苔，常伴有轻微腹痛，体温升高（也有个别后期才发热，或体温始终不高者），脉搏初期加快，以后变细弱、急速等症状。本病主要症状是持续腹泻，粪稀软或水样，恶臭或腥臭，混有血液及坏死组织片。有时便秘与腹泻交替发生。严重时，眼球凹陷，角膜干燥而暗淡无光。腹围紧缩，尿少色浓，最后卧地不起。如不及时治疗则衰竭死亡。

(三)防治

加强饲养管理,注意草料质量。保持饮水清洁,定期驱虫,做到羊舍干燥、清洁、保暖通风。药物治疗原则以抗菌消炎、缓泻止泻、强心补液、解毒为主。主要有以下方法。

(1)杀菌消炎 轻者,内服0.1%~0.2%高锰酸钾溶液500~1 000 mL,每天1~2次;或磺胺脒每只5~10 g,每天1~2次内服;或黄连素片0.5~1 g,每天分3次灌服。重症者,内服氯霉素,每千克体重30~60 mg,每天2~3次;或肌肉注射氯霉素,每千克体重20~30 mg,每天2次。

(2)缓泻止泻 粪便稀,并混有大量黏液及消化不完全且气味腥臭时不宜止泻。当粪便似水,频泻不止,腥臭味不大,不带或仅带少量黏液时立即止泻。每只羊用鞣酸蛋白质10 g、次硝酸铋10 g、木炭末50~100 g,研碎混合,加温水适量,1次灌服。也可用磺胺脒5~10 g、木炭末50~100 g、碳酸氢钠10 g,研碎混水灌服。

(3)强心补液 补液是治疗胃肠炎的重要措施之一,不仅可以补充所丧失的水分、盐、糖,而且还能调节心、肾功能,改善体液循环,稀释血中毒素,促进毒素排出体外。每只羊可用5%葡萄糖生理盐水200~500 mL、5%碳酸氢钠注射液100~200 mL、20%安钠咖注射液5 mL,混合后1次缓慢静脉注射。

六、食道阻塞

(一)病因

该病主要因过度饥饿的羊吞食了过大的块根饲料,未经充分咀嚼而吞咽,阻塞于食道某一段而酿祸成疾。也见于误食塑料袋、地膜等异物造成食道阻塞的。继发性食道阻塞常见于食道麻痹、狭窄和扩张。

(二)症状及诊断

突然发生,病羊采食停止,头颈伸直,伴有吞咽和作呕动作,或因异物吸入气管,引起咳嗽。当阻塞物发生在颈部食道时,局部凸起,形成肿块,手触感觉到异物形状;当发生在胸部食道时,病畜疼痛明显,可继发瘤胃鼓气。

(三)防治

应采取紧急措施,排除阻塞物。阻塞物塞于咽或咽后时,可装上开口器,保定好病畜,用手直接掏取,或用铁丝圈套取。阻塞物在近贲门部时,可先将2%普鲁卡因溶液5 mL、石蜡油30 mL混合,用胃管送至阻塞物部位,然后再用硬质胃管推送阻塞物进入瘤胃。当阻塞物易碎、表面圆滑且阻塞于颈部食道时,可在阻塞物两侧垫上布鞋底,将一侧固定,在另一侧用木槌打砸,使其破碎,咽入瘤胃。

七、前胃弛缓

(一)病因

由于不良的饲养管理,饲料品种单一,长期的大量饲喂秸秆、麸皮等过硬难于消化的饲料;长期过多给予精料和柔软饲料,以及饲喂霉变、冰冻、缺乏矿物质和维生素类饲料,导致消化机能下降,均可引起本病的发生。患有瘤胃积食、瘤胃鼓气、胃肠炎和其他多种内科、产科和某些寄生虫病时,也会继发前胃弛缓。本病在冬末、春初饲料缺乏时最为常见。

也可继发于消化不良,瘤胃鼓气、瘤胃积食、胃肠炎等,以及其他内科、外科、产科疾病。胃肠弛缓与碱性土壤有关。胃肠道内环境改变尤其酸碱度的改变是该病的基本致病因素。

(二)症状及诊断

急性前胃弛缓表现食欲废绝,反刍停止,瘤胃蠕动力量减弱或停止;瘤胃内容物腐败发酵,产生大量气体,左腹增大,叩触不坚实。慢性前胃弛缓表现病畜精神沉郁,倦怠无力,喜卧地;被毛粗乱;体温、呼吸、脉搏无变化,食欲减退,反刍缓慢;瘤胃蠕动力量减弱,次数减少。

(三)防治

原则上要改善饲养管理,排除病因,增强体液调节功能,防止脱水和自体中毒。

治疗要消除病因,缓泻、止酵兴奋瘤胃的蠕动,采用饥饿疗法,先禁食 1～2 d,每天人工按摩瘤胃数次,每次 10～20 min,并给以少量易消化的多汁饲料。当瘤胃内容物过多时,可投服缓泻剂,内服硫酸镁 20～30 g 或石蜡油 100～200 mL。为加强胃肠蠕动,恢复胃肠功能,可用瘤胃兴奋剂:病初用 10%氯化钠溶液 20～50 mL,静脉注射;还可内服吐酒石 0.2～0.5 g、番木鳖酊 1～3 mL,或用 2%毛果芸香碱 1 mL 皮下注射等前胃兴奋剂。为防止酸中毒,可加服碳酸氢钠 10～15 g。后期可选用各种健胃剂,如灌服人工盐 20～30 g 或用大蒜酊 20 mL、龙胆末 10 g、豆蔻酊 10 mL,加水适量 1 次内服,以便尽快促进食欲的恢复。

八、瓣胃阻塞

(一)病因

本病俗称"百叶干"。是指瓣胃内积聚大量干涸的内容物而引起的瓣胃麻痹和食物停滞为特征的疾病。常呈慢性,在前胃疾病中发病率最低。一般原发性少见,继发性多见。原发的原因主要是长期饲喂细碎粉状坚实的饲料如麸皮、糠皮以及饲喂坚韧而又纤维多的粗饲料,如苜蓿秆、豆秸等;饲料中混有泥沙更为严重。继发性的病因较多,如重瓣胃炎、前胃积食、横膈膜及网胃粘连、真胃变位或捻转、血孢子虫病、产后瘫痪等。

(二)症状及诊断

病羊主要呈现前胃弛缓,瘤胃积食和轻度鼓气等症状。瓣胃蠕动减弱或消失,触诊瓣胃区敏感,精神沉郁,机体脱水,不排粪便或仅排出少量干粪,粪表面附有大量黏液,多引起心力衰竭或继发瓣胃炎，可导致败血症而死亡。

（三）防治

预防本病在于注意放牧质量，合理搭配饲料，饮水应定时而充足。及时治疗前胃弛缓、皱胃炎等疾病，以减少并发病的发生。治疗可投服大剂量液体石蜡油和盐类泻剂（硫酸钠、硫酸镁），亦可加入中药大承气汤煎剂，促进阻塞物软化，兴奋胃蠕动，使粪便排出。服用鱼石脂、芳香鱼酯止酵药。直接应用10%硫酸镁溶液，作瓣胃注射效果显著。同时应补液，强心，消除瓣胃炎症，以增强病羊机体抵抗力。

九、创伤性网胃-腹膜-心包炎

（一）病因

本病主要是由于采食混有金属尖锐异物（如钉子、铁丝、别针、缝针、发夹等）的饲料或于畜舍附近和牧地上舐食以上物品引起。

羊采食粗放、迅速，不经细嚼即行下咽，囫囵吞咽，口腔黏膜对机械性刺激敏感性差，同时，舌、颊部黏膜上具有朝向后方的乳头，致异物易于咽下。咽下的异物，形状粗钝且体积较大的，多数可在瘤胃和网胃内长期停留，或个别可随粪便排出体外。尖锐的金属异物，当瘤胃收缩时，随食糜进入网胃。由于网胃体积小，收缩力强，因此异物很易刺伤网胃壁而引起创伤性炎症。刺入网胃壁的异物，在分娩、努责、过食、剧烈使役以及瘤胃积食、瘤胃鼓气等腹内压急剧增高的情况下，往往继续向前，穿通横隔而刺伤心包，引起创伤性网胃-心包炎，有时也能穿入肝、脾、肺、胸腔、腹腔等处，并继发细菌感染，而招致炎症、坏死、脓肿等病变。

（二）症状及诊断

创伤性网胃-腹膜炎时，病羊精神沉郁，食欲减少，反刍缓慢或停止，鼻镜干燥，行动谨慎，表现疼痛，弓背，不愿意转弯或走下坡路。用手冲击触诊网胃区及心区，或用拳头顶压剑状软骨区时，病羊表现疼痛、呻吟、躲闪、肘头外展，肘肌颤动，并继发前胃弛缓，慢性瘤胃鼓气。血液检查白细胞总数高达 14 000～20 000 个/mm^3，白细胞分类，初期核左移，后期嗜中性白细胞高达 70%，淋巴细胞则降至 30%左右。

创伤性网胃-心包炎时，病羊心动过速，每分钟 80～120 次.并可发生颈静脉怒张，粗如手指，颌下及胸前水肿。听诊心音区扩大，并出现心包摩擦音及拍水音。病的后期，常发生腹膜粘连、心包化脓和脓毒败血症，全身症状严重。

根据临床症状和病史，结合金属探测仪及 X 光透视拍片检查，即可确诊。

（三）防治

清除饲料中异物，在饲料加工设备中安装磁铁，以排除铁器，并严禁在牧场或羊舍内堆放铁器。饲喂人员勿带小而尖锐的铁具进入羊舍，以防混落在饲料中被羊食入。

确诊后可行瘤胃切开术，清理排除异物。如病程发展到心包积脓阶段，常以淘汰而告终。

对症治疗，消除炎症，可用青霉素 50 万～100 万 IU、链霉素 100 万 IU，肌肉注射；磺胺嘧啶钠 5～8 g、碳酸氢钠 5 g，加水灌服，每日 1 次，连用 1 周以上。亦可内服镇痛剂。

十、皱胃阻塞

（一）病因

饲养管理不当，缺乏青饲料，长期饲喂麦秸、玉米秸秆等的羊，发病率较高。当迷走神经分支损伤、纵隔疾病、创伤性网胃炎继发幽门狭窄、幽门痉挛、腹腔内脏器官粘连、真胃炎等，也可继发本病。

（二）症状及诊断

病初，以前胃驰缓症状为主，食欲、反刍减退，以后则停止，排少量的糊状,棕褐色的混有黏液和血液的恶臭粪便。病羊多为左侧卧,有时发出吭声。个别病羊有呕吐症状,瓣胃、肠蠕动音,随着疾病的发展日趋减弱,尤其是瓣胃蠕动音,后期大多数病例听不到。阴塞严重的,右侧中腹部明显地向后下方突出,是本病的重要症状之一。但是有时不明显。

重病例,在右侧中腹部向后下方局限性膨隆,以拳频频冲击右侧中下部肋骨弓的右下方真胃区,则病羊有退让、踢脚或抵角的敏感表现。在触诊部,可闻钢管回击声,腹底检查,触摸到体积增大的真胃体。

(三)防治

加强饲养管理,消除致病因素,尤其对饲料的品质、加工等要特别注意;定时定量饲喂,供给充足清洁的饮水。治疗应先给病羊输液,用 25% 硫酸镁溶液 50 mL、石蜡油 30 mL、生理盐水 100 mL,混合作皱胃注射;10 h 后,可选用胃肠兴奋剂,如氨甲酰胆碱注射液(每千克体重 0.05 mg)等,少量多次皮下注射。若发生腹膜炎时,可应用青霉素、链霉素,肌肉注射。

对于种羊应早期诊断,必要时可进行皱胃切开术,以排除阻塞物。

十一、小叶性肺炎及肺脓肿

(一)病因

小叶性肺炎是支气管与肺小叶或肺小叶群同时发生炎症。羊受寒感冒,物理化学因素刺激,条件性病原菌如巴氏杆菌、链球菌、化脓放线菌、葡萄球菌等感染,引起发病。可继发于放线菌病、羊子宫炎、乳房炎。

(二)症状与诊断

病羊呼吸困难,呈现弛张热;叩诊胸部有局灶性浊音区;听诊肺区有捻发音。肺脓肿常由小叶性肺炎继发而来。肺脓肿常呈散在性特点，是小叶性肺炎没有治愈，化脓菌感染的结果。

(三)防治

加强饲养管理，保持圈舍卫生，防止吸入灰尘。勿使羊受寒感冒，杜绝传染病感染。在插胃管时，防止误插入气管中。

治疗本病：①消炎止咳。用10%磺胺嘧啶20 mL，或用抗生素(青霉素、链霉素)肌肉注射；氯化铵1～5 g、酒石酸锑钾0.4 g、杏仁水2 mL，加水混合灌服。亦可用青霉素40万～80万IU、0.5%普鲁卡因2～3 mL，气管注入。②解热强心。用复方氨基比林或水杨酸钠2～5 g，口服；10%樟脑水2 mL，肌肉注射。

十二、感冒

(一)病因

在早春和晚秋气候多变季节多发。气候剧变、栏舍潮湿、门窗破损、风雨侵袭，或长途运输、夏季剪毛后或出汗后突遭雨淋等，都可能引起羊只防御机能下降，上呼吸道黏膜发生炎症变化而感冒。羔羊最易发生本病。

(二)症状与诊断

病羊精神不振，低头奄耳，结膜潮红，皮温不匀，耳尖、鼻端和四肢末端发凉，体温升高至40℃以上。鼻塞不通，初流清鼻涕，以后鼻涕变黏。常发咳嗽，呼吸加快，听诊肺泡音粗。食欲减退，反刍减少，鼻镜干燥。

(三)防治

冬季要注意羊只防寒保温，要把羊舍门窗封好，墙壁堵严，防止羊舍内有贼风；同时应保持羊舍干燥，在雨雪天气严禁放牧。

本病治疗可用解热镇痛药复方氨基比林注射液，成年羊4～6 mL，羔羊2～3 mL，肌肉注射，每日2次；病重者可在用解热镇痛药物后，适当配合用磺胺类和抗生素及药物。偏方治疗：辣椒、生姜、大葱、萝卜、各适量，加入红糖灌服。中药治疗：荆芥3 g、紫苏 3 g、薄荷 3 g，煎水灌服，每日 2 次。

十三、骨软病

（一）病因

骨软病是成年羊比较多发的骨质性脱钙，未钙化的骨基质过剩而骨质疏松的一种慢性疾病。主要是由于草料内磷不足或缺乏所致。

（二）症状与诊断

病羊出现慢性消化障碍症状和异嗜，舔墙吃土，啃嚼石块，或舔食铁器、垫草等异物。四肢强拘，运步不灵活，出现不明原因的一肢或多肢跛行，或交替出现跛行。弓背站立，经常卧地，不愿起立。骨骼肿胀、变形、疼痛。尾椎骨移位、变软，肋骨与肋软骨结合部肿胀，易折断。

（三）防治

预防本病主要在于调整草料内磷钙含量和磷钙比例，经常补喂骨粉。加强管理，适当运动，多晒太阳。

治疗本病主要是应用磷制剂，通常可用骨粉内服，每日 1 次，5～7 d 为 1 疗程；磷酸二氢钠，维生素 E，每日 1 次，连用 3～5 d；20％磷酸二氢钠液，或 3％次磷酸钙液，静脉注射，每日 1 次，连用 3～5 d。

十四、羔羊白肌病

（一）病因

白肌病是由于硒和维生素 E 缺乏所引起的一种以骨骼肌、心肌纤维以及肝组织等发生变性、坏死为主要特征的疾病。主要是由于土壤、草料中缺乏硒和维生素 E 所致。羔羊多发。常呈地区性发生。

(二)症状与诊断

病程分急性、亚急性、慢性3种类型。急性病例,病羊常突然死亡;亚急性病例,病羊精神沉郁,背腰发硬,步样强拘,后躯摇晃,后期常卧地不起。臀部肿胀,触之硬固。呼吸加快,脉搏增加。初期心搏动增强,以后心搏动减弱,并出现心律失常;慢性病例,病羊运动缓慢,步样不稳,喜卧。精神沉郁,食欲减退,有异嗜现象。被毛粗乱,缺乏光泽,黏膜黄白,腹泻多尿。脉搏增加。呼吸加快。

(三)防治

预防本病,关键在于加强对妊娠母羊、哺乳期母羊和羔羊的饲养管理,尤其是在冬春季节,可在饲料中添加含硒维生素E粉,或肌肉注射0.1%亚硒酸钠和维生素E。每只母羊在生产前1个月肌肉注射0.1%亚硒酸钠维生素E合剂5 mL,即可起到很好的预防作用。也可在羔羊初生后第3天肌肉注射亚硒酸钠维生素E合剂2 mL,断奶前再注射1次(3 mL)。

治疗本病对急性病例通常使用注射剂。常用0.1%亚硒酸钠注射肌肉或皮下注射,羔羊每次2～4 mL,间隔10～20 d重复注射1次。维生素E肌肉注射,羔羊10～15 mg,每天1次,5～7 d为1个疗程。对慢性病例可采用饲料中添加的办法。

十五、母羊妊娠瘫痪病

(一)病因

母羊怀孕期特别是后期的营养不足,产羔后乳腺迅速膨大泌乳,血糖、血钙等含量急剧下降,血压降低,使大脑皮层发生抑制而引起发病。

(二)症状与诊断

病初精神沉郁,黏膜苍白,食欲减退。有的怀孕羊后期流产或双目失明,流口水、磨牙;也有的头颈高举向后弯曲,发生痉挛,卧地不起,昏迷不醒。死前呼吸浅表,瞳孔散大,四肢作游泳状。

（三）防治

加强饲养管理，特别是怀孕后期应喂富含维生素的青饲料，补喂钙、磷矿物质饲料，并保持适当的运动。产羔后立即给大量温盐水，促使降低的血压迅速恢复正常。

此外，要补充钙、糖，增加血钙、血糖的含量。每只羊静脉注射10%葡萄糖酸钙80～100 mL，每天1次，连用2～3 d；或静脉注射10%氯化钙注射液30 mL，每日1次，连用2～3 d。注意钙制剂静脉注射要缓慢，不能漏到静脉血管外。同时，配合对症疗法。

十六、尿结石

（一）病因

尿结石的发生可能有以下几种原因：①长期饲喂高蛋白、高热能、高磷的精饲料，特别是谷类、高粱、麸皮等，含磷高，缺乏钙，易造成钙磷比例失调，造成尿结石。②长期饲喂萝卜、颗粒饲料等块根饲料。③饲料中缺乏维生素A，特别是长期饲喂未经加工的棉籽饼，导致结石的形成。④饮水中含镁、盐类较多，导致结石形成；同时饮水不足，造成尿液浓缩，导致结晶浓度过高而发生结石。⑤肾脏和尿路感染，使尿中有炎性产物积聚，成为变成结石的核心。

（二）症状与诊断

尿结石形成于肾和膀胱，但阻塞常发生于尿道，膀胱结石在不影响排尿时，不显示症状，尿道结石多发生在公羊龟头部和“S”状曲部。如果结石不完全阻塞尿道，则可见排尿时间延长，尿频，尿量减少，呈断续或滴状流出，有时有尿排出；如果结石完全阻塞，尿道则仅见排尿动作而不见尿液的排出，出现腹痛。

羊出现厌食，尿频，滴尿，后肢屈曲叉开，弓背卷腹，频频举尾，尿道外触诊疼痛。如果结石在龟头部阻塞，可在局部摸到硬结物。膀胱高度膨大、紧张，尿液充盈，若不及时治疗，闭尿时间过长，则可导致膀胱破裂或引起尿毒症而死亡。

诊断时，观察临床症状，出现尿频、无尿、腹痛等现象，取尿液于显微镜观察，可见有脓细胞，肾上皮组织或血液。

（三）防治

在平时的饲养中，不能长期饲喂高蛋白、高热能、高磷的精饲料及块根类、颗粒饲料，多喂富含维生素A的饲料；及时对泌尿器官疾病进行治疗，防止尿液滞留，平时多喂多汁饲料和增加饮水。另外，对于无治疗价值的病畜，及早进行淘汰处理。

尿路结石的治疗可应用一些切实可行的方法，主要是解除痉痛，保护肾脏功能，尽可能找到病因并采内外科方法消除或排除结石，防止结石复发。对种公羊，在尿道结石时可施行尿道切开术，摘除结石。由于肾盂和膀胱中小块结石可随尿液落入尿道，而形成尿道阻塞，故在施行肾盂及膀胱结石摘除术时，对预后要慎重。药物治疗可应用南京排石冲剂、五消化石丹灌服。

十七、羔羊佝偻病

（一）病因

该病多发生在冬末春初季节。主要见于饲料中维生素D含量不足及日光照射不够，以致哺乳羔羊体内维生素D缺乏；妊娠母羊或哺乳羊饲料中钙、磷比例不当；圈舍潮湿，污浊阴暗，羊只消化不良，营养不佳，可成为该病的诱因。放牧母羊秋膘差，冬季未补饲，春季产羔，更易发病。

（二）症状与诊断

病羊轻者主要表现为生长缓慢，异嗜，呆滞，喜卧，卧地起立缓慢，四肢负重困难，行走步态摇晃，出现跛行。触诊关节有疼痛反应。病程稍长，则关节肿大，以腕、系关节、球关节较为明显。长骨弯曲，腕关节有时可向后弯曲，跗关节向前弯曲，四肢可以展开，形如青蛙。后期，病羔以腕关节着地爬行，后躯不能抬起。重症者卧地。呼吸和心跳均加快。

（三）防治

改善和加强母羊的饲养管理，加强运动和放牧，多给青饲料，补喂骨粉，增加幼羔的日照时间。

药物治疗，可用维生素 A、维生素 D 注射液 3 mL 肌肉注射；精制鱼肝油 3 mL 灌服或肌肉注射，每周 2 次。为了补充钙制剂，用 10%葡萄糖酸钙液 5～10 mL 静脉注射，亦可用维丁胶性钙 2 mL，肌肉注射，每周 1 次，连用 3 次。

十八、流产

（一）病因

流产的原因极为复杂。属传染性流产者，多见于布氏杆菌病、弯杆菌病、毛滴虫病等。非传染性者，可见于子宫畸形，胎盘坏死、胎膜炎和羊水增多症等；内科病，如肺炎、肾炎、有毒植物中毒、食盐中毒、农药中毒；营养代谢障碍病，如无机盐缺乏，微量元素不足或过剩，维生素 A 及维生素 E 不足等。饲料冰冻霉败也可致病。外科病，如外伤、蜂窝织炎、败血症。长途运输，过于拥挤，水草供应不均，也可导致流产发生。

（二）症状与诊断

突然发生流产者，产前一般无明显表现。发病缓慢者，表现精神不佳，食欲停止，腹痛起卧，努责，咩叫，阴户流出羊水，待胎儿排出后稍为安静。若在同一群羊中病因相同，则陆续出现流产，直至受害母羊流产完毕，方能稳定下来。由于外伤所致，可使羊发生隐性流产，即胎儿不排出体外，自行溶解，溶解物排出子宫外或形成胎骨在子宫内残留。由于受外伤程度的不同，受伤的胎儿常因胎膜出血、剥离，于数小时或数天排出。

（三）防治

以加强饲养管理为主，重视传染病的防制，根据流产发生的原因，采取有效的防制保健措施。在流产中对于已排出了不足月胎儿或死亡胎儿的母羊，一般不需要进行特殊处理，但需加强饲养。

对有流产先兆的母羊，可用黄体酮注射液（含 15 mg），1 次肌肉注射，可连用数次。

死胎滞留时，应采用引产或助产措施。胎儿死亡，子宫颈未张开时，应先肌肉注射雌激素，可用己烯雌酚或苯甲酸雌二醇 2～3 mg，使子宫颈开张。然后从产道拉出胎儿。母羊出现全身症状时，应对症治疗。

十九、难产

（一）病因

母羊难产的原因主要有羊只瘦弱（或过肥），胎儿异常及胎位、胎势、胎向不正，子宫颈口开张不全、阴道狭窄、阴门狭窄、产道肿瘤等。近些年来，我国不少地方引进国外大型肉羊品种，在应用胚胎移植技术进行纯种羊繁殖和大型肉羊杂交改良当地羊过程中，由于引进羊和当地羊在体重、个体大小上差异较大，产羔时也引起难产。

（二）症状与诊断

母羊已到预产期，出现明显的分娩表现，如母羊不断努责，子宫颈口已开张或产道有胎水排出，母羊极度不安，但仍排不出胎儿，这些表现是难产发生的基本预兆。对于疑似难产的母羊，一般应在胎水排出后的 40 min 后做产道检查予以确诊；或当母羊阵缩超过 4 h 以上，仍未见胎儿或胎囊排出时，应进行产道检查。

（三）防治

对临近产期的羊群应加强监视，并进行分栏饲养。注意临产期特殊意外临床症状的出现，如骨盆狭窄、胎位异常、宫口不完全扩张、阵缩无力等。

对于较轻微的产道开张不全、较轻的胎儿胎势异常和产力不足及胎儿稍大，助产者可用消毒过的手或器械配合母羊努责向外牵引胎儿。

对于因产力不足或努责、阵缩微弱而引起的难产，可给母羊注射催产素、垂体后叶素等药物。还可采用辅助加压的方法进行治疗，即在羊努责时，助产人员双手搂住羊腹，配合努责，按压腹部，以增加羊努责的力量。

对于因胎位、胎向、胎势异常而引起的难产。用消毒过的手或器械，在子宫内将胎儿矫正成正常胎位、胎势、胎向，然后再行牵引助产。

对于因严重的产道开张不全、产道狭窄、胎儿畸形或过大、胎儿矫正困难而引起的难产，应实施剖腹产手术。

二十、阴道脱出

（一）病因

饲养管理不良，羊体弱、年老，致使阴道周围的组织和韧带弛缓；怀孕羊到后期腹压增大；分娩或胎衣不下而努责过强。助产时强行拉出胎儿，常常是发生阴道脱出的直接原因。

（二）症状与诊断

阴道脱出有完全脱出和部分脱出两种。当完全脱出时，脱出的阴道如拳头大，也可见阴道连同子宫颈脱出。部分脱出时，仅见阴道入口部脱出，大小如桃。外翻的阴道黏膜发红，甚至青紫，局部水肿。因摩擦可损伤黏膜，形成溃疡，局部出血或结痂。病羊常在卧地后，被地面的污物、垫草、粪便黏附于脱出的阴道局部，导致细菌感染而化脓或坏死。严重者，全身症状明显，体温可高达40℃以上。

（三）防治

体温升高者，用磺胺双甲基嘧啶 5～8 g，每天 1 次内服，连用 3 d；或用青霉素和链霉素肌内注射。配合 0.1%高锰酸钾溶液或新洁尔灭溶液清洗局部，涂擦金霉素软膏或碘甘油溶液。然后，用消毒纱布捧住脱出的阴道，由脱出基部向骨盆腔内缓慢地推入，至快送完时，用拳头顶进阴道；然后用阴门固定器压迫阴门，固定牢靠为止，对形成习惯性脱出者，可用粗线对阴门四周做减张缝合，待数日后，阴道脱出症状减轻或不再脱出时，拆除缝线。

二十一、胎衣不下

(一)病因

该病多因孕羊缺乏运动，饲料中缺乏钙盐、维生素，饮食失调，体质虚弱。此外，子宫炎、布氏杆菌病等可导致发病。据报道，羊缺硒也可致胎衣不下。

(二)症状与诊断

病羊常见症状有弓腰努责，食欲减少或废绝，精神较差，喜卧地。体温升高，呼吸及脉搏增快。胎衣久久滞留不下，可发生腐败，从阴户中流出污红色腐败恶臭的恶露，其中杂有灰白色腐败的胎衣碎片或脉管。当全部胎衣不下时，部分胎衣从阴户中垂露于后肢跗关节部。

(三)防治

加强饲养管理，舍饲羊群饲喂青绿多汁饲草、添加微量元素制剂，增强母羊体质。

药物疗法，病羊分娩后不超过 24 h 的，可应用马来酸麦角新碱 0.5 mg，肌肉注射，垂体后叶注射液或催产素注射液 0.8～1.0 mL，1 次肌肉注射。

自然剥离法，不借助手术剥离，辅以防腐消毒药或抗生素，让胎膜自溶排出，达到自行剥离的目的。可于子宫内投入土霉素胶囊(每只含 0.5 g 土霉素)，效果较好。

当体温升高时，宜用抗生素注射。为了预防，可用硒、维生素 E 制剂，在妊娠期进行 3 次投药。

二十二、产后子宫内膜炎

(一)病因

产后子宫内膜炎是由于分娩、助产、子宫脱出、阴道脱出、胎衣不下、腹膜炎、胎儿死于腹中等导致细菌感染而引起的子宫黏膜的炎症。

(二)症状与诊断

该病临床常见急性和慢性2种。

急性:初期,病羊食欲减少,精神欠佳,体温升高;因有疼痛反应而磨牙、呻吟。可继发前胃弛缓,弓背、努责,时时作排尿姿势,阴户内流出污红色内容物。

慢性:病情较急性轻微,病程长,子宫分泌物量少,如不及时治疗可发展为子宫坏死,继而全身恶化,发生败血症或脓毒败血症。有时继发腹膜炎、肺炎、膀胱炎、乳房炎等。

(三)防治

分娩时要严格消毒,对原发病要及时治疗。

治疗为消除炎症,可用氨苄青霉素钠肌肉或静脉注射,每次用量为2～7 mg/kg,每天1～2次。也可用多四环素静脉注射,每次用量为1～3 mg/kg,每天1次。同时用磺胺甲基异恶唑内服,羊每千克体重首次量为0.1 g,维持量为0.05 g,每天1～2次。为了促进子宫收缩和增强子宫防御机能,排除子宫腔内的渗出物,可用缩宫素(催产素)皮下或肌肉注射,每次用量为10～50 IU。为了改善全身状况,增强心脏活动,促进子宫收缩和复原,排出子宫腔内的渗出物,可以补钙,用10%葡萄糖酸钙注射液静脉注射,每次用50～150 mL。也可用5%氯化钙注射液静脉注射,每次用20～100 mL,但对心脏极度衰弱的病羊不宜补钙。一般不进行子宫冲洗,对全身症状严重者更要禁止冲洗,以免引起子宫弛缓和感染扩散。

二十三、乳房炎

(一)病因

该病多发生在奶山羊,多因挤乳工技术不熟练,损伤了乳头、乳腺体。或因挤乳工具不卫生,使乳房受到细菌感染所致。泌乳期的绵羊和山羊多因哺乳羔羊时,因乳房局部不清洁,被化脓菌污染或被羔羊咬破乳头而发病。本病继发于结核病、口蹄疫、子宫炎、脓毒败血症等。

(二)症状与诊断

本病按病程可分为急性和慢性2种。

急性乳房炎:患病乳区发热、增大、疼痛。乳房淋巴结肿大,乳汁变稀,混有絮状或粒状物。重症时,乳汁可呈淡黄色水样或带有红色水样黏性液。同时可出现不同程度的全身症状,表现食欲减退或废绝,瘤胃蠕动和反刍停滞;体温高达41~42℃;呼吸和心搏加快,眼结膜潮红。严重时眼球下陷,精神委顿。患病羊起卧困难,有时站立不愿卧地,有时体温升高持续数天而不退,急剧消瘦,常因败血症而死亡。

慢性乳房炎:多因急性型未彻底治愈而引起。一般没有全身症状,患病乳区组织弹性降低、僵硬;触诊乳房时,发现大小不等的硬块;乳汁稀、清淡,泌乳量显著减少,乳汁中混有粒状或絮状凝块。

(三)防治

预防可采取以下措施:

(1)每次挤奶前要用温水将乳房及乳头洗净,用干毛巾擦干;挤完奶后,应用0.2%~0.3%氯胺T溶液或0.05%新洁尔灭浸泡或擦拭乳头。

(2)改善羊圈的卫生条件,扫除圈舍污物,使乳房经常保持清洁;对病羊要隔离饲养,单独挤乳,防止病菌扩散;定期消毒棚圈。

(3)怀孕后期不要停奶过急,停奶后将抗生素注入每个乳头管内。

(4)枯草季节要适当补喂草料,避免严寒和烈日暴晒,乳用羊要定时挤奶,一般每天挤奶 3 次为宜;产奶特别多而羔羊吃不完时,可人工将剩奶挤出和减少精料。

(5)分娩前如乳房过度肿胀,应减少精料及多汁饲料。

治疗可用庆大霉素 8 万 IU,或青霉素 40 万 IU,蒸馏水 20 mL,用乳头管针头通过乳头 2 次注入,每天 2 次,注射前应用酒精棉球消毒乳头,并挤出乳房内乳汁,注射后要按摩乳房;或青霉素 80 万 IU,0.5%普鲁卡因 40 mL,在乳房基底部或腹壁之间,用封闭针头进针 4～5 cm,分 3～4 次注入,每 2 d 封闭 1 次。

乳房炎初期可用冷敷,中后期用热敷;也可用 10%鱼石酯酒精或 10%鱼石脂软膏外敷。除化脓性乳房炎外,外敷前可配合乳房按摩。初期乳房炎可用蒲公英 100 g,中期用鹿角霜 40 g,后期用红花 10 g、鹿角霜 40 g,水煎后分 2 次灌服。

对乳房极度肿胀,发高热的全身性感染者,应及时用卡那霉素、庆大霉素、青霉素等抗生素进行全身治疗。

第三节　主要传染病防治技术

传染病是病原微生物直接或间接传染给健康羊,经历一定潜伏期而表现出临床症状的一类疾病。病程短、症状剧烈的叫急性传染病,如羊快疫、肠毒血症、炭疽病等;病程长、症状表现稍缓慢的叫慢性传染病,如结核、布氏杆菌病等。传染病较其他疾病来势猛,发病数量大,面积广,死亡率高。

一、炭疽

(一)病原及其流行

羊炭疽病由炭疽杆菌引起。该病发生有一定的季节性，多发于吸血昆虫多、雨水多的6～8月份。病羊是本病的主要传染源。炭疽病的传播途径较多，主要是消化道传染，也可经呼吸道或由吸血昆虫叮咬经皮肤传播。炭疽芽孢具有较强的抵抗力，当对病畜尸体处理不当，或其排泄物和分泌物未经彻底消毒，而污染了土壤、水源、饲料、用具和牧场时，尤其是被炭疽芽孢污染的土壤和草地，常可成为持久性的疫源地。

(二)症状

潜伏期一般1～3 d，最长可达14 d。羊临床表现多为最急性型，病羊突然倒地，昏迷，全身战栗，磨牙，从天然孔流出带有气泡的黑红色血液，常于数分钟内死亡。急性病例，病羊兴奋不安，行走摇摆，心悸亢进，脉搏增加，呼吸急促，可视黏膜呈蓝紫色，以后精神沉郁，卧地不起，天然孔流血，多在数小时内死亡。

(三)病理变化

患炭疽的羊禁止解剖，只有在具备严格的防护、隔离、消毒条件下，方可剖检。

最急性死亡者腹部臌胀，尸僵不全，口、鼻、肛门流血样泡沫或不凝固的血液。头、颈、腹下等处皮下结缔组织发生胶样浸润，并可扩散到肌肉深层。血凝不良，暗红色，煤焦油状。脾脏肿大，比正常肿大3～5倍，质地脆、暗红色，切面充满了煤焦油样的脾髓和血液。淋巴结肿大，出血，切面为深红至暗红色。肺脏充血，水肿。胃肠道有出血性坏死性炎症变化，有时可在肠黏膜出现炭疽痈。心包及心内外膜出血，气管及支气管充有大量血样泡沫。胸腹腔有血样渗出物。尸体极易腐败。

（四）防治

对发生过炭疽病的地区，用Ⅱ号炭疽芽孢苗一次免疫接种。各种羊均为皮下注射 1 mL，注苗后 2 周即可产生坚强的免疫力，免疫期为 1 年。

发生本病的疫区应进行封锁，病羊隔离治疗。封锁期间严禁车、羊及人出入。在最后 1 只病羊死亡或治愈后 15 d，再未发现新病羊时，经彻底消毒后，方可解除封锁。

对污染地面和用具彻底消毒，尸体不得解剖，应焚烧或在远离水源处深埋。

治疗方法有血清疗法：抗炭疽血清是治疗炭疽病的特效药。治疗剂量为 50～120 mL，如用药后 6 h 病情未明显好转，可再用 1 次。预防剂量为 16～20 mL，预防有效期为 10～14 d。

抗菌药物疗法：青霉素、链霉素、土霉素、磺胺类药物对炭疽病有较好的疗效。几种抗菌药物合用或抗菌药物与抗炭疽血清共同使用，效果更为显著。

二、羊快疫

（一）病原及其流行

羊快疫的病原体是腐败梭菌。主要通过消化道感染，低洼沼泽地区多发生。早春、秋末气候突然变化，羊在冬季营养不良或采食霜草，患感冒等都能诱发本病。4～7 月龄的断奶羔羊以及 1 周龄以内的羔羊最易感染此病。

（二）症状

发病，迅速死亡，整个病程仅 2～12 h。病羊体温升高，口腔、鼻孔溢出红色带泡沫的液体。有时也有下痢、精神不安、兴奋等症状。有的病羊呈现腹痛、鼓气、排出稀粪等症状。

（三）病理变化

死于本病者羊尸体迅速腐败，天然孔流出血样液体。可视黏膜充血呈蓝紫色，皮下呈出血性胶样浸润。胸腔、心包腔、腹腔积有淡红色液体。肝脏肿大，呈黏土色，其浆膜下可见到黑红色界限明显的斑点，切面有淡黄色的病灶。因死后迅速腐败，成群分布的病灶不易辨认，因为这种变化存在对本病有“坏死性肝炎”之称。因胆囊肿胀，有的地区将本病称为“胆胀病”。除上述变化外，还有如下特征变化：前胃黏膜自行脱落，并附着在胃内容物上；瓣胃内溶物干涸，形如薄石片，挤压不易破碎；皱胃及幽门附近可见大小不等的出血斑点及坏死区；肠道充气，黏膜充血出血，个别病例严重者出现坏死溃疡。在一般情况下肠道的这种变化比肠毒血症为轻；肾脏“软化”。见有心内外膜出血，心肌颜色变淡，并布有出血斑点。肺出血为紫红色。

(四)防治

发病急，病羊往往来不及治疗，故要以预防为主。疫区的羊应每年春、秋季注射三联苗或四联苗 2 次。一般接种后 7～10 d 即可产生免疫力，免疫期 6～8 个月。

对发病慢的羊可用抗生素或磺胺类药物治疗，其余未发病的羊应转移到高燥地区放牧，这样可减少或停止发病。

三、羊肠毒血症

本病具有明显的季节性，多在春末夏初或秋末冬初发生。羊喂高蛋白精料过多会降低胃的酸度，导致病原体生长繁殖快。多雨季节、气候骤变、地势低洼等，都易诱发本病。

(一)病原及其流行

毒血症（软肾病）的病原体是 D 型魏氏梭菌。羊采食带有病菌的饲料，经消化道感染。病菌可在羊的肠道中大量繁殖，产生毒素而引起本病发生。3～12 周龄羔羊最易患此病而死亡，2 岁以上羊患此病的较少。

(二)症状

最急性症状。病羊突然不安，迅速倒地、昏迷，呼吸困难，随之而窒息死亡。病程缓慢的，初期可呈兴奋症状，转圈或撞击障碍物，随后倒地死亡；或初期沉郁，继而剧烈痉挛死亡。一般体温不高，但常有绿色糊状腹泻。

(三)病理变化

胸、腹腔和心包积液。心脏扩张，心肌松软，心内外膜有出血点。肺呈紫红色，切面有血液流出。肝脏肿大，呈灰褐色半熟状，质地脆弱，被膜下有点状或带状溢血。胆囊肿大。此外特征变化是肠道，尤其回肠黏膜充血、出血，重病者整个小肠段肠壁呈血红色，或有溃疡，故称“血肠子病”。幼龄羊一侧或两侧肾脏软化，肾脏软化如稀泥样。全身淋巴结肿大，呈急性淋巴结炎，切面湿润，髓质部分黑褐色。

(四)防治

饲养管理，防止过食精、粗、青饲料搭配，合理运动。疫区每年春、秋 2 次注射羊肠毒血症菌苗或三联苗。对羊群中尚未发病的羊只，可用三联苗作紧急预防注射。当疫情发生时，应注意尸体处理，羊舍及周围场所消毒。病程缓慢的可用免疫血清(D 型产气荚膜梭菌抗毒素)或抗生素、磺胺药等，也能收到一定疗效。但此病往往发病急，来不及治疗即死亡。

四、羊猝疽

羊猝疽是 C 型魏氏梭菌所引起成年绵羊的一种非接触传染性、急性毒血症。临床特征以急性死亡、剖检变化为腹膜炎和溃疡性肠炎为主要表现。

(一)病原及其流行

病原为 C 型魏氏梭菌，两端稍钝圆的，大杆菌，不游动，在动物体内有荚膜。在自然界广泛存在于土壤、污水、饲料及粪便中。

经消化道感染，在小肠（十二指肠和空腔）里繁殖、产生 β 毒素，引起发病。常见于低洼、沼泽地区。多发生于冬、春季节，常呈地方流行性。

（二）症状

病程短促，未见出现临床症状，即引起突然死亡。病羊表现掉群，卧地，烦躁不安，机体衰弱，全身痉挛，在数小时内死亡。死亡是由于毒素侵害神经中枢的神经元所致。

（三）病理变化

病变主要发生在消化道和循环系统，十二指肠和空肠黏膜严重充血，糜烂，也可在不同肠段出现大小不等的溃疡。由于细菌和毒素的作用，血管通透性增加，可见胸腔、腹腔和心包腔大量积液，积液可形成纤维素絮块。浆膜上有点状出血。死后 8 h，骨骼肌肌间隙积聚血样液体，肌肉出血，有气性裂孔。

（四）防治

本病防治措施可参照羊快疫与羊肠毒血症。

五、羊黑疫

（一）病原及其流行

羊黑疫又称传染性坏死肝炎，由 B 型诺维氏梭菌引起。本病主要引起 2～4 岁、营养好的成年羊发病。该病的发生与肝片吸虫的感染程度密切相关。主要发生于低洼、潮湿地区，以春夏季多发。

（二）症状

病羊突然死亡，少数病例病程可拖延 1～2 d，胸部皮下组织水肿。胸腔、腹腔、心包腔积液，左心室心内膜有点状出血。皱胃幽门部和小肠黏膜充血和出血明显。肝脏充血肿胀，表现有数目不等的坏死灶，坏死灶灰黄色，呈不整齐圆形，周边见有一鲜红色的充血带，其直径 2～3 cm，切开肝脏病灶可深入到肝实质，呈半圆形。肝脏的这种坏死变化特征具有诊断意义。

(三)病理变化

病羊尸体皮下静脉显著充血，其皮肤呈暗黑色外观(黑疫之名即由此而来)。胸部皮下组织经常水肿。浆膜腔有液体渗出，暴露于空气易于凝固，液体常呈黄色，但腹腔液略带血色。左心室心内膜下常出血。真胃幽门部和小肠充血和出血。肝脏充血肿胀，从表面可看到或摸到有一个到多个凝固性坏死灶，坏死灶的界限清晰，灰黄色，不整圆形，周围常为一鲜红色的充血带围绕，坏死灶直径为 2～3 cm，切面呈半圆形。

(四)防治

预防此病重要的措施是控制肝片吸虫的感染。当发病时，迅速将羊群移至干燥地区，亦可用抗诺维氏梭菌血清治疗。可用羊厌氧菌五联苗(羊快疫、羊肠毒血症、羊猝狙、羔羊痢疾、羊黑疫)5 mL，肌肉注射，免疫期可达 1 年。

在临床防治中应注意羊快疫、羊肠毒血症、羊猝疽、羊黑疫、炭疽的鉴别(表 8-3)。

表 8-3 羊快疫、羊肠毒血症、羊猝狙、羊黑疫、炭疽的鉴别要点

鉴别要点	羊快疫	羊肠毒血症	羊猝狙	羊黑疫	炭疽
发病年龄	6～18 月龄的羊多发	2～12 月龄的羊多发	成年羊，1～2 岁者多发	成年羊，2 月龄至 4 岁者多发	成年羊多发、羔羊较少发
营养状况	膘好	膘好	膘好	膘好	营养不良
发病季节	秋冬、早春	牧区春夏之交、秋季；农区夏收、秋收季节	冬、春	春、夏	夏、秋多发
发病诱因	多见于潮湿、气候剧变、阴雨季	吃了过多谷类，或青草，高蛋白精料	多见于阴洼沼泽地区	多见于阴洼潮湿地区，肝片吸虫区	气温高、雨水多，吸血昆虫多

续表 8-3

鉴别要点	羊快疫	羊肠毒血症	羊猝狙	羊黑疫	炭疽
皱胃出血性炎症	弥漫性或斑块状	不特征	轻微	不特征	较显著、小点状
小肠溃疡性炎症			有		
肝脏凝固性坏死				有	
肌肉气肿、出血			死后 8 h 内出现		
肾脏软化		死亡时间久者多见			一般无
脾脏急性肿大					有
涂片染色检验	肝被膜涂片有无节长丝状细菌 G^+	肾内具有 D 型魏氏梭菌，G^+ 粗大杆菌	体腔渗出物和脾涂片见 C 型魏氏梭菌 G^+	肝坏死灶涂片见两端圆粗大的 B 型诺维氏梭菌 G^+	耳尖血涂片，竹节两端，齐短杆菌 G^+

六、破伤风

(一)病原及其流行

病原为破伤风杆菌感染而产生毒素。多见于羊在阉割、断尾、断脐、皮肤剪伤、撕裂产道伤、公羊角斗抵伤、外科手术时，感染破伤风杆菌在组织缺氧的条件下大量繁殖。产生的外毒素沿淋巴、血液传至神经中枢，再传到头、颈、前肢、躯干和后肢。另外，也可由伤部开始经神经纤维传入头部，发生全身肌肉痉挛。

(二)症状

病初症状不明显，常表现卧下后不能起立，或者站立时不能卧下，逐渐发展为四肢强直，运步困难。由于咬肌的强直收缩，牙关紧闭，流涎吐沫，饮食困难。在病程中，常并发急性肠卡他，引起剧烈的腹泻。

(三)病理变化

尸体僵硬、心肌变性、肺脏淤血水肿,脊髓和脊髓膜充血出血,实质器官和肠浆膜有点状出血。

(四)防治

1. 预防注射

破伤风类毒素是预防本病的有效生物制剂。羔羊的预防,则以母羊妊娠后期注射破伤风类毒素较为适宜。

2. 创伤处理

对感染创伤进行有效的防腐消毒处理:彻底排除脓汁、异物、坏死组织及痂皮等,并用消毒药物(3%过氧化氢、2%高锰酸钾或5%~10%碘酊)消毒创面,并结合青链霉素,在创伤周围注射,以清除破伤风毒素来源。

3. 注射抗破伤风血清

早期应用抗破伤风血清(破伤风抗毒素)。可一次用足量(20 万~80 万 IU),也可将总用量分 3 次注射,皮下、肌肉或静脉注射均可;也可一半静脉注射。抗破伤风血清在体内可保留 2 周。

4. 加强护理

将病羊放于黑暗安静的地方,避免能够引起肌肉痉挛的一切刺激。给予柔软易消化且容易咽下的饲料(如稀粥),经常在旁边放上清水。多铺垫草,每日翻身 5~6 次,以防发生褥疮。

5. 杀菌消毒

为了消灭细菌,防止破伤风毒素继续进入体内,必须彻底清除伤口的脓液及坏死组织,并用 1%高锰酸钾、1%硝酸银、3%双氧水或 5%~10%碘酒进行严格消毒处理。病的早期同时应用青霉素与磺胺类药物。

6. 中和毒素

可先注射 40%乌洛托品 5~10 mL,再肌肉或静脉注射大量破伤风抗毒素，每次5万～10万IU，每日1次，用2～4次。亦可将抗毒素混于5%葡萄糖溶液中静脉注射。

7. 缓解痉挛

可皮下注射25%或肌肉注射40%硫酸镁溶液，每天1次，每次5～10 mL，分点注射。或者按每千克体重2 mg肌肉注射氯丙嗪。

8. 牙关紧闭的处理

对于牙关紧闭的羊，可将3%普鲁卡因5 mL和0.1%肾上腺素0.2～0.5 mL混合，注入咬肌。

七、传染性胸膜肺炎

(一)病原及其流行

俗称“烂肺病”，是山羊特有的接触性传染病。本病秋季多发，传播迅速，死亡率较高。病原体为山羊丝状支原体，主要存在于病羊的肺脏、胸膜渗出液和纵隔淋巴结中。本病主要通过飞沫传染，发病率可达95%以上。传染源为病羊和隐性感染羊。成年羊的发病率较幼年羊高，怀孕母羊发病死亡率较高，多为地方性流行。如果羊只营养不良，受寒、受潮以及羊群过于拥挤，都易诱发本病。

(二)症状

潜伏期短者5～6 d，长者3～4周，平均为18～20 d。根据病程和临床症状，可分为最急性、急性和慢性3种。

最急性：病初体温增高，可达41～42℃，极度萎靡，食欲废绝，呼吸急促而有痛苦的叫声，数小时后出现肺炎症状，呼吸困难，咳嗽，并流浆液带血鼻液，肺部叩诊呈浊音或实音，听诊肺泡呼吸音减弱、消失或呈捻发音。12～36 h内，渗出液充满肺并进入胸腔，病羊卧地不起，四肢直伸，呼吸极度困难，每次呼吸则全身颤动；黏膜高度充血，发绀；目光呆滞，不久窒息死亡。病程一般不超过5 d，有的仅12～24 h。

急性型:最常见。病初体温升高,继之出现短而湿的咳嗽,伴有浆性鼻涕。4～5 d后,咳嗽变干而痛苦,鼻液转为黏液、脓性并呈铁锈色,黏附于鼻孔和上唇,结成干固的棕色痂垢。多在一侧出现胸膜肺炎变化,叩诊有实音区,听诊呈支气管呼吸音和摩擦音,按压胸壁表现敏感,疼痛,这时高热稽留不退,食欲锐减,呼吸困难和痛苦呻吟,眼睑肿胀,流泪或有黏液、脓性眼屎。口半开张,流泡沫状唾液。头颈伸直,腰背拱起,腹肋紧缩,孕羊大批(70%～80%)发生流产。最后病羊倒卧,极度衰弱萎靡,有的发生臌胀和腹泻,甚至口腔中发生溃烂,唇、乳房等部皮肤出现丘疹,濒死前体温降至常温以下,病期多为7～15 d,有的可达1个月左右。

慢性型:多见于夏季。全身症状轻微,体温40℃左右。病羊间有咳嗽和腹泻,鼻涕时有时无,身体衰弱,被毛粗乱无光。在此期间如饲养管理不良,与急性病例接触或机体抵抗力由于种种原因而降低时,很容易复发或出现并发症而迅速死亡。

(三)病理变化

部检病变可见,主要表现在胸腔,多见一侧肺发生明显的浸润和肝样病变。病肺呈红灰色,切面呈大理石样,肺小叶间质增宽,界线明显。支气管淋巴结、纵隔淋巴结肿大。胸膜变厚,表面粗糙不平,有的与胸壁发生粘连。有的病例中,肺膜、胸膜和心包三者发生粘连。胸腔积有多量黄色胸水。

(四)防治

对疫区的羊每年定期使用山羊传染性胸膜肺炎氢氧化铝疫苗进行预防注射,发现病羊应及时隔离,对其有可能污染的场所和用具严格消毒。

在治疗上,可用磺胺噻唑钠,每千克体重用0.2～0.4 g配成水溶液,皮下注射,每天1次;松节油:成年羊0.5～0.8 mL,幼年羊0.2～0.3 mL静脉注射。若出现排尿、摇头、步态不稳等副作用,经16～18 h即可自行消失;土霉素,每千克体重10 mg,肌肉注射，每天1次；“914”，静脉注射，30～50 kg成年羊平均剂量不要超过0.4～0.5 h，5月龄以内的幼羊0.1～0.15 h，5月龄以上的幼羊0.2～0.25 h，用蒸馏水稀释成5%溶液静脉注射。5～6 d后，再注射1次，用量较第1次为少，即成年羊0.3～0.4 h，5月龄以后幼羊0.15～0.2 g，5月以内幼羊0.05～0.1 g。若仍出现病羊，则仍以第2次用药剂量实行第3次注射，但若呈现过敏反应，应减少剂量。采用大剂量法即成年羊0.6～0.8 h，幼羊0.3～0.5 g，效果更为显著，每次注射间隔3～4 d。

八、羔羊大肠杆菌病

(一)病原及其流行

大肠杆菌呈革兰氏阴性染色，中等大小，对外界不利因素的抵抗力不强，一般消毒剂均可将其杀死。多发生于数日或6周龄前的羔羊，有些地方3～8月龄的羊也有发生，呈地方性流行。或呈散发性在深秋雨季，冬寒春冷，气候不良时多见发生。羔羊先天性发育不良或后天性营养缺乏，羊舍阴暗潮湿、污秽、通风不良，均能促使本病的发生。

(二)症状

潜伏期数小时至1～2 d。按病理性质可分为败血型和肠型。

1. 败血型

体温升高达41～42℃，病羔精神委顿，眼结膜潮红，呼吸浅表，脉搏弱快，表现神经症状，头弯向一侧，四肢僵硬，运步失调，视力障碍。随病情发展，病羊头向后仰，四肢呈划水状动作。口流清涎，四肢冰凉。有些病例关节肿胀，腹痛。严重者卧地，体躯发软，昏迷。继发肺炎后呼吸困难。很少或无腹泻。常常于12 h死亡。

2. 肠型

主要发生于7日龄以内的羔羊。病初体温升高至40.5℃或41℃，紧接出现下痢，其后体温下降或略高于正常。粪便呈半液状，后为稀状，呈黄或灰黄色，含有气泡且混有血液和黏液。病羔腹痛、拱背、咩叫、努责、虚弱、卧地。病至后期病羔极度消瘦，衰竭，如不及时治疗，可以 24～36 h 死亡。死亡率达 15%～75%。亦可见到化脓性—纤维素性关节炎，可从肠道分离出致病性大肠杆菌病病原。

(三)病理变化

尸体消瘦，后肢及肛门周围黏满粪痕。皱胃空虚或存有凝结乳块，内容物酸臭。败血型者胸腔、腹腔、心包腔积液，或呈纤维蛋白性渗出液；关节肿大，内含纤维素性脓性渗出液。脑充血或出血，大脑沟常含有多量脓性渗出物。肠型者严重脱水，皱胃、小肠和大肠内容物呈黄灰色半液状，黏膜充血，肠系膜淋巴结肿胀，有的肺呈小叶性肺炎变化。

(四)防治

预防重点在于加强饲养管理，对孕羊作配合日粮饲喂，以增强羔羊的体质和抗病力。改善羊场卫生状况，保持圈舍干燥、通风、阳光充足。对哺奶羔羊做到定时、定量、定温、注意清洁卫生。

九、布氏杆菌病

(一)病原及其流行

本病为布鲁氏杆菌引起的一种人、畜共患传染病。病原为布鲁氏杆菌。它存在于病畜的生殖器官、内脏和血液。该菌对外界的抵抗力很强，在干燥的土壤中可存活 37 d，在冷暗处和胎儿体内可存活 6 个月。1%来苏儿，2%福尔马林，5%生石灰水 15 min 可杀死病菌。

病畜和带菌动物，尤其是受感染的妊娠母畜流产或分娩时，将大量布鲁氏杆菌随胎儿、胎水、胎衣排出。主要传播途径是消化道，羊采食被病原体污染的饲料与饮水而感染。

（二）症状

多数病例为隐性感染。怀孕羊主要症状是发生流产，但不是必有的症状。流产发生在怀孕后的3～4个月。有时患病羊发生关节炎和滑液囊炎而致跛行；公羊发生睾丸炎；少部分病羊发生角膜炎和支气管炎。

本病常不表现症状，而首先被注意到的症状是流产。流产前食欲减退、口渴、委顿、阴道流出黄色黏液。流产多发生于怀孕后的第3、4个月。流产母羊多数胎衣不下，继发子宫内膜炎，影响受胎。公羊表现睾丸炎，睾丸上缩，行走困难，弓背，饮食减少，逐渐消瘦，失去配种能力。其他症状可能还有乳房炎、支气管炎、关节炎等。

（三）病理变化

胎衣可见其绒毛膜下组织胶样浸润、充血、出血，有的见有水肿和糜烂，其上覆盖纤维素性渗出物。胎衣不下者，常产道流血。胎儿皱胃中有淡黄色或灰白色黏液絮状物，胃肠和膀胱的浆膜下，可见点状出血或线状出血。发生关节炎时，腕、跗关节肿大，出现滑液囊炎病变。公羊睾丸硬结肿大，并显有坏死灶和化脓灶。肝脏、脾脏、肾脏出现坏死灶。有时可见到纤维素性胸膜炎、腹膜炎变化及局部淋巴结肿大。

（四）防治

对羊群每年宜定期进行布病血清学检查，对阳性羊捕杀淘汰。必要时隔离治疗，对圈舍、饲具等彻底消毒。注意饲养人员防护工作，以防受到感染。对羊群可接种布氏杆菌病菌苗进行预防。病羊可选用四环素、链霉素、土霉素进行治疗。

十、羔羊痢疾

是新生羔羊的一种急性接触传染性毒血症，临床特征以剧烈腹泻和小肠发生溃疡为主要表现。本病常可使羔羊发生大批死亡，给养羊业带来重大损失。

(一)病原及其流行

本病病原为B型魏氏梭菌。羔羊在生后数日内，魏氏梭菌可以通过羔羊吮乳、饲养员的手和羊的粪便而进入羔羊消化道。在外界不良诱因如母羊怀孕期营养不良，羔羊体质瘦弱；气候寒冷，羔羊受冻；哺乳不当，羔羊饥饱不匀，羔羊抵抗力减弱时，细菌大量繁殖，产生毒素。

羔羊痢疾的发生和流行，就表现出一系列明显的规律性。

本病主要危害7日龄以内的羔羊，其中又以2～3日龄的发病最多，7日龄以上的很少患病。传染途径主要是通过消化道，也可能通过脐带或创伤。

(二)症状

羊羔患病之后，精神萎靡，低头弓背，停奶不久发生腹泻。粪便恶臭，黏稠度像面糊，稀者如水，颜色有黄绿、黄白色，到了后期成为血便。病羔逐渐虚弱卧地不起，若不及时治疗，常在1～2 d内死亡；只有少数病轻的可能自愈。有的病羔，腹胀而不下痢，或只排少量稀粪(也可能带血或呈血便)。病性严重者表现神经症状，四肢瘫软，卧地不起，呼吸急促，口流白沫，最后昏迷，头向后仰，体温降至常温以下，若不加紧救治，常在数小时到十几小时内死亡。

(三)病理变化

死亡病羔最显著的病理变化是在消化道，皱胃内往往存有未消化的凝乳块，胃黏膜水肿充血，有出血斑点。小肠黏膜充血发红，有的有出血点，病程较长的还可能有溃疡，有的肠内容物呈血色。大肠的变化与小肠类似，但程度较轻，肠系膜淋巴肿胀充血，间或出血。此外肝常肿大而稍软，呈紫红色，心包积液，心内膜有时有出血点，肺常有充血区域或淤斑。

(四)防治

根据发病情况和病理变化可作出初步诊断,确诊需作病原分离,检出毒素。本病发病因素复杂,应综合实施防制,才能收到较好的效果。应采取抓膘保暖,加强母羊饲养管理,合理哺乳,消毒隔离,药物防制。认真做好三联疫苗或五联疫苗免疫接种。

十一、羊链球菌病

(一)病原及其流行

本病的病原是链球菌。病羊和带菌羊为传染病,呼吸道为主要传播途径,也可经皮肤创伤、虱蝇叮咬等途径传播;病死羊的肉、骨、皮毛等亦可散播病原。新发区常呈流行性发生;老疫区则呈地方性流行或散发。以冬、春季节气候寒冷,草质不良时发生较多。

(二)症状

本病的潜伏期,自然感染时为 2～7 d,少数可达 10 d。

最急性型:病羊实发症状不明显,常于 24 h 内死亡。

急性型:病羊病初体温升高到 41℃以上,精神萎靡,垂头、呆立、不愿行走。食欲减退或废绝,停止反刍。眼球膜充血,流泪,随后出现浆液性分泌物,鼻腔流出浆液性脓性鼻汁。咽喉肿胀,咽部和颌下淋巴结肿大,呼吸困难,流涎、咳嗽。粪便有时带有黏液或血液。孕羊阴门红肿,多发生流产。最后衰竭倒地,多数窒息死亡。病程 2～3 d。

亚急性型:体温升高,食欲减退。流黏性透明鼻汁,咳嗽,呼吸困难。粪便稀软带有黏液或血液。嗜卧、不愿走动,走时步态不稳,病程 1～2 周。

慢性型:一般轻度发热、消瘦、食欲不振、腹围缩小、步态僵硬;有的病羊咳嗽,有的出现关节炎。病程 1 个月左右,发生死亡。

(三)病理变化

剖检可见皮下结缔组织充血,胸腔内有深黄色的胶样渗出液,肺脏气肿。心内、外膜都有点状出血。心肌浑浊，脾脏稍肿大，胆囊肿大，内充满黑绿色胆汁。十二指肠及一部分小肠黏膜脱落，呈深红色弥漫性出血，肠内容物混有血液呈暗红色。浆膜出血，肠系膜淋巴结出血，肿大。

（四）防治

（1）预防　第一，加强饲养管理，做好防寒保温工作。严禁由疫区调进羊只或输入羊肉及毛皮产品。第二，预防接种，疫区每年发病季节到来之前，使用羊链球菌氢氧化铝甲醛苗进行预防注射。第三，发生本病时，立即隔离病羊，封锁、消毒。羊舍、羊圈用二氯异氰脲酸钠按 1：800 稀释消毒，或用 1%甲醛液、10%石灰乳、3%来苏儿等消毒液消毒。粪便堆积发酵处理。尸体深埋。

（2）治疗　早期应用青霉素或磺胺类药物。青霉素按 1 次用 80 万～160 万 IU，每天肌肉注射 2 次，连用 2～3 d。磺胺嘧啶按每次 5～6 g（小羊减半），内服 1～3 次。

十二、羊李氏杆菌病

（一）病原及其流行

病原菌为单核细胞增多李氏杆菌。易感动物的种类范围广，通过消化道、呼吸道及损伤的皮肤而感染；呈散发性，发病率低，病死率很高。

（二）症状

自然感染的潜伏期为 2～3 周，有的可能只有几天，也有长达 2 个月的。病初体温升高 1～2℃，不久就接近常温。精神沉郁，目光呆滞，头低垂，一侧或两侧耳下垂，不能随群活动。有的意识障碍，无目的地乱窜乱撞。舌麻痹，采食、咀嚼、吞咽困难。鼻孔流出黏性分泌物；眼流泪，结膜发炎，眼球突出，常向一个方向斜视，甚至视力丧失。头颈偏向一侧，走动时向一侧转圈，遇有障碍物时则以头抵靠不动。颈项强直，头颈呈角弓反张。后期卧地不起、昏迷、四肢划动呈游泳状，一般于 3～7 d 死亡。妊娠母羊常发生流产，羔羊常发生急性败血症。

（三）病理变化

剖检病死羊的病变，可见脑及脑膜充血、水肿，脑脊液增多稍浑浊。流产母羊胎盘发炎、子叶水肿，子宫内膜充血、出血或坏死，血液和组织中单白细胞增多。

（四）防治

平时注意清洁卫生和饲养管理，消灭啮齿动物；发病地区，应将病畜隔离治疗；病羊尸体要深埋，并用 5%来苏儿对污染场地进行消毒。

病羊早期可采取大剂量磺胺类药与抗生素并用，疗效较好。用 20%磺胺嘧啶钠，按每千克体重 5～10 mL，庆大霉素，按每千克体重 1 000～1 500 IU，均肌肉注射。病羊出现神经症状时，可用盐酸氯丙嗪治疗，按每千克体重 1～3 mg 用药。

十三、口蹄疫

（一）病原及其流行

口蹄疫病毒属于微 RNA 病毒科的鼻病毒属。多为哺乳动物呼吸道寄生病毒，病毒颗粒呈圆形，具有多型和易变的特点，目前研究已知有 7 种主型，以及 65 个亚型。各型之间抗原性不同，彼此不能互相免疫，使诊断较为复杂化。病畜和带毒动物是主要的传染源，可经消化道感染，无明显的季节性，一旦发生常呈大流行性。羊口蹄疫流行仅次于牛，羊发生口蹄疫病可波及整个羊群或某一地区。幼畜较成年畜易感。人亦可以感染。

（二）症状

潜伏期 1 周左右。病初表现体温、肌肉震颤，流涎，食欲下降，反刍减少或停止。常呈群发，口腔呈弥漫性口膜炎，水疱发生于硬腭和舌面，严重时可发生糜烂与溃疡。四肢的皮肤、蹄叉和趾（指）

间产生水疱和糜烂，故发生跛行。以上变化也可发生于乳房。羔羊可见有出血性胃肠炎，多因心肌炎而致死亡。

(三)病理变化

除口腔、蹄部和乳房的皮肤处出现水疱和溃烂外，严重者咽喉、气管、支气管和前胃黏膜有时也有烂斑和溃疡，皱胃和大小肠黏膜可见有出血性炎症。心包膜有出血斑点，心肌切面有灰白或淡黄色斑点或条纹，称为虎斑心，心脏似煮熟状。

(四)防治

发现疫情立即实行封锁，并报告有关主管部门，对病羊处死深埋或焚烧；对疫区及周围地区的易感动物接种流行株灭活 FMD 疫苗；加强羊群圈舍防护消毒。可用 2%碱水对畜舍和用具消毒，亦可用强力消毒剂按 1∶(150～400)浓度配成溶液进行消毒。防止继发感染可配合应用抗菌素。

十四、羊痘

(一)病原及其流行

本症是羊痘病毒所致。此病毒主要是侵犯羊，人是由于接触病羊污染的物质而被感染。故多见于牧羊人、兽医及屠宰人员等，目前尚无人与人之间互相传染的报道。传染后有终生免疫力，病毒接种在人体后获得成功。

(二)症状

恶性型羊痘，病羊体温升高至 41～42℃，精神萎靡，食欲消失，眼肿流泪，呼吸困难。经 1～3 d，全身皮肤表面出现红色斑疹(痘疹)，然后变成丘斑、水疱，最后形成脓疮，7～8 d 后结成干痂慢慢脱落。羊痘对成年羊危害较轻，死亡率为 1%～2%，而羔羊患病后死亡率高。

(三)病理变化

除有上述体表所见病变外，尸检瘤胃、皱胃黏膜上，有大面积圆形、椭圆形或半球形白色坚实结节，单个或融合存在，严重者可形成糜烂或溃疡。口腔、舌面、咽喉部、肺表面、肠浆膜层亦有痘疹。肺部可见干酪样节结和卡他性肺炎区。

(四)防治

应采取综合性措施。定期进行预防接种，要抓紧不可松懈。

发现病羊应及时隔离，并对其污染的羊舍、用具等进行彻底消毒。局部治疗可用0.1%高锰酸钾溶液冲洗患部，干后涂以碘酒、紫药水、硼酸膏、硫磺软膏、凡士林、红霉素软膏、四环素软膏等；中药治疗可用葛根15 g、紫草15 g、苍术15 g、黄连9 g、绿豆30 g、白糖30 g，水煎后候温灌服，每日1剂，连用3剂即可见效。

十五、羊口疮

(一)病原及其流行

病原是一种滤过性病毒，以3～6月龄羔羊多发生，本病多发于秋季，无性别和品种差异。病毒的抵抗力很强。干燥病理材料在冰箱中可保持传染力达3年以上。在有本病存在的羊群。可多年连续发生本病，可因直接接触或者经污染的羊舍、饲管用具、草场、饲料、饮水等而间接污染。感染门户是皮肤、黏膜、皮肤和黏膜的损伤(例如炎症、带芒刺的植物或饲料的刺伤、擦伤、咬伤、漫漫环境或坚硬不平的道路所致的肢端损伤等)为发病诱因。

(二)症状

本病临床上分为3型，也偶见有混合型。

唇型：发生在各种年龄的绵羊羔及山羊羔。是本病的主要病型。一般在唇部、口角和鼻镜上出现散在的小红斑。很快即形成大麻籽大的小结节。继而成为水疱和脓疱，脓疱破溃后结成黄棕褐色的疣状硬痂。牢固地附着在真皮层的红色乳头状增生物上，这种痂块可经10～14 d脱落而痊愈。严重病例，由于不断产生的丘疹、水疱、脓疱痂垢互相融汇，遂在整个口唇周围及颜面、眼睑和耳廓皮部，形成大面积具有龟裂、易出血的污秽垢痂。痂下伴以肉芽组织增生，极大地影响采食。同时常有化脓菌和坏死杆菌等继发感染，引起深部组织的化脓和坏死。

口黏膜亦常受害（有时仅见口黏膜病变）。在唇内面、齿龈、颊、口黏膜、舌和软腭上，发生被红晕所围绕的灰白色水疱。继之变成脓疱和烂斑或愈合而康复；或恶化，形成大面积溃疡。且往往有坏死杆菌等继发感染，发生伴有恶臭的深部组织坏死，有时甚至可见部分舌的坏死脱落。少数严重病例可因继发性肺炎而死亡。

蹄型：几乎发生在绵羊。通常单独发生（偶有混合型），在1～4肢的蹄叉、蹄冠和系部皮肤上，出现痘样湿疹。从丘疹—扁平水疱—脓疱，直至破裂后形成溃疡。有继发感染时即成为腐蹄病。病期缠绵，严重者衰弱而死或因败血病死亡。

外阴型：本型较少见，在公羊，阴鞘肿胀，阴鞘口及阴茎上发生小脓疱和溃疡。在母羊有黏性或脓性阴道分泌物，阴唇及其附近皮肤肿胀并有溃疡，乳房和乳头皮肤上同时或者单独（多系病羔吮乳时传染）发生疱疹、烂斑和痂块。

（三）防治

本病主要通过受伤的皮肤和黏膜传染，因此要保护皮肤和黏膜不使其发生损伤。尽量不喂干硬的饲草，挑出其中的芒刺。给羊加喂适量食盐，以减少羊啃土啃墙，保护皮肤及黏膜。

不要从疫区引进羊及其产品，对引进的羊只隔离观察半月以上，确认无病后再混群饲养。

在本病流行地区，用羊口疮弱毒疫苗进行免疫接种。接种时按每头份加0.9%生理盐水0.2 mL在阴暗处充分摇匀，每只羊在口腔黏膜内注射0.2 mL，以注射处出现一个透明发亮的小泡为准。也可把病羊口唇部的痂皮取下，研成粉末，用5%甘油生理盐水稀释成1%溶液，对未发病羊做皮肤划痕接种，经过10 d左右即可以产生免疫力，对预防本病效果不错。

治疗时，首先隔离病羊，对圈舍、运动场进行彻底消毒。给病羊柔软、易消化、适口性好的饲料，保证充足的清洁饮水。

先将病羊口唇部的痂垢剥除干净，用淡盐水或0.1%高锰酸钾水充分清洗创面，然后用此药水或碘甘油（将碘酊和甘油按1∶1的比例充分混合即成）涂抹创面，每天1～2次，直至痊愈。

为预防继发感染，也可用抗生素，青霉素80万IU，链霉素50万IU颈部肌肉注射，每天2次，连用3 d为一疗程。

第四节 主要寄生虫病防治技术

寄生虫病是由寄生虫寄生于羊体内或体表而引起的一类疾病。它对羊的身体健康有很大影响，可导致羊消瘦、贫血、衰弱、生产力下降，是引起严冬、初春死羊的重要原因。

寄生在羊体内（器官）的寄生虫，称体内寄生虫；寄生在体外（皮毛）的寄生虫，称为体外寄生虫。

一、血吸虫病

（一）病原

在我国本病主要是由日本分体吸虫，寄生于羊的门静脉和肠系膜静脉内引起的寄生虫病。人及其他哺乳动物也可感染。寄生于羊肠系膜静脉的成虫及虫卵，从血管壁到肠壁，随粪便排出，落入水中，孵化成毛蚴，毛蚴侵入螺体（中间宿主）变成胞蚴，胞蚴在螺体形成尾蚴，尾蚴从羊、牛或人的皮肤侵入体内，尾蚴脱尾随血液流到心脏和肺脏，尾蚴进入体循环经主动脉再进入肠系膜动脉，通过毛细血管到达肠系膜静脉。成虫亦可寄生于肝脏之中。

（二）症状

有急性型和慢性型之分，以慢性为常见。急性型见有体温升高达40℃以上，表现食欲不振，精神沉郁，行动迟缓，站立困难，贫血，消瘦，腹泻，甚则衰竭死亡。慢性型表现消化障碍，极度消瘦，腹泻反复发生，脱毛，母羊发生不孕或流产。感染虫体羔羊生长和发育受阻。

（三）病理变化

可引起肝脏和肠壁等组织广泛的炎症和溃疡，并形成虫卵肉芽肿。见有肝脏肿大和肝硬化。

（四）防治

选用硝硫氰胺（又称 7505）羊体重总限量为 30 kg，在 30 kg 以内，按每千克体重 2 mL 计算，配成 2％水溶液，静脉注射。亦可选择吡喹酮、酒食酸锑钾等驱虫。

二、肝片吸虫病

（一）病原

本病系由肝片吸虫和大形吸虫感染羊。以慢性胆管炎、间质性肝炎、慢性营养不良与中毒为临床特征。成虫寄生于羊的肝脏胆管和胆囊中，虫卵可随胆汁排入消化道至体外，卵在水中孵出毛蚴后，钻入椎实螺体内（中间宿主），发育成尾蚴，尾蚴离开螺体，随处漂游，附着在水草上，变成囊蚴，羊吞食含有囊蚴的水草而感染。囊蚴进入动物的消化道，在十二指肠内形成童虫脱囊而出，穿过肠壁，进入腹腔，经肝包膜至肝实质，童虫再进入胆管，发育成成虫。

（二）症状

患羊常引起肝炎和胆囊炎。临床常见急性型，多发生在夏末和秋季，严重感染者，体温升高，废食，腹胀，腹泻，贫血，几日内死亡。慢性型，多发生消瘦，黏膜苍白，贫血，被毛粗乱，眼睑、颌下、腹下出现水肿。一般经 1～2 个月后，发展成恶病质，迅速死亡。亦见有拖到次年春季，饲养条件改善后逐步恢复，形成带虫者。

剖检时可见肝脏肿大，质硬，颜色变浅；胆管扩张，管壁变厚。

胆管内充满黏稠的胆汁和一些虫体。组织学变化见有慢性变质性肝炎病变，肝胆管上皮组织坏死糜烂，致部分肝小叶萎缩。

(三)防治

预防消灭中间宿主椎实螺是预防本病的重要措施；改善羊饮水和饲草卫生，避开椎实螺生长的牧场放牧、在流动河水饮羊，以防感染。治疗用硫双二氯酚(别丁)，每千克体重 60～100 mg，1 次加少量面粉先拌入水中，混匀，加药灌服。苯咪唑，每千克体重 20 mg，1 次灌服。赞尼尔(Znnil oxyclozanide)，每千克体重 10～15 mg，1 次灌服。硝氯酚，每千克体重 4～6 mg，1 次灌服。丙硫苯咪唑，每千克体重 3～8 mg，1 次灌服。

三、前后盘吸虫病

(一)病原

本病是由前后盘科的前后盘属、殖盘属、腹袋属、菲策属及卡妙属等多属前后盘吸虫引起的疾病。成虫寄生于羊(终末缩主)的瘤胃和网胃壁上产卵，卵进入肠道随粪便排出体外，在水中孵化出毛蚴后，毛蚴从卵内进入水中遇到淡水螺(中间宿主)再钻入其体内，经育成胞蚴、雷蚴和尾蚴。尾蚴具有前后吸盘及一对眼点。尾蚴离螺体后，附着在水草上形成囊蚴。羊吞食囊蚴的水草而感染。囊蚴到达肠道后，童虫从囊内游离出来，附着在瘤胃黏膜之前，先在小肠、胆管、胆囊和真胃内移行，寄生数十天，最后到达瘤胃发育成成虫。

(二)症状

感染严重者，病羊 精神不振，食欲减弱，反刍减少，消化紊乱，消瘦贫血，眼结膜苍白并黄染，呈顽固性腹泻。颌下及胸前皮下水肿，不愿运动，喜卧地，有时见有腹痛。有时虫体进入肺脏，表现异物性肺炎症状，而至死亡。

在病羊瘤胃黏膜可见成虫附着，在网胃、皱胃、肠道、胆管及胆囊腔寄生有幼虫存在。胃肠黏膜水肿，充血，出血或形成溃疡。胆管发炎。血液稀薄呈洗肉水样。

(三)防治

预防应消灭中间宿主淡水螺，定期驱虫，堆粪杀灭虫卵，不在染虫地放牧。治疗可选用硫双二氯酚、溴羟替苯胺进行驱虫。

四、莫尼茨绦虫病

(一)病原

本病病原为扩展莫尼茨绦虫和贝氏莫尼茨绦虫。成虫寄生于羊的小肠内。成虫脱御的孕节或虫卵随宿主粪便排到外界，虫卵散播，被地螨(中间寄主)吞食，六钩蚴在消化道内孵出，穿出肠壁，入血腔，发展为似囊尾蚴，成熟的似囊尾蚴开始有感染性。羊只采食时将似囊尾蚴的地螨吞入时，地螨即被消化而释放出似囊尾蚴，立即吸附于肠壁上，在小肠发育为成虫。羊感染莫尼茨绦虫主要是 1.5～7.5 月龄的羔羊，随年龄增长而获免疫性。

(二)症状

一般羔羊感染病初出现食欲降低，下痢也常见。严重感染时，特别是伴有继发病时，表现明显临床症状，如食欲不振，下痢，腹痛，粪便带有白色的孕卵节片，可视黏膜苍白，消瘦。病的末期，患羊常因衰弱而卧地不起，抽搐，头部向后仰或经常作咀嚼动作，口周围留有许多泡沫。

(三)防治

在潮湿和地蜱大量滋生地区禁止放牧。粪便堆置进行生物学发酵，以杀死其中虫卵。

治疗可用氯硝柳胺，按每千克体重 70 mg 投服。硫双二氯酚，每千克体重 100 mg，加入面粉糊中灌服。1%硫酸铜溶液，成年绵羊 80 mL，1 次灌服。本药应隔 2～3 周再治疗 1 次。吡喹酮，按每千克体重 20 mg，1 次灌服。砷酸亚锡，每千克体重用 40 mg，1 次灌服，对各种绦虫均有效果。

五、脑多头蚴病

（一）病原

多头绦虫幼虫寄生于羊、牛等动物的脑和脊髓中所引起的一种寄生虫病，人亦可感染。是危害羔羊的重要寄生虫病。脑多头蚴的成虫是寄生于犬小肠的多头绦虫。原头蚴直径为 2～3 mm，数目 100～250 个，中绦期为多头蚴，呈囊泡状，囊体由豌豆到鸡蛋大，囊内充满透明液体，囊内膜附有许多原头蚴。

多头绦虫寄生于犬、狼、狐狸（终末宿主）的小肠内，孕节片脱落随粪便排出体外，节片与虫卵散布于草场，污染饲草料、饮水，被羊只（中间宿主）吞食而进入胃肠道。六钩蚴逸出，钻入肠黏膜血管内，其后随血液被带到脑脊髓中，经 2～3 个月发育成多头蚴。六钩蚴在羔羊体内，发育较快，感染后 2 周发育至栗粒大小，6 周后囊体 2～3 cm。含有多头蚴的脑被犬类动物吞食后，多头蚴头节吸附于小肠壁，发育为成虫。

（二）症状

主要表现为急性脑炎和脑膜炎，出现流涎、磨牙、垂头呆立、转圈、前冲后退等神经症状。病羊体质逐渐消瘦，易惊恐，共济失调，后肢瘫痪，卧地不起，可因极度衰竭而死亡。

（三）防治

对牧羊犬用吡喹酮定期驱虫。深埋或烧毁犬粪。禁用病羊的脑和脊髓喂犬。

本病治疗感染初期尚无有效疗法。后期可手术摘除，术后 3 d 内连续注射青霉素。

六、血矛线虫病

(一)病原

血矛线虫寄生于反刍动物的皱胃引起的寄生虫病。病原为捻转血矛线虫。成虫寄生于皱胃,偶见小肠,虫卵随粪便排出体外,经过第1、2幼虫期,至第3期幼虫成为感染性幼虫,其后被羊摄食后,在瘤胃中脱鞘,到皱胃钻入黏膜的上皮突起之间,开始摄食,经第3次脱皮,形成第4期幼虫。感染后12 d,虫体进入第5期,即内部各种器官发育起来的时期。感染后18～21 d,宿主粪便中出现虫卵,卵发育至感染性幼虫,附着于青草。羊采草时食入,进入皱胃发育为成虫。

(二)症状

主要的特征是贫血和衰弱。急性型羔羊常突然死亡。病羊被毛粗乱,消瘦放牧落群,卧地不起,下痢和便秘交替发生。下颌和下腹水肿。可见黏膜苍白,贫血。病程转为慢性,症状不太明显,病程达7～8个月或1年以上。

(三)防治

伊维菌素每千克体重200 μm灌服。也可用左咪唑,每千克体重8 mg,1次灌服。

七、肺丝虫(肺线虫)病

(一)病原

病原体是肺丝虫,分大型肺丝虫(丝状网尾线虫)和小型肺丝虫(原圆科线虫)2类。大型肺丝虫寄生在羊的气管和支气管内,雌虫产出有幼虫的虫卵,虫卵随咳嗽进入口腔,然后大部分咽下,在消化道内孵化成幼虫。幼虫随粪便排出,然后随羊吃草吞入消化道,再进入血液,通过血液循环至肺部。

小型肺丝虫的雌虫在肺内产卵,幼虫由卵孵出后即由气管上行至口腔，然后进入消化道，随粪便排出。它能钻入螺蛳体内，经过一段时间的发育后从螺体内钻出，随羊吃草或饮水进入消化道，再通过血液循环至肺部。

（二）症状

一般以慢性过程出现，多呈肺炎或胸膜炎症状。病羊精神萎靡，开始时出现短的干咳，以后咳嗽频繁而强烈。呼吸困难，有时从鼻孔流黏稠的分泌物，食欲不振，病羊因体弱继发感染而死亡。

（三）防治

加强饲养管理，增强体质。定期驱虫，处理粪便，不在低湿地放牧。

治疗和预防本病常用药物：氰乙酰肼，每千克体重 15～20 mg 内服，每千克体重 10～15 mg 肌肉或皮下注射，用蒸馏水配成10%溶液注射，此药对本病效果很好；驱虫净，每千克体重 20～30 mg 内服，每千克体重 6～8 mg 皮下注射；1/1 500 碘溶液（碘片1.0 g、碘化钾 1.5 g、蒸馏水 1 500 mL），气管注射，每千克体重成年羊 12～15 mL、羔羊 8 mL、1 岁羊 10 mL，每天 1 次，连续 2 d，或间隔 1～2 d，连续 2 次。

八、痒螨病

（一）病原

本病是由痒螨引起的外寄生虫病。痒螨寄生于皮肤表面，终身寄生于羊体上，其体表温度与湿度，对痒螨发育影响很大，羊体弱易感染。痒螨表面角质坚韧抵抗力强，离开宿主耐受力较强。接触感染，通过用具，可传播病原体，在冬季舍圈潮湿，羊只拥挤更易传染。动物体表有皱襞处成为螨潜伏部位。病原经卵、幼虫、若虫和成虫 4 个发育阶段，终生在绵羊的皮肤表面、被毛稠密处和长毛处寄生，然后蔓延全身。

(二)症状

疥螨主要寄生在羊的嘴、鼻、眼睛周围、耳部、头部、腿内侧及尾根等处;痒螨主要寄生在毛密的臀部、背部,然后蔓延全身。羊感染疥癣2周后开始出现病症。患处皮肤发痒,病羊不安,用舌舔、嘴咬、蹄搔,或在墙上、木柱上擦痒不止,最后脱毛。脱毛地方可手摸到颗粒状物,最后形成水疱或脓疱,破裂后形成痂皮。

(三)防治

定期进行药浴,每年春、秋2次,以防羊螨侵害。发现病羊及时隔离治疗。治疗前应剪毛,除去污垢和痂皮。杀螨药品只能杀死成虫,不能杀死虫卵,因此治疗后隔7 d后再治疗1次。夏季宜药浴。现将几种方法分述如下。杀螨药剂有:

滴滴涕乳剂(涂擦用):第1液,滴滴涕1份与煤油9份溶剂;第2液,来苏儿1份与水19份溶剂。用时将第1、2溶剂混匀,用于涂擦患部。

二甲苯胺脒,喷雾用0.025%溶液。药浴用12.5%溶液,药浴前用250倍体积的水稀释(即二甲苯胺脒为0.05%)。

20%林丹乳油,可用于药浴和局部涂擦。药浴前宜给羊饮足水,防止羊喝药浴水。每只羊身在水中应浸泡2～3 min,头部亦应浸入药液中2～3次。药液减少时,同时加水加药,保持有效浓度,药浴后观察30 min,方可离去放牧。

九、羊毛虱病

(一)病原

病原体为羊虱子,可分为2类:吸血虱和食毛虱。吸血虱嘴细长而尖,具有吸血口器,可刺激羊体皮肤,吸取血液;食毛虱嘴硬而扁阔,有咀嚼器,专食羊体的表皮组织、皮肤分泌物及毛、绒等。

(二)症状

羊虱寄生在羊体表,可引起皮肤发炎、剧痒、脱皮、脱毛、消瘦和贫血等。病羊皮肤发痒，精神不安，常用嘴咬或蹄踢患部，并喜靠近墙角或木柱擦痒。寄生羊虱久者，患部羊毛粗乱、易断或脱落，患部皮肤变粗糙起皮屑，久之因吃、睡不好而消瘦、贫血、抵抗力下降，并引起其他疾病，造成死亡。

(三)防治

经常保持圈舍卫生干燥，对羊舍及所接触的物体用0.5%～1%敌百虫溶液喷洒。由外地引进的羊必须先经检疫，确定健康再混群饲养。

十、羊蜱病

(一)病原

蜱又称草鳖子、草爬子等，寄生在羊体表吸血，并为多种病原的传播者。病原体为蜱。蜱雌虫在地下或石缝中产卵，经过卵、幼虫、若虫而发育成为成虫。蜱可分为硬蜱和软婢2种，硬蜱寄生在羊体表，因背侧壁成厚实的盾片状角质板而得名；软蜱无盾片，全身为弹性皮革状，饱食后迅速膨胀，饥饿时迅速缩瘪，整个变态期长达4个月至1年，存活时间为6～7年，最长15～25年。

(二)症状

由于蜱叮咬，使羊只采食、睡卧不安，并引起皮炎、溃疡。当蜱大量寄生时，可造成羊消瘦、贫血、生产性能降低，甚至能引起死亡。

(三)防治

用机械摘除或用药浴法消灭。在蜱活动季节每5～6 d处理1次，或用治疗疥癣的办法处理羊体的蜱；消灭羊舍的蜱，用水泥、石灰、黄泥堵塞所有缝隙及小孔；对新购入羊进行蜱的检疫，发现有蜱不能混群；采用化学药品消灭草场上的蜱等。

十一、羊鼻蝇蚴病

(一)病原

本病由羊鼻蝇的幼虫寄生在羊的鼻腔和额窦内引起。成蝇的头呈半圆形,体灰黑色,比一般苍蝇略大,春暖开始滋生,夏、秋季都有,以夏季为多。雌蝇将幼虫产在羊鼻孔内。幼虫起初如小米粒大小,在羊鼻腔、额窦及鼻窦内逐渐长大,颜色由白变黄再变为褐色。虫体借羊打喷嚏喷出后,钻到土壤内变成蛹,蛹经过 1 个多月孵化成蝇。

(二)症状

幼虫钻入羊鼻腔,使鼻腔发痒,羊吃、睡不安,体质渐趋消瘦。幼虫钻进鼻窦、额窦后常引起发炎或溃疡,由鼻内流出混有血液的脓性鼻涕,呼吸如拉风箱声。有的幼虫还可钻到羊的颅腔内,压迫和损害脑神经,造成羊只“偏瘫”,运动失调,头弯向一侧或转圈,俗称“转圈病”。

(三)防治

口服敌百虫,每千克体重 0.1 g;每年 9～10 月份,用 3%来苏儿溶液向羊鼻孔喷洒;每年立夏至立秋要用敌敌畏熏杀:将羊舍门窗堵严,不要漏气,按每立方米 1 mL 的敌敌畏,计算好用药量。选在早晨凉爽无风天气,把铁锹或其他铁器烧热,把敌敌畏泼在热铁板上,冒出浓烟,使羊在舍内吸 10～15 min 烟雾后迅速放出即可。

第五节 常见中毒症防治技术

一、毒草中毒

(一)病因

多因误食毒草,或有毒的植物叶子,如夹竹桃叶、苦杏树叶、霜后大麻子叶、高粱再生苗、黑斑病甘薯等而引起中毒。

(二)症状

中毒羊转圈,磨牙,肌肉和眼球震颤,四肢麻痹,口吐白沫,呕吐,胀气,下痢,喜卧阴暗处,体温升高,呼吸、脉搏加快等症状。

(三)防治

青草春季返青时,不要在有毒草的地方放牧,以免因误食而中毒。

羊发生中毒后,可皮下注射1%硫酸阿托品注射液0.5～1 mL,必要时1～2 h再重复注射1次;强心补液,皮下注射10%安钠咖3 mL,静脉滴注生理盐水或5%葡萄糖生理盐水500 mL,加维生素C;4%高锰酸钾或3%过氧化氢溶液洗胃;鲜鸡蛋2个,韭菜250 g,加水捣烂取汁,1次灌服;绿豆250 g,磨浆灌服;鲜松针250～500 g,加倍量水,煎后取汁,加地浆水250～500 g,1次灌服,隔1～2 h再服1剂;还可用人尿、羊粪拌水灌服以及咸菜喂羊来解毒。

二、氢氰酸中毒

(一)病因

该病常因羊采食过量的亚麻苗、高粱苗、玉米苗等而突然发作。饲喂机榨亚麻饼,因含氰苷最多,也易发生中毒。

(二)症状

主要表现发病迅速,多于采食含有氰苷的饲料后15～20 min出现症状。首先表现腹痛不安,瘤胃鼓气,呼吸加快,可视黏膜潮红,口流白色泡沫状唾液。先兴奋,很快转入沉郁状态,随之出现极度衰弱,步态不稳或倒地。严重者体温下降,后肢麻痹,肌肉痉挛,瞳孔放大,全身反射减少乃至消失。心搏动徐缓,脉细弱,呼吸浅微,直至昏迷而死亡。

(三)病理变化

剖检可见尸僵不全,血液呈鲜红色、凝固不良,口腔有血色泡沫,喉头、气管和支气管黏膜有出血点,气管和支气管内有大量泡沫状液体。肺充血、出血和水肿,心内、外膜有点状出血。胃肠黏膜充血和出血,胃内充满气体,有苦杏仁味。

饲料性中毒时吃得越多死得越快,确诊必须进行毒物分析。

(四)防治

禁止在含有氰苷作物的地方放牧。用含有氰苷的饲料喂羊时,宜先加工调制。发病后速用亚硝酸钠 0.2 g,配成 5%溶液,静脉注射,然后再用 10%硫代硫酸钠溶液 10～20 mL,静脉注射。

三、棉籽饼中毒

(一)病因

棉籽和棉叶里含有毒物质棉酚,当长期用大量棉籽饼、皮、仁饲喂时可引起中毒。反刍动物对棉酚的解毒能力较强,棉酚在体内有蓄积作用。当饲料中维生素、矿物质、青绿饲料缺乏时、妊娠母畜及幼畜对棉酚比较敏感。

(二)症状

急性型:多发生于膘好的羊,生前偶尔看到气喘,常在进圈或产羔时突然死亡。

慢性型:病羊体膘稍差,体温正常,食欲减退或废绝,反刍次数减少或停止,渴欲增加,眼结膜充血,眼流泪有眼屎,角膜无光,视力减退,头向暗处低伸。精神不振、呆立、伸腰或拱背。前期心跳亢进,后期衰弱,肺部听诊有水疱音,指叩诊胸部有浊音。触摸腹中波动感明显,有明显腹痛症状,粪球上带黏液或血液。尿呈淡红色。四肢肌肉痉挛,行走无力,常在放牧、饮水时死亡。

(三)病理变化

胸腹腔内积满淡红色较透明液体,一般在 3 000 mL 左右。肺充血、水肿，气管和支气管内充满泡沫，间质增宽，有的达 0.3 cm 以上。心包积液，心内外膜有出血点，心脏容积增大，心肌变软，横径大于纵径。肝脏充血、肿大、质脆，重量为正常的 1.5 倍以上。胆囊充满胆汁，黏膜有出血点。肾脏充血，被膜下有出血点，膀胱空虚，黏膜充血有出血点。瓣胃坚硬，内容物干涸呈粉状。

(四)防治

日粮中应限制棉籽饼喂量；加热解毒处理；加铁去毒，铁与棉酚结合成不被家畜吸收的复合物；增加含蛋白质、维生素、矿物质和青绿饲料。发病后首先停止补喂棉饼。每只羊内服硫酸亚铁 2～3 g，静注 10%氯化钙 10 mL，10%安钠咖 5 mL，25%或 50%葡萄糖 300～500 mL，注射维生素 A、维生素 D、维生素 C，每只羊每天 2 次，连用 3～5 d。

四、尿素中毒

(一)病因

尿素添加剂量过大，浓度过高，和其他饲料混合不匀，或食后立即饮水以及羊喝了大量人尿都会引起尿素中毒。

(二)症状

发病较快，表现不安，呻吟磨牙，口流泡沫性唾液；瘤胃急性膨胀，蠕动消失，肠蠕动亢进；心音亢进，脉搏加快，呼吸极度困难；中毒严重者站立不稳，倒地，全身肌肉痉挛，眼球震颤，瞳孔放大。

(三)防治

合理正确使用尿素添加剂，避免羊偷食尿素等含氮化肥及喝过量人尿。发现尿素中毒应及早治疗，一般常用 1%醋酸 200～300 mL 或食醋 250～500 g 灌服，若再加入食糖 50～100 g，加水灌服效果更好。另外可用硫代硫酸钠 3～5 g，溶于 100 mL 5%葡萄糖生理盐水内，静脉注射。临床证明 10%葡萄糖酸钙 50～100 mL，10%葡萄糖溶液 500 mL 静脉注射，再加食醋 250 g 灌服，有良好效果。

五、有机磷农药中毒

（一）病因

有机磷农药种类繁多，常用的有：对硫磷（1605）、内吸磷（1059）为剧毒类；敌敌畏、乐果、杀螟松为强毒类；敌百虫、马拉硫磷为弱毒类。引起中毒事故的发生，多由于对农药保管不妥和使用时违反操作规程所致。亦见于驱除外寄生虫时，应用有机磷过量而发生中毒。

（二）症状

中毒后表现不一，有的表现为食欲不振，流口水，呕吐，腹痛腹泻，出汗，尿失禁，瞳孔缩小，可视黏膜苍白，呼吸困难，肺水肿。有的肌肉抖动，血压升高，脉搏加快，神经紊乱，水样便带血，眼球震颤，最后麻痹发凉而死亡。

（三）防治

严格农药管理制度，且勿在喷洒过有机磷农药草地放牧，不用拌过有机磷农药的种子喂羊。治疗可用解磷定，剂量按每千克体重 15～30 mg，溶于 5％葡萄糖溶液 100 mL 中，静脉注射，或用硫酸阿托品 10～30 mg，肌肉注射。症状不减轻时，仍可重复应用解磷定和硫酸阿托品。

六、有机氯中毒

（一）病因

常用有机氯农药有碳氯灵、毒杀酚、滴滴涕等。其中毒原因同“有机磷中毒”。

（二）症状

主要侵害神经系统，羊只首先兴奋不安，易惊恐。肌肉抽搐或痉挛性收缩，共济失调，步态不稳，行走摇摆，倒地或卧地不起。视力减弱，流涎，磨牙，咬肌痉挛，吞咽困难，腹泻。病重者表现呻吟，神态痛苦，狂躁，眼球突出，震颤，心动加快但脉搏细弱，心律不齐、呼吸浅表，黏膜发绀。若治疗不及时，可在 12～24 h 内死亡。

（三）防治

预防措施与“有机磷中毒”防治相同。羊发生中毒后可用解磷定，使用方法同“有机磷中毒”；静脉注射生理盐水 200～500 mL 或 2%～5%碳酸氢钠溶液 20～50 mL，结合 2%～5%石灰水洗胃，或 10%硫酸镁灌服，排出毒物；如若是经皮肤接触中毒，应立即用肥皂水或 2%～5%石灰水清洗，擦洗掉皮肤毒物。

七、霉变饲料中毒

（一）病因

羊采食因受潮而发霉的饲料，其中的霉菌产生毒素，引起羊只中毒，有毒的霉菌主要有：黄曲霉菌、棕曲霉菌、黄绿霉菌、红色青霉菌等。

（二）症状

精神不振，停食，后肢无力，步态蹒跚但体温正常。从直肠流出血液，黏膜苍白。出现中枢神经症状，如头顶墙壁呆立等。

（三）防治

严禁喂腐败、变质的饲料，加强饲草饲料的保管，防止霉变。

发现羊只中毒，应立即停喂发霉饲料。内服泻剂，可用石蜡油或植物油 200～300 mL，1 次灌服，或用硫酸镁（钠）50～100 g 溶于 500 mL 水中，1 次灌服，以排出毒物。然后用黏浆剂和吸附剂如淀粉 100～200 g、木炭末 50～100 g，或 1%鞣酸内服以保护胃肠黏膜。静脉注射 5%葡萄糖生理盐水 250～500 mL 或 40%乌洛托品注射液 5～10 mL，每天 1～2 次，连用数日。心脏衰弱者可肌肉注射 10%安钠咖 5 mL，出现神经症状者肌肉注射氯丙嗪，每千克体重 1～3 mg。